高职高专通识类课程精品规划教材

创新思维与能力开发

冯　瑞　编著

苏州大学出版社
Soochow University Press

图书在版编目（CIP）数据

创新思维与能力开发 / 冯瑞编著. -- 苏州 ：苏州大学出版社，2025. 8. --（高职高专通识类课程精品规划教材）. -- ISBN 978-7-5672-5348-3

Ⅰ. B804. 4

中国国家版本馆 CIP 数据核字第 2025HD9602 号

CHUANGXIN SIWEI YU NENGLI KAIFA

责任编辑：曹晓晴	**装帧设计**：刘　俊

出版发行：苏州大学出版社	**网　址**：http://www. sudapress. com
社　址：苏州市十梓街 1 号	**邮　箱**：sdcbs@ suda. edu. cn
邮　编：215006	**开　本**：787 mm×1 092 mm　1/16
印　刷：镇江文苑制版印刷有限责任公司	**印　张**：15. 5
版　次：2025 年 8 月第 1 版	**字　数**：349 千
印　次：2025 年 8 月第 1 次印刷	**定　价**：45. 00 元

图书若有印装错误，本社负责调换

苏州大学出版社营销部电话　　0512-67481020

苏州大学出版社天猫旗舰店　　https://szdxcbs. tmall. com

序言 Preface

在这个以知识经济为核心、以科技变革为驱动的时代，创新已成为个人成长、企业发展乃至国家繁荣的核心动力。从人工智能的飞速发展到新能源技术的不断突破，从商业模式的持续革新到社会治理的创新实践，创新正以前所未有的速度和广度重塑着世界的面貌。无论是在激烈的市场竞争中寻求突围的企业，还是在学术领域探索未知的研究机构，抑或是渴望在职业发展中实现突破的个人，都深刻意识到创新思维与能力的重要性。《创新思维与能力开发》在这样的时代背景下应运而生，旨在为读者打开创新思维的大门，帮助其掌握系统的创新方法与技能，提升创新实践能力。

创新并非遥不可及的天赋，而是一种可以学习、训练和培养的能力。本教材基于这一理念，从创新的基本理论出发，逐步深入探讨创新的过程与模式、创新能力与创造力测评等关键内容，力求为读者构建起全面、系统的创新知识体系。创新的基本理论部分，通过梳理创新的定义、本质和特征，追溯创新思想的发展历程，帮助读者理解创新在人类文明进步中的重要作用，明确创新思维与能力开发的价值和意义。只有清晰地认识创新的内涵和理论基础，才能为后续的学习和实践奠定坚实的根基。

创新的过程与模式部分，为读者揭示了创新从灵感闪现到成果落地的内在逻辑。创新不是偶然的灵光乍现，而是遵循一定规律和流程的系统过程。从问题的发现与界定，到创意的产生与筛选，再到方案的实施与优化，每一个环节都蕴含着科学的方法和策略。了解不同的创新模式，如自主创新、模仿创新等，能够帮助读者在不同的情境下，选择合适的创新路径，提高创新成功的概率。

创新能力与创造力测评是本教材的一大特色。通过科学的测评工具和方法，读者可以对自己的创新能力现状进行客观评估，明确自身的优势与不足，从而有针对性地制订提升计划。这种自我认知不仅有助于个人在创新学习中有的放矢，还为企业和组织选拔、培养创新人才提供了重要参考。

然而，在创新的道路上，思维定式往往是阻碍我们前进的最大障碍。思维定式使我们习惯于用固有的方式看待问题、解决问题，限制了想象力和创造力的发挥。教材中“突破思维定式”这一章，通过大量生动的案例和实用的训练方法，引导读者挣脱思维枷锁，培养多角度、多层次思考问题的习惯。只有突破常规思维的束缚，才能发现新的问题、提出新的观点，为创新奠定思维基础。

激发创新思维和掌握创新方法是本教材的核心内容。创新思维的激发需要从多个维度入手，包括培养好奇心、鼓励冒险精神、营造宽松的创新氛围等。同时，本教材详细介绍了诸如团体创新方法、TRIZ 创造发明方法、思维导图法等一系列实用的创新方法和工具。这些方法经过实践验证，具有很强的可操作性，读者可以通过学习和练习，将其运用到实际工作和生活中，有效提升创新实践能力。

把握创新机遇也是创新过程中的关键环节。在瞬息万变的时代，机遇往往稍纵即逝。教材中通过分析不同行业、不同领域的创新案例，总结出把握创新机遇的规律和方法，帮助读者提高对市场趋势、技术发展的敏感度，学会在复杂的环境中识别和捕捉创新机会，并将其转化为实际成果。

对于企业和组织而言，构建创新型组织是持续创新的重要保障。本教材从组织文化、制度建设、人才培养等方面，系统阐述了构建创新型组织的策略和方法。创新型组织不仅需要鼓励创新的文化氛围，还需要完善的激励机制、灵活的组织结构及高效的团队协作。通过学习这部分内容，企业管理者和组织领导者可以借鉴先进的管理理念与实践经验，打造具有强大创新能力的团队和组织。

为了增强教材的实用性和可读性，本教材始终以案例为引导。每一个理论和方法的讲解都配以丰富的实际案例，这些案例涵盖了科技、商业、文化等多个领域，既有成功的经验，也有失败的教训。通过对案例的分析和讨论，读者可以更加直观地理解创新理论和方法的应用场景与实践效果，提升运用所学知识解决实际问题的能力。

此外，每章后面设置的能力训练和自测题，为读者提供了巩固知识、检验学习效果的有效途径。能力训练注重实践操作，通过具体的任务和活动，帮助读者将理论知识转化为实际技能；自测题则围绕章节重点内容，考查读者对知识的掌握程度，方便读者及时发现学习中的薄弱环节，进行有针对性的强化学习。

本教材既适用于高等院校相关专业的教学，也可供企业管理人员、科研工作者、创业者及所有渴望提升创新能力的人士学习参考。希望本教材能够成为读者探索创新之路的良师益友，帮助大家在创新的征程中不断突破自我，创造更多有价值的成果，为个人的成长、企业的发展和社会的进步贡献力量。在创新的道路上，没有终点，只有不断前行的脚步。愿每一位读者都能在本教材的陪伴下，开启属于自己的创新之旅，收获知识与成长，书写属于自己的精彩篇章。

目录 Contents

第一章　创新的基本理论

学习目标

1. 理解创新的含义和特征
2. 理解创新的类型
3. 理解创新理论不同学派的主要观点

能力目标

1. 通过学习创新理论，增强创新意识，激发创新兴趣
2. 能够加深对创新的认识和理解
3. 能够掌握商业模式画布的应用
4. 能够分析不同创新理论的研究重点

素质目标

1. 建立对创新的科学认识
2. 培养创新意识与态度
3. 构建基础的创新思维模式
4. 奠定创新实践的素质基础

思维导图

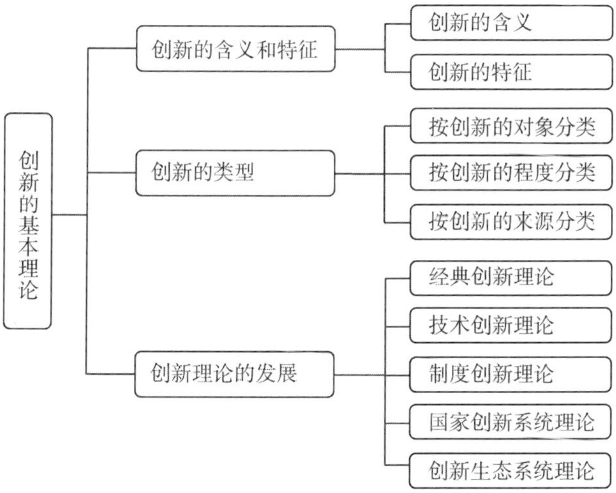

引导案例

大疆创新占领天空

作为全球领先的无人机控制系统及无人机解决方案研发和生产商，深圳市大疆创新科技有限公司（以下简称“大疆创新”）自2006年成立以来，在无人机、手持影像、机器人教育及更多前沿创新领域不断革新技术、产品与解决方案，重塑人们的生产和生活方式。

大疆创新始终以领先的技术和尖端的产品为发展核心。通过坚持创新，大疆创新研发出商用飞行控制系统、Ace One系列直升机飞行控制系统、多旋翼平台飞行控制系统、多旋翼一体机、筋斗云系列专业级飞行平台等产品。大疆创新的研发成果不仅填补了国内外多项技术空白，其产品已被广泛应用到航拍、遥感测绘、森林防火、电力巡检、搜索及救援、影视传媒等方面，同时亦成为全球众多航模、航拍爱好者的最佳选择，而且大疆创新还将应用场景拓展到农业、能源、安全、工程等多个领域。2020年6月，大疆创新入选“2020福布斯中国最具创新力企业榜”；2021年4月，大疆创新入选《时代》杂志2021年度“全球100家最具影响力企业”榜单；2024年9月，大疆创新荣获由美国电视艺术与科学学院颁发的2024年度工程、科学与技术艾美奖。

回顾大疆创新的发展历程，我们可以看到，精准发现并牢牢抓住机遇是助力大疆创新成功的关键。2012年以前，国内还没有形成消费级无人机市场，无人机依然是远离大众的专业级产品，航模爱好者是主要受众。2012年，大疆创新推出了精灵Phantom，这是全球第一款消费级无人机，是一款专为大众消费市场设计的高度集成的随时可飞的先进的多旋翼无人机。它有一个用来携带小型的轻型相机的装置，从而可以实现航拍功能。大疆创新划时代地实现了无人机“即拆即玩”这一面向大众消费者的关键属性。随着大疆创新推出到手即飞的世界首款航拍一体机，消费级无人机市场开始“起飞”。

大疆创新之所以能够有今天的市场地位，得益于对市场升级机会的准确把握。大疆创新对市场升级机会的把握体现在其产品创新和模式创新两个方面。自2013年推出全球首款会飞的照相机精灵Phantom 2 Vision，引领全球航拍热潮后，大疆创新在全球无人机市场所占的比重迅速上升。此后，大疆创新推出新产品的速度不断加快，仅2016年11月，大疆创新就连续推出了8款产品。大疆创新始终追求创新，专注于设计与技术的融合，致力于打造技术先进、价格亲民的优质产品。从精灵Phantom到DJI Air 2S，大疆创新用其不断升级的优秀产品，向用户展示了其无人机技术在短时间内取得的巨大进步。大疆创新拥有目前全球规模最大的无人机研发团队，研发人员所占的比重达25%。大疆创新在飞行控制系统中引入了“计算机视觉”与“机器学习”技术，让无人机能凭借人工智能感知障碍、智能跟随，实现一定程度的自主飞行。高精度微型云台技术也是大疆创新无人机的一大特色。

在模式创新方面，为了扩大用户群并探索无人机的应用领域，大疆创新开始平台化的积极探索。早在 2014 年，大疆创新就开放了 DJI SDK（软件开发工具包）。此举的目的在于建立自己的生态，让全球无人机厂商、各级开发者分享大疆创新的最新研发成果，将无人机产业推向一个新的高度。2018 年，大疆创新在此基础上又发布了 Payload SDK（负载软件开发工具包），以支持更多元的开发应用、吸引更多行业的开发者加入。大疆创新通过提供能解决问题的技术和产品，让客户通过使用自己的无人机技术、影像技术来改变局部的工业和商业生态，并向各个垂直细分行业应用开发者提供无人机解决方案，将无人机覆盖到更多领域。这进一步拓展了行业想象空间，也给了开发者更大的发挥空间。

在无人机行业应用生态中，无人机技术正从单一的“企业—客户”模式向“主机厂商—开发者—集成商—专业服务商—客户”的多元模式发展。大疆创新发展行业应用最重要的原因是技术已经成熟，旨在让无人机能普惠更多行业，成为生产力和公共服务的工具。在这种创新过程中，大疆创新的无人机既是搭载应用的平台，也成为“会飞的工具”。

大疆创新凭借对市场升级机会的精准把握、对技术和产品的创新投入，以及平台导向的多元应用生态，最终实现在无人机领域的快速“起飞”，成为无人机领域的领跑者。

{资料来源：① 大疆创新官网；② 王满四，周翔，张延平．从产品导向到服务导向：传统制造企业的战略更新：基于大疆创新科技有限公司的案例研究［J］．中国软科学，2018（11）：107-121．有改动}

案例思考：

1. 大疆创新是如何把握市场升级机会的？
2. 大疆创新商业模式创新对你有何启示？

第一节 创新的含义和特征

一、创新的含义

创新，顾名思义，就是创造新的事物。“创新”一词最早见于南北朝时期魏收所著《魏书》：“革弊创新者，先皇之志也。”主要指制度方面的改革和创立。唐代，“创新”一词频繁出现，令狐德棻在《周书》中使用“创新改旧”，或表示文化礼乐的改进，或表示军事设施的更新。和创新含义相近的词有维新、鼎新等，如“咸与维新”“革故鼎新”“除旧布新”“苟日新，日日新，又日新”等。英语中，“innovation”一词起源于拉丁语。它有三层含义：一是更新，即对原有的东西进行替换；二是创造新的东西，即创造出原来没有的东西；三是改变现状，即对原有的东西进行改造、改革和发展。

创新是人类特有的认识能力和实践能力，是人类主观能动性的高级表现，是推动人类进步和社会发展的不竭动力。一个民族要想走在时代前列，就一刻也不能没有创新思维，一刻也不能停止创新活动。创新在经济、技术、社会学、管理学等领域的研究中举足轻重。从本质上说，创新是创新思维蓝图的外化、物化、形式化。创新活动的核心是“新”，它或者是产品的结构、性能和外部特征的变革，或者是造型设计、内容的表现形式和手段的创造，或者是内容的丰富和完善。

创新是指依托现有的思维模式，以提出有别于常规或常人思路的见解为导向，利用现有的知识和物质，在特定的环境中，本着理想化需要或为满足社会需求，而创造和发现新的事物（包括产品、方法、元素、路径、环境等），并能获得一定有益效果的行为。

从哲学上说，创新是一种人的创造性实践行为，旨在增加利益总量，需要对事物进行利用和再创造，特别是对物质世界中的矛盾进行利用和再创造。人类通过对物质世界中的矛盾进行利用和再创造，制造新的矛盾关系，形成新的物质形态。

从经济学上说，创新概念起源于美籍奥地利经济学家约瑟夫·A. 熊彼特（Joseph A. Schumpeter）。熊彼特在其 1912 年出版的《经济发展理论》一书中提出，创新是指把一种新的生产要素和生产条件的新结合引入生产体系。它包括五种情况：一是引入一种新的产品；二是引入一种新的生产方法；三是开辟一个新的市场；四是获得原材料或半成品的一种新的供应来源；五是建立新的组织形式。熊彼特的创新概念包含的范围很广，如涉及技术性变化的创新及非技术性变化的组织创新。

从管理学上说，现代管理学之父彼得·F. 德鲁克（Peter F. Drucker）在其 1985 年出版的《创新与企业家精神》一书中肯定并发展了熊彼特的创新理论。他指出，创新可能表现在追求更低的价格（指降低成本、提高效率）上，也可能表现在追求更新、更好的产品（如方便性及创造新需求）上，还有可能是为旧产品找到新用途。创新出现在企业的各个阶段，发生在各个领域，可能是设计上的创新，可能是产品、营销上的创新，可能是价格或顾客服务上的创新，可能是企业组织或管理方式上的创新，等等。创新延伸到企业的所有领域、所有部门、所有活动中。企业所有部门都应担负明确的创新责任，建立清晰的创新目标，对企业产品和服务的创新有所贡献。德鲁克对创新活动的定义是非常宽泛的，在他看来，企业家精神的本质就是有目的、有组织、系统化地创新。因此，他认为，创新就是改变资源产出，就是通过改变产品和服务，为客户提供价值和满意度。企业家精神是在实践中形成的，它不是人格特征，而是一种行为，是一种以理念为基础、以经济和社会理论为依据的实践。

在历史上的很长一段时间里，创新行为通常是企业家的个人行为，20 世纪中叶特别是 20 世纪 60 年代以后，人们越来越认识到创新是一种多主体、多机构参与的系统行为。到了 20 世纪 80 年代，人们提出了国家创新系统的概念和理论。冷战结束后，国家之间的竞争转向以经济竞争为主，知识经济的兴起使经济的发展越来越依赖知识和技术的进步，在这种形势下，国家创新系统建设成为世界各国普遍关注的重要问题。

20 世纪 90 年代，我国把“创新”一词引入科技界，出现了“知识创新”“科技创新”等多种提法，进而发展到社会生活的各个领域。特别是 2015 年国务院印发

《关于大力推进大众创业万众创新若干政策措施的意见》以来，创新已成为人们耳熟能详的热词。

在现实生活中，由于创新、创造、发明、变革等词语含义相近、同现频率高，所以人们在使用过程中经常把它们混淆。下面对这几个概念在释义、适用对象、连续性、效果、活动目的等方面进行简要辨析，如表 1-1 所示。

表 1-1　创新相关概念辨析

概念	释义	适用对象	连续性	效果	活动目的
创新	创造新事物、利用元素产生新组合	适用范围广，如技术、制度、管理、流程等	是，永无止境	积极的、有收益的	追求效益
创造	首先想出或做出（前所未有的事物）	抽象事物	否，一种质变，创新过程的结果表现之一	中性	有意识地探索世界
发明	创造（新的事物或方法）	具体事物	否，一种质变，创新过程的结果表现之一	中性	满足人类生存需要或改善人类的生活
变革	对本质的改变	社会、组织、制度等	既可能有连续性，又可能有非连续性	未知	适应外部环境的变化和内部条件的改变

二、创新的特征

创新是在人类意识支配下所进行的创造性活动。创新不是一般的重复性工作，而是一种突破性的实践活动，具有目的性、变革性、新颖性、风险性、价值性等基本特征。

（一）目的性

任何创新活动都有一定的目的，这个特性贯彻创新过程的始终。人作为创新活动主体的基本构成单位，在创新过程中始终发挥着主观能动性，通过思维与实践的结合，有计划地、有目的地建立新的“生产函数”。创新的目的在于解决问题或满足某种需求。因此，创新是一个创造财富、产生效益的过程。

（二）变革性

创新是对已有事物的改革或革新，创新的关键在于突破。要创新，就要突破常规，突破固有的习惯，突破已有的经验，突破思维定式。在知识经济时代，一切都在变化，而且变化得越来越快。只有不断地变革和创新，才能适应时代的要求。

（三）新颖性

创新的意义在于“出新”，“新”是创新活动最核心的部分，是创新的价值所在。所有创新都应在创新思维的作用下，用新的思路、新的方法去解决问题，从而获得新的理论、新的技术、新的设计、新的方案、新的产品、新的模式等。因此，新颖性是创新的首要特征。它包括三个层次：一是世界新颖性或绝对新颖性；二是局部新颖性；三是主观新颖性，即对于创新者个体来说是前所未有的。

(四) 风险性

创新以求新为灵魂，既可能成功，也可能失败，这种不确定性构成了创新的风险。从企业的角度出发，创新的风险性主要表现在两个方面：一是企业因时机把握不当而给自身带来损失的不确定性；二是企业因创新内容、手段等的选择问题而给自身带来损失的不确定性。

(五) 价值性

创新有明显、具体的价值，对经济社会具有一定的效益。创新是实现创造发明潜在的经济和社会价值的过程。创新活动的成果满足主体需要的程度越大，其价值就越大。对于企业来说，通过技术、产品和商业模式的创新，可以创造价值、创造利润，这是企业创新最重要、最基础的部分。

小资料

麦肯锡全球研究院评出全球十二大颠覆性技术

麦肯锡全球研究院（McKinsey Global Institute，MGI）成立于1990年，是麦肯锡公司的商业和经济研究智库。目前，它的研究主要聚焦于以下六大主题：生产力和增长、自然资源、劳动力市场、全球金融市场演变、科技创新对经济的影响及城市化。根据“技术快速变化”“深远影响”“产生巨大经济价值”“对经济产生颠覆效应”四大参数，MGI评出全球十二大颠覆性技术，它们将对未来人类的生活、商业和经济产生深远影响。

(1) 移动互联网。移动互联网技术发展迅速，直观的界面、可穿戴的设备不再是新鲜事物。移动互联网在企业和公共部门的应用，使许多服务的提供更加高效，同时也为劳动生产率的提高创造了机会。

(2) 知识工作自动化。人工智能、机器学习和自然用户界面技术的发展，使许多长期以来被认为不可能由机器执行的知识工作的自动化成为可能。比如，一些计算机可以回答“非结构化”问题，所以没有经过专门训练的员工或客户可以自己获取信息。这为知识工作的组织和执行方式的全面变革开辟了新途径。随着更多知识工作由机器完成，某些类型的知识工作可能实现完全自动化。

(3) 物联网。嵌入传感器和致动器后，机器等物体将不再“寂寞”，它们被带入互联世界。从监控工厂中的产品流量、监测农田中的水分，到追踪公共事业管道中的水流量，物联网使企业和公共组织能够管理资产、优化绩效并创建新的商业模式。通过远程监控，物联网在改善慢性病患者的健康和找到医疗费用上涨的主要原因方面具有巨大潜能。

(4) 云技术。有了云技术，任何计算机应用或服务都可以在“云”端实现。从搜索到流媒体，再到个人数据（照片、书籍和音乐）存储，云技术正在推动基于互联网的服务爆炸式增长。

（5）先进机器人。受益于机器视觉、人工智能、机器与机器交流、传感器等技术的发展，机器人也变得小巧、灵活和“聪明”了，它们不仅能代替人类从事更多制造行业的工作，还能从事越来越多诸如清洁、维护等服务行业的工作。

（6）自动和半自动交通工具。自动驾驶技术不仅能提高安全性、减少二氧化碳排放量，还能为驾驶者提供更多的休闲或工作时间、提高运输业的生产能力。

（7）下一代基因组学。科学家将主攻合成生物学，即精准“编写”生物体的DNA，它将对医学、农业甚至高价值产品（如生物燃料）的生产，以及加快药物研发的进程产生深远影响。

（8）能源存储。在交通工具方面，能源存储技术将使电动交通工具更具竞争力。在电网方面，能源存储技术有助于太阳能和风能的综合利用，以解决用电高峰电力不足问题。

（9）3D打印。有了3D打印，一个想法可以直接从3D设计稿到最终成品，中间可能会跳过许多传统的制造步骤。更重要的是，3D打印实现了按需生产，对供应链和库存管理有着重要的影响。此外，3D打印还可以减少制造过程中的材料浪费，创造出传统制造技术难以生产的产品。科学家们甚至利用喷墨打印技术，对人类的器官进行了“生物打印”。

（10）先进材料。在医疗行业，纳米材料在医药领域得到了广泛应用，制药厂已开始为癌症患者定制药品；在能源行业，纳米材料可以被用来制造超高效的电池和太阳能板。

（11）先进油气勘探和开采。水平钻井和水力压裂技术，正引导另一场能源革命。它们将允许钻头开采非传统石油和天然气储存区，为人类提供更多的化石燃料，与此同时，石化制造业将迎来新一轮黄金期。

（12）可再生能源。太阳能、风能、水电、海洋潮汐等可再生能源的利用增加，特别是太阳能和风能得到广泛应用，二氧化碳排放量减少，环境污染将得到缓解。

第二节　创新的类型

一、按创新的对象分类

2000年，经济合作与发展组织（OECD）根据理论研究的需要把创新分为两个层次，即过程创新和产品创新。其中，过程创新又分为技术（工艺）、组织等类型的创新，产品创新又分为货物产品、服务产品等类型的创新。据此，根据创新的对象不同，创新可分为产品创新、工艺创新、服务创新和商业模式创新。

（一）产品创新

产品创新是指开发一种能够满足顾客需求或解决顾客问题的新产品。在企业产品生命周期的初期，市场尚未形成产品的主导设计，企业产品的变动较大，成功的产品创新必须在外观、质量、安全性能等方面不断改进以满足顾客的需求，从而争取更多的顾客，获取和保持市场竞争优势。产品创新又可分为元器件创新、构架创新和复杂产品系统创新三类。

1. 元器件创新

大部分产品都是分级嵌套的系统，也就是说，不管用怎样的分析单位，这些产品都是一个由元器件组成的系统，并且每一级元器件都是一个由次一级元器件组成的系统，直到某一级上的元器件是不可再分的基本元器件为止。例如，自行车是一个由车架、车轮、车座、刹车、脚踏等元器件组成的系统。这些元器件中的每一个也都是一个元器件系统，如车座一般是由金属座弓、塑胶底板、硅胶填料、皮革表面等元器件组成的系统。创新可能导致个别元器件发生变化，也可能导致元器件运转所处的整个系统的结构发生变化，或者导致两者都发生变化。如果创新导致一个或多个元器件发生变化，但这种变化并不严重影响整个系统的结构，这种创新就称为元器件创新。例如，一项自行车车座技术的创新（如添加灌有凝胶的材料，从而增强减震效果）并不需要对自行车的其余结构做任何改变。

2. 构架创新

与此相反，如果创新导致整个系统的结构或者组件之间作用的方式发生变化，就称其为构架创新。一项严格的构架创新可能改变了系统中组件互连的方式，却并不改变这些组件本身。但是，大部分构架创新不仅仅改变组件互连的方式，还改变组件本身，从整个设计上改变了系统。构架创新对产业内竞争者和技术用户产生复杂而深远的影响。例如，从功能手机到智能手机的转变是一种构架创新，这项创新要求许多手机组件做出改变（并使这些改变可行），包括人们使用手机的方式都发生了改变。要发起或者采用一项元器件创新，企业只要具备该元器件的专业知识就行了。然而，要发起或者采用一项构架创新，企业还必须掌握元器件之间如何连接并整合起来组成整个系统的结构知识。企业必须了解各种元器件的特性及其相互作用，并认识到一些系统特性的改变会触发整个系统或者个别元器件的许多其他结构特性的变化。

3. 复杂产品系统创新

复杂产品系统是指研发投入大、技术含量高、单件或小批量定制生产的大型产品、系统或基础设施，它包括大型通信系统、大型计算机、航空航天系统、智能大厦、电力网络控制系统、大型船只、高速列车、半导体生产线、信息系统等。虽然它们产量小，但由于其规模大、单价高，所以整个复杂产品系统产业的总产值占国内生产总值（Gross Domestic Product，GDP）的份额比较高，在现代经济发展中发挥着非常重要的作用。复杂产品系统创新是一个协同创新的过程，其成败的关键就在于核心企业是否与其所处的各类联系（需求方、上下游企业、高校和科研院所、政府部门、中介机构等）形成了协同效应。复杂产品系统内部子系统之间按某种规则形成一定的结构或功能，如果各子系统之间的结构和功能协同，那么创新生态系统就会稳定，主导企业就容易取得成功。

小故事 **条形码的发明**

如今，我们的生活已离不开“手机扫码”，“码”在我们的生活中无处不在。几条黑线、几个黑方块的罗列，怎么会蕴含那么多的信息？它们是如何被发明的？

条形码的发明者是伯纳德·西尔弗（Bernard Sliver）和诺曼·J. 伍德兰（Norman J. Woodland），当时他们正就读于费城德雷塞尔大学技术系。1948年的一天，西尔弗偶然在学院大厅里听到食品连锁超市董事长与校长的谈话。董事长希望学校能帮助他们研制一个设备，收银员在结账时，可以自动得到商品信息，却被这位校长婉言拒绝了。这件事引起了西尔弗和伍德兰的兴趣。在佛罗里达的海滩上，伍德兰获得灵感。他回忆道：“我把四根手指插入沙中，不自觉地划向自己，划出四条线。天呀！这四条线可宽、可窄，不正是可以取代长划和短划的莫尔斯电码吗？”莫尔斯电码也被称作摩斯密码，是一种时通时断的信号代码，通过不同的排列顺序来表达不同的英文字母、数字和标点符号。伍德兰脑中灵光一闪，他捕捉到了条形码的秘诀。

1949年10月20日，西尔弗和伍德兰提交了专利申请报告，其中详细阐明了条形码的结构和读码器的设计原理。1952年10月7日，这项专利被批准，由此奠定了两人作为条形码发明人的地位。

{资料来源：希特利，索尔特. 关于发明的一切［M］. 白云云，译. 北京：北京联合出版公司，2020：186. 有改动}

（二）工艺创新

工艺创新是指生产和传输某种新产品或新服务的方式的创新，包括对产品的加工过程、工艺流程及生产设备所进行的创新，如新型洗衣机和抗癌新药的生产工艺及生产设备的调整，银行数据信息处理系统的使用程序及处理程序的调整，等等。工艺创新的目的是提高产品质量、降低生产成本、降低消耗与改善工作环境。当然，产品创新与工艺创新的区分并不是绝对的，有时两者之间的边界不甚清晰，如一辆新型的太阳能动力汽车既是产品创新，也是工艺创新。尤其值得注意的是，在服务领域，产品创新和工艺创新通常交织在一起。

在新的市场竞争中，企业面临着不断提高效率、质量和灵活性的要求。企业如果能够生产出别的企业生产不出的产品，或者能够以一种更为经济有效的方式组织生产，那么同样能够建立竞争优势。研究表明，企业利用外部技术和快速进入新产品市场的巨大优势来源于企业对新产品或新服务进行生产和传输的能力，即企业进行工艺创新的能力。创新型企业就是在其所涉及的领域内持续地寻求新的突破，从而降低成本、提高产品质量、增强灵活性，最终将价格、质量、性能等各方面都很突出的产品提供给市场。例如，日本汽车、摩托车、家用电器等领域的竞争优势在很大程度上要归功于其先进的制造能力，而其先进的制造能力来源于持续的工艺创新。

（三）服务创新

现代经济发展过程中一个显著的特征是服务业迅猛发展，其在国民经济中的地位越来越重要。服务业已成为世界经济发展的核心，是世界经济一体化的重要推动力量。越来越多的企业开展服务创新，以提高服务生产和服务产品的质量，降低企业的成本，发展新的服务理念。

服务创新是企业为了提高服务质量和创造新的市场价值所发生的服务要素的变化，是企业对服务系统进行有目的、有组织的改变的动态过程。服务创新与技术创新有着紧密的联系。但是，服务业的独特性又使服务业的创新与制造业的技术创新有所区别，并且服务业有它独特的创新战略。企业的竞争优势，从根本上说，来自产品和服务的品质；从长远来看，则来自企业的管理与整合能力。质优价廉的产品和优良的服务是企业吸引并留住客户的不二法门，而优秀的管理则是企业在更高层次上展开竞争的重要基础。因此，要保持并进一步扩大企业的市场竞争优势，就必须深入贯彻“产品差异化战略”和“成本领先战略”。要实现“产品差异化”，就必须坚持不懈地开展产品、技术、市场和服务创新；要实现“成本领先”，就必须深入开展管理创新，加强企业内部管理与整合，通过引进内部竞争机制等多种途径，在保证产品质量不断提高的同时，努力降低企业运作成本和产品生产成本，提高企业效益。企业服务创新的本质就是以客户需求为中心，长期重视创新能力的积淀，在关键技术领域建立企业的核心能力，向客户提供高质量的、精心设计的产品。

（四）商业模式创新

1. 商业模式九大要素

德鲁克曾经说过，当今企业之间的竞争，不是产品之间的竞争，而是商业模式之间的竞争。商业模式是指企业创造价值的基本逻辑，即企业在一定的价值链或价值网络中如何向客户提供产品和服务并获得盈利的方式。关于商业模式的定义有很多，但目前最为管理学界所接受的是亚历山大·奥斯特瓦德（Alexander Osterwalder）等在2005年发表的《厘清商业模式：这个概念的起源、现状和未来》一文中提出的定义：“商业模式是一种包含了一系列要素及其关系的概念性工具，用以阐明某个特定实体的商业逻辑。它描述了公司所能为客户提供的价值及公司的内部结构、合作伙伴网络、关系资本等用以实现（创造、营销和交付）这一价值并产生可持续盈利收入的要素。”① 这个定义明确了商业模式的特征。商业模式所展现的一个公司赖以创造和传递价值的要素，可以划分为以下九种：客户细分、价值主张、渠道通路、客户关系、收入来源、核心资源、关键业务、重要合作、成本结构。商业模式九大要素的特点如表1-2所示。

① OSTERWALDER A，PIGNEUR Y，TUCCI C L. Clarifying business models：origins，present，and future of the concept［J］. Communications of the Association for Information Systems，2005（16）：10.

表 1-2　商业模式九大要素的特点

要素	特点
客户细分	描述一个企业想要获得的和期望服务的不同的目标人群和机构。为了更好地满足客户，企业应根据客户的需求、行为及特征的不同，把客户分为不同的群体。一个商业模式可以服务一个或多个客户群体
价值主张	描述为某一客户群体提供能为其创造价值的产品和服务。价值主张能解决客户的问题或满足其需求。每一个价值主张都是一个产品和（或）服务的组合，这一组合迎合了某一客户群体的要求
渠道通路	在向客户传递价值主张的过程中，企业与客户之间的接触点就是渠道通路。我们可以将其理解为触点或路径。企业正是通过这些触点或路径使客户更加了解企业的产品和服务、帮助客户评价企业的价值主张、使客户购买企业的产品和服务、向客户传递企业的价值主张、向客户提供售后支持的
客户关系	描述一个企业针对某一客户群体所建立的关系类型。企业需要明确对每一客户群体欲建立何种关系类型。从依靠人员维护的客户关系，到自动化设备与客户间的交互，都属于客户关系的范畴。客户关系可能是由以下动机驱动的：开发新客户、留住老客户、增加销售量或提高单价
收入来源	描述企业从每一客户群体获得的现金收入。客户为获得企业的价值主张而付费，企业因此获得收入。一个商业模式可能包括一次性支付收入和持续支付收入两种收入来源
核心资源	描述保证一个商业模式顺利运行所需的最重要的资产。每一个商业模式都需要一些核心资源。这些资源使企业得以创造并提供价值主张、赢得市场、保持与某个客户群体的关系及获得收入
关键业务	描述企业为使自身的商业模式正常运行而必须做的最重要的事情。它们是企业为创造并提供价值主张、赢得市场、维系客户关系及获得收入所必需的活动。关键业务包括生产、解决方案、平台或网络等
重要合作	描述保证一个商业模式顺利运行所需的供应商和合作伙伴网络。重要合作在许多商业模式中起着基石的作用。企业可以通过建立联盟来优化自身的商业模式、降低风险或获得资源
成本结构	描述运营一个商业模式所发生的全部成本，如为获得核心资源、完成关键业务或配合关键合作伙伴而产生的费用等

{资料来源：奥斯特瓦德，皮尼厄．商业模式新生代：经典重译版［M］．黄涛，郁婧，译．北京：机械工业出版社，2016：10-30．有改动}

2．商业模式画布结构

商业模式对每个组织都非常重要。如何描述一个组织的商业模式？如何对商业模式进行有效的表达？商业模式画布就是解决上述问题的一个有效的工具。所谓“画布”，就是在一张普通的纸上打印出一个被划分为九个长方形区域的表格。我们可以将“画布”理解为描述九个逻辑相关的元素之间关系的图示，而这九个元素正是大多数企业的基本要素。“画布”中的每个区域所代表的元素称为模块。这些模块代表着企业有效运转所需的人员、场地、物资、无形资产及经营活动。将这九个模块看作一个紧密结合的整体，可以帮助管理者更好地理解组织目标，揭示组织内部的未被察觉的相互依存关系。将九个模块相结合，就完成了对一个商业模式的描述，即一个企业为客户创造、传递价值，并因此获得回报的完整逻辑路径。商业模式画布结构如图 1-1 所示。

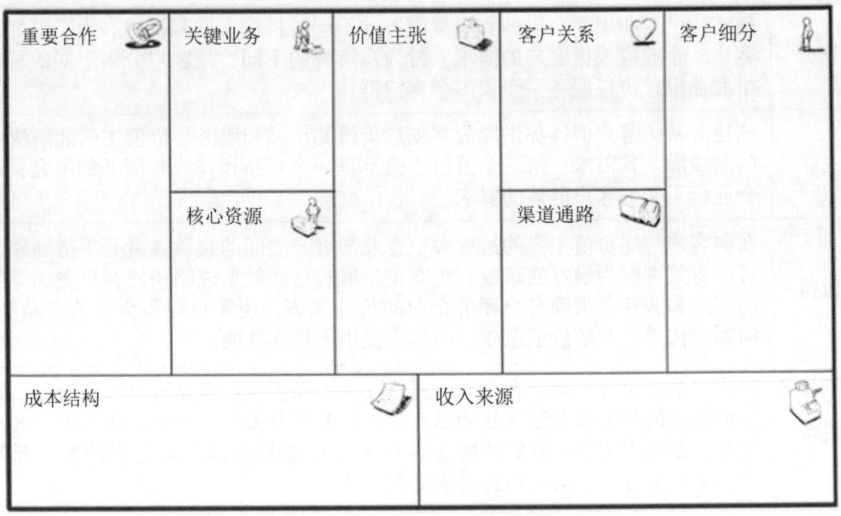

图 1-1　商业模式画布结构图

例如，支付宝最初是淘宝网为解决网络交易安全问题而设置的一项功能，该功能为国内首创的“第三方担保交易模式”，买家先打款到支付宝账户，由支付宝通知卖家发货，买家收到商品并确认后指令支付宝将货款转付给卖家，至此完成网络交易。支付宝用创新的第三方担保交易模式，有效解决了网上购物的信用问题，大大降低了网购交易风险，解决了买家的痛点，是淘宝网在早期能够迅速制胜的一大武器。从淘宝网分拆之后，支付宝作为独立支付平台，在电子商务支付领域展现出更广阔的应用前景。在先后与各大国有银行、维萨（Visa）等达成战略合作协议之后，支付宝在电子商务大发展的背景下，先后切入网游、机票等市场，用全额赔付制度树立起安全、可靠的形象。随后，通过进入水、电、气、通信等公共事业性缴费市场，支付宝将自己的商业模式从电子商务付款平台拓展为涉及生活各方面的缴费平台。之后，支付宝进一步进军信用卡还款、学费缴纳、罚款缴纳、行政类缴费、网络捐赠等多个领域，将商业模式从缴费平台进一步拓展为整合生活资源的平台。

3. 商业模式创新的特点

商业模式创新就是通过改变企业创造价值的基本逻辑，向目前行业内通用的为客户创造价值的方式提出挑战，以期提高客户价值、创造企业竞争优势的活动。一个简单的例子：传统书店决定利用互联网来销售书籍，即开通网上书店。与传统书店相比，亚马逊（Amazon）就是一种商业模式创新。

商业模式创新有以下三个显著的特点：

（1）注重从客户角度出发。商业模式创新的出发点是探究从根本上为客户带来价值增值的具体渠道，其逻辑思考的起点是客户需求。因此，企业在进行商业模式创新时要从根本上思考并设计自身的行为。

（2）更为系统和根本的表现形式。商业模式创新常常涉及商业模式的多个要素同时发生较大程度的变化，它是一种集成创新，而非单一要素的变化。商业模式创新往往伴随产品、工艺或组织的创新，相较于单一的技术创新，商业模式创新表现得更为系统和根本。

（3）更持久的盈利能力和更大的竞争优势。从绩效表现来看，如果企业选择提供全新产品或服务的商业模式创新，那么企业有可能开创一个全新的可盈利产业领域。当然，企业即便提供已有的产品或服务，商业模式创新也能给企业带来更持久的盈利能力和更大的竞争优势。商业模式创新由于涉及多个要素的同时变化，且表现得更为系统和根本，因此更难以被竞争者模仿，常给企业带来战略性的竞争优势。

二、按创新的程度分类

根据创新的程度不同，创新可分为渐进型创新和根本型创新。

（一）渐进型创新

渐进型创新是指在原有的技术轨迹下，对产品或工艺流程等进行程度较小的改进和提升。一般认为，渐进型创新对现有产品的改变相对较小，能充分发挥已有技术的潜能，并能强化现有成熟企业的优势，特别是能强化企业的组织能力，对企业的技术能力、规模等要求较低。这类创新往往源于工程师、技术工人等生产活动的一线参与者或产品的使用者。对火箭发动机、计算机和合成纤维的研究表明，渐进型创新对产品的成本、可靠性和其他性能都有显著影响。虽然每项创新所带来的变化都很小，但它们的累积效果常常超过初始创新。

渐进型创新一般在微观层面影响技术 S 形曲线，并不会带来巨大中断（巨大中断一般只会在根本型创新和适度创新中出现）。渐进型创新可以发生在新产品发展过程中的任何阶段。在概念化阶段，研发人员会运用现有技术来改善原有产品设计。在成熟阶段，生产的扩张会带来渐进型创新。从其他产业“借来”的技术对现有市场也可能是适用的。如果这项技术没有使技术 S 形曲线发生重大变化，或者没有使技术 S 形曲线发生微小变革，那么这项“借来”的技术可以看作一项渐进型创新。虽然渐进型创新对企业盈利状况的影响往往较小，但是渐进型创新能够提高客户的满意度、增强产品或服务的功效，由此也可以产生正面的影响。创新活动产生的许多成果都属于渐进型创新，如在手机发展历史上，先后出现了屏幕更大、操作界面更友好及具有拍照、摄像、无线上网等功能的手机产品设计的创新都属于渐进型创新。

（二）根本型创新

根本型创新也称突破式创新，是企业首次引入市场的、能对经济产生重大影响的创新产品或技术，包括根本型产品创新和根本型工艺创新。根本型产品创新包括全新的产品或采用与原产品技术完全不同技术生产的产品；根本型工艺创新是指以全新的方式生产产品和提供服务。虽然大多数根本型创新仍被企业应用于现有的市场和客户，但是它们会造成现有技术和生产方面的核心能力过时。这类例子有真空管、机械式计算器、机械式打字机等，它们都被革命性的创新推翻，从而引起市场巨变。根本型创新常常能主导一个产业，从而彻底改变竞争的性质和基础。由于根本型创新改变了产品的基本特征，因此它决定了未来的竞争格局和技术创新格局。

这类创新要求全新的技能、工艺，以及贯穿整个企业的新的系统组织方式。

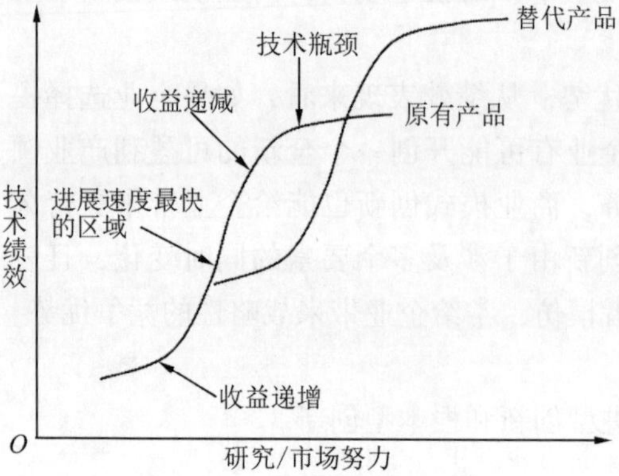

图 1-2　技术 S 形曲线

理查德·福斯特（Richard Foster）的技术 S 形曲线描述了根本型技术创新的起源和演变。技术 S 形曲线中，以研究/市场努力为横轴，以技术绩效为纵轴，分析研究/市场努力对技术绩效的影响，如图 1-2 所示。技术绩效随着研究/市场努力的加大而沿着 S 形曲线移动变化，直到遇到技术瓶颈，研究/市场努力才会无效，从而导致回报的减少。一旦新的技术取代旧的技术，就会产生新的技术 S 形曲线。因此，根本型技术创新可以通过新技术和新市场的 S 形曲线的产生来识别。

对根本型创新进行计划，需要了解如何战略性地计划全球市场的技术不连续性（中断）和市场不连续性。根本型创新与科学上的重大发现相联系，创新过程往往要经历很长时间，并由其他各种程度的创新不断充实和完善，同时它也会引发大量的其他创新。根本型创新能以某种方式使某一落后的产业重新成长、充满活力，也能以类似的方式创造新的产业，从而对经济产生较大的溢出效应和外部性。无论是产生新产业还是改造旧产业，根本型创新都是引起产业结构变化的决定性力量。然而，对于企业来说，并非所有的根本型创新都能对竞争产生深刻的影响。

根本型创新与渐进型创新是两类完全不同的创新活动。形象地说，成功的根本型创新常常使投入产出表中添加新的行和列，而渐进型创新的作用则只会改变投入产出表中的相关系数。约翰·贝赞特（John Bessant）和乔·蒂德（Joe Tidd）根据创新的对象和创新的新颖程度构建了一个创新空间（图 1-3）。

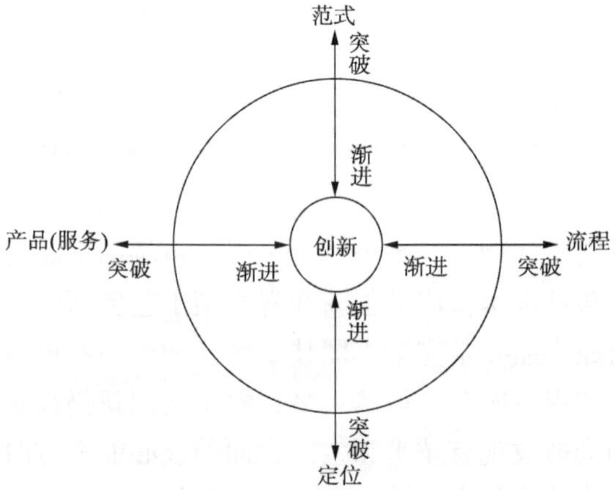

图 1-3　创新空间的四个维度

{资料来源：贝赞特，蒂德．创新与创业管理［M］．牛芳，池军，田新，等译．2 版．北京：机械工业出版社，2013：21．有改动}

在现实社会活动中，大部分创新实际上都是渐进型创新。根本型创新相对较少的原因之一是其具有高风险和高投入的特性，创造全新事物的过程需要花费更多精力和资源，同时，技术的进步和市场的变化也不断驱动着根本型创新。从创新的层次来看，创新既可以是对系统组成部分的改变，也可以是对整个系统的改变（图 1-4）。创新分布于各个层次，越高层次的创新对低层次创新的影响越大。比如，给计算机安装速度更快的晶体管使图像显现出来，是组件层面的渐进型创新；而通过不同的方式来组装电路板，则是对电路组装系统的改进，将获得不同的或新的功能。再如，用线上支付代替线下支付，则意味着商家需要引入在线支付软件并和第三方支付平台进行合作，同时还需要实行线上财务管理，这就是较高层次的创新对商家支付系统、财务管理等方面带来的改变。

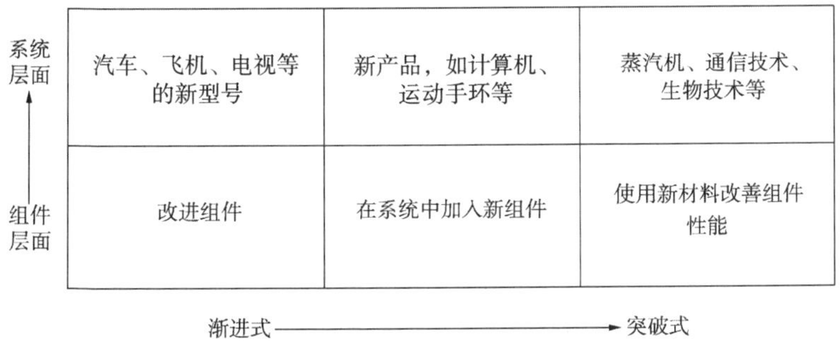

图 1-4　创新的层次

｛资料来源：贝赞特，蒂德．创新与创业管理［M］．牛芳，池军，田新，等译．2 版．北京：机械工业出版社，2013：14．有改动｝

三、按创新的来源分类

根据创新的来源不同，创新可分为原始创新、集成创新和二次创新（引进消化吸收再创新）。自主创新属科学技术范畴，自主创新通常有三层含义：一是强调原始创新，即努力获得新的科学发现、新的理论、新的方法和更多的技术发明；二是强调集成创新，使各种相关技术有机融合，形成具有市场竞争力的产品或新兴产业；三是强调对引进先进技术的消化、吸收与再创新。

（一）原始创新

原始创新是指前所未有的重大科学发现、技术发明、原理性主导技术等创新成果。原始创新意味着在研究开发方面，特别是在基础研究和高技术研究领域取得独有的发现或发明。原始创新是最根本的创新，是最能体现智慧的创新，是一个民族对人类文明进步做出贡献的重要体现。也有观点认为，原始创新是指“元创新”（meta-innovation），即一种观念上的根本型创新，元创新将会带出其他科技创新。

原始创新一般具有以下特点：① 核心技术的内生性。原始创新所依托的核心技术应来源于创新主体内部的技术突破，是创新主体依靠自身力量，通过独立的研究而获得的。它是原始创新的本质特点。② 核心技术的领先性。没有领先性的创新不能称为原始创新。这种领先性可以使企业具有充分的技术优势来提高产品的性能、降低产品的成本、提高产品的附加值。重大的原始创新成果获得者应该既是技术的领先者，也是市场方面的领导者。③ 知识产权的独占性。创新者只有拥有原始创新中核心技术的知识产权，才能确保自己的整个创新活动处于现代知识产权体系的保护之下，从而实现核心技术的独占性，并充分享有其权益。

小故事　二维码的发明

二维码也叫 QR 码，由日本汽车零部件制造商电装公司（DENSO Corporation）的原昌宏于 1994 年发明。当时，当其他公司的研发还停留在“如何纳入更多信息”这一方向上时，研发小组的原昌宏已经开始考虑应用层面的问题。通过独特的图案提示编码位置，这个崭新的思路出现在他的脑海里。原昌宏被称为“二维码之父”，他至今依然在电装公司从事与二维码相关的研发工作。QR 是英文 Quick Response 的首字母缩写，即快速反应，因为发明者希望 QR 码能够被快速识别和读取。

原昌宏说，进入公司伊始，他负责便利店客户物流管理条形码方面的研发，但是条形码具有一些固有的缺点，如信息量较少、破损后难以正确读取信息等。于是，他们想要研发一种更大容量、更可靠的编码技术，最终他们研发出了这种在横向和纵向上都可以记录信息的二维码。

原昌宏说，发明二维码后，他们申请了专利，但是为了让二维码得到广泛应用，他们决定完全开放专利，没有收取技术专利费。如果当初收取技术专利费，也许二维码就不会如此普及。二维码具有存储量大、保密性强、追踪性好、抗损性强、备援性佳、成本低等特性，这些特性使其在表单管理、安全验证、流程追踪、证照防伪、存货盘点、资料备援等方面展现出独特优势，二维码的应用前景极为广阔。

{资料来源：林宽雨. 二维码，扫天下［J］. 今日中学生，2020（13）：28-29. 有改动}

（二）集成创新

集成创新是指围绕一些具有较强技术关联性和产业带动性的战略产品和重大项目，将各种相关技术有机融合起来，实现一些关键技术的突破，甚至引起重要领域的重大突破。通过对各种现有技术的有效集成，形成具有市场竞争力的产品或新兴产业。

从管理学的角度来看，集成是一种创造性的融合过程，即在各要素的结合过程中，注入创造性思维。要素经过主动的优化、选择和搭配，相互之间以最合理的结构形式结合在一起，形成一个由适宜要素组成的、优势互补的有机整体，就是集成。从系统论的角度来看，集成是指对各自独立的组成部分进行汇总或组合而形成一个整体，以及由此产生规模效应、群聚效应。从本质上讲，集成就是将两个或两个以上的单元集合成一个有机整体的过程或行为的结果，这种集合不是要素之间的简单叠加，而是要素之间的有机结合，即按照某一或某些集成规则进行组合和构造，旨在提高有机系统的整体功能。

在现代社会化大生产过程中，产业关联度日益提高，技术的相互依存性增强，单项技术的突破再也不能独柱擎天，必须通过整合相关配套技术、建立相应的管理模式，才能最终形成生产力和竞争力。在这样的背景下，从某种程度上讲，集成创新更具有持续的优势。在现代科技发展中，相关技术的集成创新及由此形成的竞争优势的意义，往往远超单项技术的突破。

（三）二次创新

二次创新是指在技术引进的基础上进行的，囿于已有的技术范式，并沿既定技术轨迹发展的技术创新。它不是简单地等同于模仿创新，而是包括模仿创新，又高于模仿创新。在引进国内外先进技术的基础上，学习、分析、借鉴，进行再创新，形成具有自主知识产权的新技术。引进消化吸收再创新是提高自主创新能力的重要途径。

二次创新的过程是一个积累进化的过程，大致可细分为以下三个阶段：

第一阶段是简单的模仿，即引进本国或本地区尚不存在的技术，通过模仿、学习，逐渐掌握这门新技术，并达到提高产品质量、降低产品成本的目的。

第二阶段是改进型的创新，即通过前一阶段的学习、积累和消化吸收，企业逐步减少对技术输出企业的依赖，并开始结合本国市场的特点，对引进技术进行一定程度的国产化创新。

第三阶段是创造型的模仿，即真正意义上的二次创新。此时，引进技术的企业已完全掌握新技术的原理和使用要求，并达到消化吸收的程度，在此基础上，结合自身的研发能力和目标市场的需求，对引进的技术进行较重大的二次创新。

当今世界科技发展的一个显著特征是，从基础研究、应用研究到产业化的周期越来越短，基础研究与应用研究之间的交叉渗透、交流合作的趋势越来越强，由应用激发的有明确导向性的基础研究也越来越多。要打破科研院所、高校、企业之间的藩篱，大力加强协同创新，加大对外科技交流合作力度，推动基础研究与经济社会需求紧密结合，围绕产业链部署创新链、围绕创新链完善资金链，着力解决创新中的“孤岛”问题，促进科技创新与经济深度融合。

小知识

战略性新兴产业

战略性新兴产业是新兴科技和新兴产业的深度融合，既代表着科技创新的方向，也代表着产业发展的方向；通过自主创新，形成可持续性竞争优势，即利用优势资源、先进的运作模式、更适应市场需求的产品和服务等，形成优于对手的核心竞争力。

2010 年 10 月 10 日，国务院印发了《关于加快培育和发展战略性新兴产业的决定》（国发〔2010〕32 号），强调战略性新兴产业是引导未来经济社会发展的重要力量。发展战略性新兴产业已成为世界主要国家抢占新一轮经济和科技发展制高点的重大战略。我国正处在全面建设小康社会的关键时期，必须按照科学发展观的要求，抓住机遇，明确方向，突出重点，加快培育和发展战略性新兴产业。

我国战略性新兴产业的内涵在于创新。根据国务院 2010 年第 32 号文件，战略性新兴产业是“以重大技术突破和重大发展需求为基础，对经济社会全局和长远发展具有重大引领带动作用，知识技术密集、物质资源消耗少、成长潜力大、综合效益好的产业”。首先，战略性新兴产业必然是新兴产业的一部分，即它是随着新的科研成果的取得和新技术的发明应用而出现的；其次，战略性新兴产业是新兴产业中能够成长为主导产业或支柱产业的那部分。因此，可以把战略性新兴产业理解为，建立在重大前沿科技突破的基础上，将新兴技术和新兴产业深度融合，引致社会新的需求，代表着未来科技和产业的发展方向，体现当今世界知识经济、循环经济、低碳经济的发展潮流，目前尚处于成长初期，但发展潜力巨大，能在一段时间内成长为对国家综合实力和社会进步具有重大影响的产业和部门。

{资料来源：蔡晓月．创新与经济学：新兴战略产业自主创新研究［M］．上海：复旦大学出版社，2019：131-133. 有改动}

第三节 创新理论的发展

自 1912 年熊彼特提出经典创新理论以来，创新理论已历经百余年的发展，形成了诸多有价值的理论成果。沿着创新理论的发展脉络，可以梳理出以下五种主要的创新理论。

一、经典创新理论

熊彼特在其 1912 年出版的《经济发展理论》一书中，将“创新”的概念界定为生产手段的新组合，即生产要素向生产产品的转变，并将其概括为五种形式：新产品、新生产方法、新市场、新供应来源、新组织形式。

熊彼特的创新理论主要有以下基本观点：

第一，创新是生产过程中内生的。尽管投入的资本和劳动力数量的变化能够引起经济生活的变化，但这并不是唯一的经济变化；还有另一种经济变化，它是不能用从外部加于数据的影响来说明的，它是从体系内部发生的。这种变化是许多重要经济现象产生的原因，所以为它建立一种理论似乎是值得的。这种另一种经济变化就是“创新”。

第二，创新必须能够创造出新的价值。熊彼特认为，先有发明，后有创新；发明是新工具或新方法的发现，而创新是新工具或新方法的应用。只要发明还没有得到实际上的应用，它在经济上就是不起作用的。因为新工具或新方法的应用在经济发展中起作用，最重要的含义就是能够创造出新的价值。强调创新是新工具或新方法的应用，必然要求其产生新的经济价值，这对创新理论的研究具有重要的意义。所以，这个思想为此后诸多研究创新理论的学者所继承。

第三，创新是经济发展的本质规定。熊彼特把经济区分为“增长”与“发展”两种情况。经济增长，如果是由人口和资本的增长引起的，并不能称作发展。因为它没有产生质上的新现象，而只有同一种适应过程，像在自然数据中的变化一样。“我们所指的发展是一种特殊的现象，同我们在循环体系中或走向均衡的趋势中可能观察到的完全不同，它是流转渠道中自发的和间断的变化，是对均衡的干扰，它时刻在改变和替代以前存在的均衡状态。我们的发展理论，只不过是对这种现象以及伴随它的过程的详细论述。”① 所以，熊彼特所说的发展，可以定义为执行新的组合。这就是说，发展是经济循环流转过程的中断，也就是实现了创新，创新是发展的本质规定。

第四，创新是一种“革命性”变化。经济创新过程就是改变经济结构的“创造性破坏”的过程。这种“革命性”变化的发生，才是熊彼特所要涉及的问题，即一种非常狭窄和正式意义上的经济发展的问题。他充分强调了创新的突发性和间断性的特点，主张对经济发展进行动态性分析研究。

第五，创新的主体是“企业家”。熊彼特把“新组合”的实现称为“企业”，那么以实现这种“新组合”为职业的人便是“企业家”。因此，企业家的核心职能不是经营或管理，而是执行这种“新组合”。这个核心职能又把真正的企业家活动与其他活动区别开来。每个企业家只有当其实际上实现了某种“新组合”时才是一个名副其实的企业家。熊彼特对企业家进行这种独特的界定，目的在于突出创新的特殊性，说明创新活动的特殊价值。

名人名片

“创新理论”鼻祖——约瑟夫·A. 熊彼特

1883 年 2 月 8 日，约瑟夫·A. 熊彼特出身于奥匈帝国摩拉维亚省（今捷克境内）特利希镇的一个织布厂主家庭。他早年在维也纳大学庞巴维克的门下学习；之后赴伦敦进修经济学，在马歇尔的门下求教；1909 年起在切尔诺维茨大学和格拉茨大学执教；1919 年担任奥地利财政部部长；1921 年担任彼得曼银行董事长；1925—1932 年担任波恩大学教授；1932 年迁居美国，担任哈佛大学教授直到 1950 年 1 月 8 日逝世。他是美国经济计量学会的创始人，并在 1940—1941 年任该学会会长，还曾在 1948—1949 年任美国经济学会会长。

熊彼特被誉为“创新理论”的鼻祖。他在 1912 年出版的《经济发展理论》一书中提出“创新理论”，后来又相继在《经济周期》和《资本主义、社会主义与民主》两本著作中加以运用和发挥，形成了以“创新理论”为基础的独特的理论体系。近年来，在中国，谈到“创新”，熊彼特的“五种创新”理念时常被人提及和引用。不仅仅在中国，作为“创新理论”和“商业史研究”的奠基人，熊彼特在西方世界的影响也正在被“重新发现”。据统计，熊彼特提出的“创造性毁灭”，在西方世界的被引用率仅次于亚当·斯密的“看不见的手”。

① 熊彼特. 财富增长论［M］. 李默，译. 西安：陕西师范大学出版社，2007：96.

二、技术创新理论

西方学者在熊彼特创新理论的基础上深化研究，产生了关于创新的两个支流，即以罗伯特·M. 索洛（Robert M. Solow）为代表的新古典学派和以埃德温·曼斯菲尔德（Edwin Mansfield）、保罗·斯通曼（Paul Stoneman）、莫顿·I. 凯曼（Morton I. Kamien）、南茜·L. 施瓦茨（Nancy L. Schwartz）为代表的新熊彼特学派，两者可统称为技术创新学派。

索洛在《资本化过程中的创新：对熊彼特理论的评论》一文中首次提出技术创新成立的两个条件，即新思想来源和以后阶段的实现与发展。他在1956年发表的《对经济增长理论的一个贡献》一文中肯定了技术在经济增长中的决定性作用。此外，新古典学派还深入探讨了政府在技术创新过程中的作用。在市场经济条件下，当技术创新供需失衡时，政府应适当采取宏观调控手段，以保证技术创新能够促进经济社会发展。

新熊彼特学派在技术创新领域提出了自己独到的见解，进一步发展了技术创新理论。曼斯菲尔德提出了技术创新与模仿之间的关系，并由此建立了新技术模仿理论。斯通曼分析了技术创新扩散的路径依赖，他认为技术扩散分为企业内扩散、企业间扩散和国际扩散三种。凯曼和施瓦茨重点研究了垄断竞争条件下的技术创新过程，提出了“技术创新与市场结构论”，并指出了决定技术创新的三个变量：竞争程度、企业规模和垄断力量。他们认为，介于完全垄断和完全竞争之间的“中间程度的市场结构”，是能够有效推动技术创新的市场结构。

三、制度创新理论

制度创新理论以制度变革和制度推进为研究对象，代表人物有道格拉斯·C. 诺斯（Douglass C. North）、兰斯·E. 戴维斯（Lance E. Davis）等。根据诺斯和戴维斯的观点，制度创新是指能使创新者获得追加利益的现存制度的变革。诺斯的研究领域是制度及其变迁，他认为使经济增长的关键因素在于制度，一种能够提供个人刺激的有效的制度是使经济增长的决定性因素，在诸多因素中，产权的作用最为突出。在诺斯看来，有效率的组织需要在制度上做出安排和确立所有权，以便形成一种刺激，将个人的经济努力变成私人收益率接近社会收益率的活动。按照诺斯的观点，制度创新决定技术进步，虽然技术创新对制度创新有重要的作用，如技术创新可以降低某些制度安排的操作成本，增加制度创新的潜在利润，但制度创新对技术创新起决定性作用。诺斯和戴维斯指出，制度创新可以在三级水平上进行，即可以由个人来创新，或者由个人之间自愿组成的合作团体来创新，或者由政府机构来创新。其中，由政府机构来创新具有显著的优越性。

四、国家创新系统理论

20世纪80年代，学界开始对国家创新系统进行研究。“国家创新系统”这个概念是克里斯托夫·弗里曼（Christopher Freeman）在1987年出版的《技术政策与经济绩效：日本国家创新系统的经验》一书中最先提出的。弗里曼强调应该特别关注四个要素在国家创新系统中的作用，即国家创新系统的核心——企业、企业间的相互竞争协作关系的表现——产业结构、政策制定者——政府，以及教育培训机构——大学。而政府应根据技术创新的需求变化，及时对经济社会发展范式进行调整，推进企业之间的相互学习和合作网络建设，通过创新公共资源提高创新能力和国家竞争力。在国家创新系统中，政府在制定创新政策时要着眼于创造、应用和扩散知识的过程及各类机构间的相互影响与作用，因此国家创新系统实质上是技术创新和其他创新的结合。

在国家创新系统概念的基础上，理查德·R. 纳尔逊（Richard R. Nelson）、本特-阿克·伦德瓦尔（Bengt-Ake Lundvall）、迈克尔·E. 波特（Michael E. Porter）等学者对国家创新系统理论进行了一定程度的深入研究，经济合作与发展组织的研究进一步拓展了国家创新系统理论。国家创新系统理论已逐步成为很多国家制定发展战略和相关政策的基础。

国家创新系统理论在继承技术创新理论的基础上，吸收了人力资本理论和新增长理论的思想。在国家创新系统理论中，除继续重视技术创新以外，知识被视为重要的经济资源，学习是一个重要的社会过程，创造、储存和转移新知识、新技能、新技术成为国家创新系统的功能。国家创新系统的活动包括知识的生产、扩散、储存、转移、传播和应用。知识传播、学习和技能习得实际上与人力资本有关，知识创造、储存和应用与知识积累有关；在某种意义上，技术创新是知识的创造性应用，是知识应用的一种形式。而这些思想正是人力资本理论和新增长理论的核心。国家创新系统理论的最大贡献是从国家整体层面考察了创新活动效率的决定机制。国家创新系统是政府、企业、高校、科研院所、中介机构等为一系列共同的社会和经济目标，通过建设性的相互作用而构成的机构网络，创新是由国家创新系统推动的。

五、创新生态系统理论

进入 21 世纪，美国经济再度飞速发展，使学者们意识到，创新范式正在从创新系统向创新生态系统转变。其意义在于，认识到创新具有演化属性，而非以某种要素为中心。美国竞争力委员会在 2004 年发布的《创新美国：在挑战与变革的世界中达至繁荣》报告中，将创新生态系统定义为由社会经济制度、基本课题研究、金融机构、高等院校、科学技术、人才资源等构成的有机统一体，其核心目标是建立技术创新领导型国家。创新生态的特征是企业与科研机构之间的合作、风险投资的有序引导和创业精神的发挥。

根据国内外学者的研究成果，创新生态系统可以理解为一个以企业为主体，以大学、科研机构、政府、金融机构等中介服务机构为系统要素载体的复杂网络结构，它通过组织间的网络化分工与协作，深入整合创新所需的人力、技术、信息、资本等要素，实现创新因子的有效汇聚，为网络中各个主体创造价值，促进各个主体共同实现可持续发展。根据 2016 年世界经济论坛中国理事会发布的《中国创新生态系统》报告，创新生态系统的要素包括可进入的市场、人力资本、融资及企业资金来源、导师顾问支持系统、监管框架和基础设施、教育和培训、重点大学的催化作用、文化支持。

创新生态系统的作用在于通过系统内部的能量流动、物质循环和信息传递，促进创新知识的生产、扩散和应用，以优化资源配置，增强竞争力和抗风险能力，获取优良的创新成果，助推经济增长，最终使所有系统成员共同获益、协同发展。创新生态系统理论融入了生态学的相关理论，不仅将创新生态系统视为各相关要素的集合，更强调其内部的自组织性和多样性、内部主体与环境之间的关系及内部不同主体之间的共生演化关系。在这一框架下，任何一个创新主体都应与其所处的生态系统“共生演化”，而不仅仅是参与竞争或合作。这种整合性的视角，突出了创新活动的系统性和可持续发展特征。

小知识

硅谷模式

硅谷是位于美国加利福尼亚州旧金山以南的圣克拉拉县的帕洛阿尔托市到圣何塞市之间的一个谷地。这里的半导体工业特别发达，而半导体的主要材料是硅，故被称为“硅谷”。它是世界上第一个高技术区。

硅谷模式的特点是以大学或科研机构为中心，科研与生产相结合，科研成果迅速转化为生产力或商品，形成高技术综合体。它是继个人研究、研究单位集体研究、国家组织的大规模项目研究之后，人类研究和发展科学技术的又一种重要方式，是当代发展高技术产业的成功方式。在高技术领域，技术越发表现为物化的科学知识，越发要求科学、技术与生产趋于同步。硅谷模式正是这种最新趋势的集中体现。采用硅谷模式的企业具有扁平化、迅速行动的组织结构，企业高层很少会直接干预具体的事务，而是授权拥有相关业务知识和技能的员工进行决策。此类企业能够在更大程度上实现自下而上的决策，同时来自顶层的愿景、战略目标和当前的优先事项也能顺畅地传递给基层员工。这种企业不仅关注员工的工作技能，还重视员工的创新精神；通过强有力的共同价值观、清晰的愿景及个人季度关键目标来协调工作和员工；信息处理的自动化程度高。

{资料来源：施泰伯. 中国能超越硅谷吗：数字时代的管理创新［M］. 邓洲，黄娅娜，李童，译. 广州：广东经济出版社，2022：86-87. 有改动}

案例分析

乔布斯——改变计算机产业

史蒂夫·乔布斯（Steve Jobs）出生于美国加利福尼亚州旧金山，是苹果公司联合创始人。乔布斯被认为是计算机业界与娱乐业界的标志性人物，他见证了苹果公司几十年的起落与兴衰，先后领导研究和推出了麦金塔计算机、iMac、iPod、iPhone、iPad 等风靡全球的电子产品，深刻地改变了现代通信、娱乐、生活方式。

1975 年，小型计算机有了最粗糙的样板——阿尔泰计算机，一些芯片组如

8008、8080 已经出现，为运行阿尔泰的计算机程序语言 BASIC 也诞生了。在完成游戏机芯片的设计后，乔布斯和史蒂芬·G. 沃兹尼亚克（Stephen G. Wozniak）开始研制计算机。沃兹尼亚克产生了一个极其重要的想法，把键盘、显示器和终端机的功能整合到一套装置中。沃兹尼亚克自己设计草图，买来廉价的芯片，自己把各个零件焊接到主板上，自己写程序代码，就这样一块计算机线路板完成了。乔布斯看到了商机，告诉沃兹尼亚克可以单独售卖计算机线路板，并提议成立一家公司。

1976 年 4 月 1 日，乔布斯、沃兹尼亚克及乔布斯的朋友罗纳德·G. 韦恩（Ronald G. Wayne，1977 年退出）签署了一份合同，决定成立一家电脑公司。沃兹尼亚克卖掉了自己的惠普电脑，乔布斯卖掉了自己的大众汽车，两人凑了 1 300 美元。随后，21 岁的乔布斯与 26 岁的沃兹尼亚克在自家的车库里成立了苹果电脑公司。乔布斯为公司取名苹果电脑，有三个原因：乔布斯刚从苹果农场回来，那段时间喜欢吃水果餐；苹果这个词和电脑一起使用，让人听起来有活力、有亲切感；在电话簿上会排在他先前服务的阿塔里公司的前面。幸运的是，公司成立不久，他们就接到了一个 50 套计算机成品的订单。组装车间就建在乔布斯家的车库里。乔布斯和沃兹尼亚克，还有乔布斯的父母和朋友，都成了组装工人。这一笔买卖使苹果电脑公司的第一代机型 Apple Ⅰ得以诞生，为苹果电脑公司赚了第一桶金。

真正奠定苹果电脑公司基础的是第二代机型 Apple Ⅱ。尽管乔布斯对沃兹尼亚克提出了很多外观设计和功能的要求，但基本上这是第一台也是最后一台由沃兹尼亚克一个人完成电路设计的商业计算机。这台计算机满足了个人用计算机的四个基本要求：第一，不懂硬件的人也能自己装配，处理器、内存储器、软盘驱动器、键盘、扬声器、电源等元器件都集成在了一套主机系统中，用户只需连上显示器；第二，成本要低，很多家庭买得起，这就要求主机系统尽量少使用芯片实现必要的功能；第三，功能可扩展，如方便用户接入打印机等其他辅助设备；第四，有一个运行的基础软件，方便用户为计算机编制应用程序。

生产这样的计算机需要大量的资金投入。他们找到了迈克·马库拉（Mike Markkula），一个因持有英特尔公司股票而有钱的年轻人，苹果电脑公司从有两个股东的公司变成了有三个股东的新的苹果电脑有限公司。他们找设计师为公司设计标志。设计师给出了两个版本：一个是完整的苹果，因为看起来像樱桃，被乔布斯否决；另一个是被咬了一口的苹果，被乔布斯选中。至于选用这个被咬了一口的苹果，是不是乔布斯为了向那个因咬了一口有毒苹果而自杀身亡的计算机科学理论奠基者艾伦·M. 图灵（Alan M. Turing）致敬，留给人们的是猜测联想的空间。

1998 年 8 月，iMac 正式发售，成为苹果电脑公司历史上销售最快的计算机。尽管销售业绩不错，但乔布斯仍然觉得苹果电脑公司的计算机与别的品牌的计算机相比具有较大的优势，而这些优势没有得到更多用户的认可，那一定是用户体验出了问题。

建品牌零售店在服装、化妆品、汽车等领域被证明是成功的，但在计算机行业没有成功先例。乔布斯准备逆流而上。在店面选址方面，乔布斯没有把店址选在交通不方便但租金便宜的地方，而是选在繁华街区的购物中心内。在店面设计方面，乔布斯要求风格与电脑产品的特点相匹配，就是有趣、简单、时髦、有创意，在时尚与令人生畏之间取得平衡。

尽管苹果电脑公司董事会和多数外界专家并不看好苹果零售店，但第一家苹果零售店还是在 2001 年 5 月开业了，并大受欢迎。零售店客流量越来越大，收入也越来越多。随着零售店的成功开设，乔布斯对店面设计的要求也越来越高，对店面设计的每一个细节都追求极致。乔布斯还把新产品的发布会与新零售店的开业典礼结合在一起，让苹果产品的粉丝能够连夜排队，以成为首批进店的人。苹果零售店从两个方面为公司做出了贡献：一是零售店的直接收入占到了公司总收入的 15%；二是通过制造话题和提高品牌认知度，间接拓展了整个公司的业务。

通过不断进取和创新，乔布斯为世界留下了宝贵的遗产：一些了不起的产品，一家有价值的企业——苹果公司，一种用想象力和创造力去改变世界的不屈不挠的精神。

{资料来源：张九庆．乔布斯的苹果：与众不同的改变［J］．科技中国，2019（5）：97-102. 有改动}

案例思考：

1. 乔布斯是如何改变计算机产业的？
2. 你如何理解创新？

能力训练

能力训练一

【训练目的】用集体的智慧加深学生对创新的理解。

【训练步骤】

1. 每个人都在便利贴上写下自己对创新的理解。
2. 用关键词来描述，一张便利贴上写一个关键词。
3. 写得越多越好。
4. 把所有人的便利贴全部粘在大白纸上。
5. 把相同的内容粘在一起，对不同的内容进行分类。
6. 获得集体对创新的共识。

【训练工具卡】

请以“关键词”的形式在方框的空白处写下你对创新的理解。

创新

能力训练二

【训练目的】 增强学生的创新意识。

【训练内容】

以下训练题，侧重在日常生活中坚持和锻炼。

1. 日行“一创”。要求自己在未来的每一天都提出至少一个问题，或者有一个新的发现，或者解决一个问题。

2. 随身携带记录本。记录自己所提出的问题、新的发现或对问题的解决方案等。

3. 经常发问。遇到问题时，主动发问，向专家、内行请教，但是不能完全听信专家或权威，要结合自己的思考寻求答案。

4. 确定属于自己的“创新节”。可以设立一周一天或一个月一天，在“创新节”当天整合自己在这之前所提出的问题和解决方案。

5. 确立自己的创新课题。每个学生都可以提出自己的创新课题，锻炼自己发现问题和解决问题的能力。

自测题

1. 简述创新的含义和特征。
2. 分析创新与创造之间的区别和联系。
3. 如何理解商业模式及其要素？
4. 自主创新的含义是什么？
5. 简述几种创新理论的主要思想及不同创新理论的研究重点。

延伸阅读

特纳．创新从 0 到 1：激活创新的 6 项行动［M］．约翰斯顿，绘．陈劲，姜智勇，译．北京：电子工业出版社，2022.

第二章　创新的过程与模式

学习目标

1. 理解创新的基本过程
2. 理解创新过程模型的演进
3. 理解知识创新的过程
4. 理解创新的模式

能力目标

1. 能够了解五代创新过程模型的演进轨迹，加深对创新活动内在规律的认识
2. 能够掌握知识创新过程的五个阶段
3. 能够了解创新模式的分类

素质目标

1. 理解创新过程的动态逻辑，建立系统思维
2. 培养按流程推进创新的实践能力
3. 树立务实的创新执行态度
4. 提升协作与资源整合的基础素养

思维导图

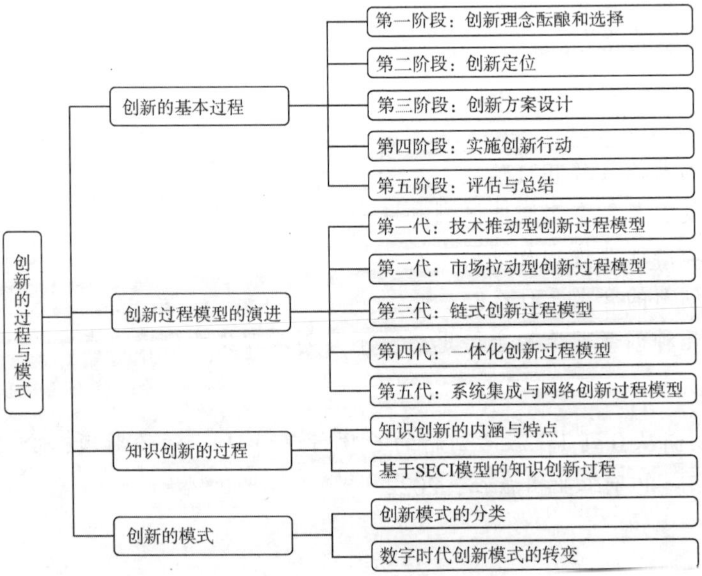

引导案例

中国商飞的商用飞机产品开发

中国商用飞机有限责任公司（以下简称“中国商飞”）于2008年5月11日成立，总部设在上海。中国商飞由国务院国有资产监督管理委员会、上海国盛（集团）有限公司、中国航空工业集团有限公司、中国铝业集团有限公司、中国宝武钢铁集团有限公司、中国中化股份有限公司共同出资组建，2018年年底新增股东单位中国建材集团有限公司、中国电子科技集团有限公司、中国国新控股有限责任公司。中国商飞是实施国家大型飞机重大专项中大型客机项目的主体，也是统筹干线飞机和支线飞机发展、实现我国民用飞机产业化的主要载体，主要从事民用飞机及相关产品的科研、生产、试验和试飞，从事民用飞机销售及服务、租赁和运营等相关业务。中国商飞下辖设计研发中心、总装制造中心、客户服务中心、北京研究中心、民用飞机试飞中心、基础能力中心等。中国商飞坚持科技创新发展，充分发挥主制造商牵引带动作用，构建了“以中国商飞为主体，以市场为导向，产学研相结合”的商用飞机技术创新体系，建立了多专业融合、多团队协同、多技术集成的协同创新平台，以科技创新引领大飞机事业高质量发展。

2017年5月5日，备受瞩目的C919大型客机在上海浦东国际机场首飞成功。这是一件载入民机研制历史的事件。自2008年5月以来，C919大型客机先后完成可行性研究论证、联合概念定义和联合定义、详细设计评审、总装下线等任务，每一个节点都是一次历史的创造。2022年5月14日6时52分，编号为B-001J的C919大型客机从上海浦东国际机场第4跑道起飞，于9时54分安全降落，标志着中国商飞即将交付首家用户的首架C919大型客机首次飞行试验圆满完成。

商用飞机产品具有复杂大规模产品、高安全质量要求和高精尖技术综合性三大特征。第一，复杂大规模产品是指飞机是由数百万个零件与机载系统组成的高度复杂的产品。在C919大型客机研制项目中，全国有22个省市、200多家企业、近20万人参与项目，推动建立了航电、飞控、电源、燃油、起落架等机载系统的16家中外合资企业。第二，高安全质量要求是指10^{-9}的事故率设计指标，即飞行亿万小时才有可能发生一次机毁人亡的事故，这一概率远远低于人的自然意外死亡概率10^{-6}。第三，高精尖技术综合性是指国内47所高校参与型号攻关，攻克了全时全权限电传飞控系统控制律设计等108项关键技术，掌握了5类4级617项专业技术，形成了6 744项标准规范，累计申请了1 125项专利（截止时间为2018年7月）。因此，商用飞机产品开发将遇到研发周期长、研发成本高、产品高度复杂等各种问题。

商用飞机产品的复杂性决定了其开发必然要遵循自上而下的层次化设计思路，最终产品的形成必然要经过一个自上而下的正向设计和自下而上的各级实验室的集成验证，并最终满足客户需求的系统化的过程。中国商飞建立了需求“双V”管理工程。第一个“V”是指飞机需求管理从上而下分解和确认的流程（Validation）。第二个“V”是指需求验证的流程（Verification）。“需求”从上而下分解为飞机级需求、系统级需求、分系统级需求、设备级需求。比如，飞机有“刹车”的“总需求”，这个需求将分解到起落架系统、液压系统、飞控系统等多个相关系统，而各个系统又将各自的“分需求”分解到机轮、刹车片、阻力板等具体的设备。每个设备通过完成自己的“子需求”，达到系统的“分需求”，进而实现飞机的“总需求”。

{资料来源：① 中国商飞官网；② 张振刚，李云健，周海涛．企业创新管理：理论与实操［M］．北京：机械工业出版社，2022：182-183．有改动}

案例思考：

1. 中国商飞的商用飞机产品开发有哪些特点？
2. 你如何理解创新的过程？

第一节　创新的基本过程

企业的创新过程取决于组织的具体情况，如企业规模、技术复杂程度、环境的不确定性等。创新管理需要解决“如何合理地构建创新流程”和“如何在组织内部建立有效的行为模式”这两个基本问题，从而为企业的日常创新管理活动设立规则。根据乔·蒂德等提出的创新过程五阶段：对内部和外部环境进行扫描及搜寻、对信息进行评估并做出战略选择、投入资源对项目进行开发、实施创新及对创新结果进行评估与总结，可以把握企业创新的基本过程。

一、第一阶段：创新理念酝酿和选择

创新理念是企业内培育出来的、企业员工内心深处蕴藏着的一种不断创新的价值观，它是企业进行创新的源泉。创新过程实际上是一个价值活动过程，企业要树立这样的一种理念，即让所有的利益相关者都参与到企业的创新活动中。企业要不断地对内部和外部环境进行扫描及搜寻，确保价值链上的所有成员都能轻易地得到实时、正确的创新信息，并享有创新带来的价值和利益。为顾客创造价值，需要站在顾客的立场上考虑问题。与顾客进行协作，掌握供给和需求方面的信息，是创新理念酝酿的重要步骤。因此，为顾客创造价值，应该成为企业创新的首选理念。

二、第二阶段：创新定位

由于人力、物力、财力的限制，一个企业不可能同时在各个方面实施创新。但孤立的创新可能引发其他方面的问题，这涉及创新的定位问题。比如，出示账单一直是电信公司花费最高的经营行为之一，所以一般公司为了降低成本都会想到降低账单成本这一办法。设想一家公司的做法是减少客户账单上的信息以缩小账单尺寸，从而减少纸张的消耗量。但客户无法理解账单上简单的信息，他们纷纷打电话到公司客户服务中心进行咨询。最终的结果是虽然账单成本下降了，但公司运营的总成本上升了，由此可以看出创新定位的重要性。

为了评估创新的可行性，在确定创新优先次序的过程中，应当注意以下几点：首先，企业运作的每一部分都不是孤立的，一个方面的创新必将对其他方面产生影

响。一旦确定某一方面要实施创新，就必须尽早认清它将如何适应其他方面的工作，如何适应整个企业的运转。其次，基于战略的重要性和可能带来的潜在收益对各种能力进行排序，考虑究竟强化哪种能力来形成企业的特色。再次，考虑工作的各个组成部分会产生多大的价值。企业应该尽量把事务性工作外包给别人，尽可能提高具有更大价值的知识性工作的收益。最后，考虑把工作精力投向何处及如何制定出发展创新能力的战略。这些问题主要取决于企业当前的能力水平。

三、第三阶段：创新方案设计

这个阶段的主要工作是运用多种条件、方法，结合创新定位与目标，提出解决问题的创新构想与方案，通过计算、筛选与综合集成形成具有可行性的创新方案。

这个过程涉及创新的评估问题，但评估往往被认为与创新对立，因为它的作用是维持经营活动。事实上，评估是有意义的，埃森哲咨询公司和克兰菲尔德管理学院企业绩效研究中心经过广泛调查后，为评估措施归纳出七种基本用途：① 呈现各种绩效目标，并提出相关的进度报告；② 根据确切的资料进行战略决策，以利于竞争；③ 比较本公司与其他公司的绩效，找出应该创新与改进的地方；④ 找出可接受范围之外的变化与创新解决方案，以贯彻修正的行动；⑤ 密切配合法令、管制标准及相关的内部风险政策；⑥ 在既定的条件下完成计划，其中包括达到预期的利润；⑦ 通过认知与奖励机制让员工投身于公司的重点项目。

在进行创新评估时，要避免失衡，如过于注重财务评估，使流程评估遭受损害；过于强调某个层面（如质量），对其他层面（如时间）产生负面效应；只注意到某个流程，却没有考虑其他流程可能受到的影响。所以，企业可以用不同的评估方法来判断不同的业务。此外，评估时要用长远的眼光看问题，不能只注意已发生的事情，还应把奖励与目标挂钩，奖励应该以员工所能掌控与影响的事为准，即他们必须有办法调整自身的行为，以带来更好的结果。

四、第四阶段：实施创新行动

该阶段要根据已有的创新方案采取相应的创新行动。创新行动的实施应在创新目标和创新原则的指导下进行。这个阶段又分为三个环节：旧范式的解冻、变革（初步实施）、固定和深化（持续实施）。

实施创新行动，协作是一个重要的前提条件。协作的重要方式是分享知识。而知识在创新中占据着核心位置。协作的关键在于要尽量抛弃重复的管理性事务，使知识工作者将精力集中于那些能够创造高价值的工作，如将资本（特别是人力资本）投入更高价值的工作中才是企业创新最有价值的地方。企业创新并不是利用技术以不同的方式做同一件事情，而是利用技术做以前没有做过的事情。

五、第五阶段：评估与总结

创新成果的评估与总结是创新后期的一项重要工作。创新工作结束之后，有必要对创新效果及其经济效益和社会效益进行评估与总结，使企业不断找出差距，形成新的创新动力，以便进行更深层次的创新。

小资料

华为公布第四届“十大发明”评选成果

自2015年起，华为技术有限公司（以下简称“华为”）每两年举办一次“十大发明”评选活动。评选活动的宗旨是对未来有潜力开创新的产品系列、成为产品重要商业特性、产生巨大商业价值的发明或专利技术及时给予肯定和奖励，同时鼓励突破、营造创新文化，促进产品与技术创新。

2022年6月8日，华为在深圳举办“开拓创新视野：2022创新和知识产权论坛”，并公布了第四届“十大发明”评选活动中获奖的重大发明。由于竞争激烈，出现了2项发明平票的情况，最终共有11项发明入选，涵盖自动驾驶、AI（人工智能）、网络部署等多个领域。

发明一：大幅提升算力的高效能乘法器和加法神经网络

该专利包中包含的一种新型加法神经网络，突破了现有的AI计算框架，解决了AI领域的数学难题，可使计算功耗和电路面积下降70%以上，赋能AI在各个场景落地。专利包相关技术带来的优化，可使消费电子产品在使用AI功能时大幅省电。

发明二：基于多目标博弈的智能驾驶决策方案

该专利包解决了城市道路人车混杂的复杂场景中自动驾驶的定位、感知及决策问题。该专利包的核心亮点特性已完成商业落地。多目标博弈决策框架解决交互场景接管难例70%以上，缩短通行时间40%以上；感知网络算力消耗降低87.5%；轻量化定位降低CPU消耗85%。

发明三：风筝方案

该专利包助力运营商公网专用，匹配不同行业的5G to B建网诉求，在网络中断情况下，业务也不会中断，同时实现本地数据不出园区，满足安全性需求。该专利包的高可靠专网已在中国多家煤矿落地，助力煤矿无人化稳定运行。

发明四：数智光分配网

光分配网（Optical Distribution Network，ODN）是光纤宽带的基础设施，光纤的无源特性使其管理和维护非常困难。数智ODN方案解决了自高锟发明光纤以来困扰业界几十年的海量ODN光纤无法实现数字化管理的难题。该项专利通过在光纤上刻写光虹膜，给光信号打上了“二维码”，为运营商构建了数字化、智能化ODN资源管理和运维机制，实现了光纤宽带网络的精准规划与快速部署、故障的精准定位与快速修复，ODN运维效率提高30%以上。

发明五：基于迭代的全精度浮点单元

该专利包在芯片算力层面创新性地保障了更灵活的计算精度与算力配比，完美地解决了高性能计算（High Performance Computing，HPC）、AI训练、AI推理等多场景多种浮点精度计算的大算力需求问题。该项专利已应用在下一代昇腾与鲲鹏芯片中，其AI训练与推理算力是友商标杆产品的200%以上，HPC和AI的混合精度计算也已成为国内外学界和产业界的最新技术方向，全精度的计算单元已成为计算产业制胜的关键。

发明六：高清、大画幅创新AR-HUD解决方案

该专利包采用创新的光学和算法方案首次实现了业界小体积、大画幅、高清AR-HUD（虚拟现实叠加抬头显示）。同时，通过创新光学技术，在最小体积约束下，解决图像畸变、眩晕等业界难题。AR-HUD将前挡风玻璃化身为集科技感、安全性、娱乐性于一体的智能信息“第一屏”，以全新的ODP（Optical Display Processor，光显示处理器）技术开创影视级高清HUD新时代，大幅提升智能驾乘体验。

发明七：BladeAAU基站天线极简部署方案与室内分布式Massive MIMO方案

该专利包解决了室内外5G网络部署的难题。在室外，通过首创一体化BladeAAU形态助力客户极简部署5G网络并同时保证2G、3G、4G、5G网络性能最优。在室内，通过D-MIMO技术大幅提升5G网络容量和用户体验。该项专利已被广泛应用于不同场景。

发明八：动态频谱共享5G Single Air方案

作为5G标准必要专利，该专利包将5G跨制式频谱资源的共享比例从4G时代的40%提升到90%，实现了业界唯一的毫秒级动态频谱共享商用能力。

发明九：确定性IP

该专利包首次实现了大规模分组网络的确定性低时延、低抖动，发布了业界独家确定性IP网络解决方案，完成了全球首个确定性广域网创新试验和广域云化PLC（可编程控制器）试验，实现了微秒级精度的远程工业控制。其价值在于，作为基础技术底座，支撑工业控制、车联网、智能电网、远程医疗、Cloud VR（云化虚拟现实）、全息通信等新兴产业应用对网络确定性低时延、低抖动的需求，赋能下一代产业互联网。

发明十：存储全局均衡扩展高可靠AA集群方案

该专利包从更快、更稳、弹性扩展三个方面实现存储价值的突破，实现业务零中断的全局对称A-A双活高端存储架构。在应对实际业务Burst（描述业务量在短时间内突然大幅增长、爆发式上升的情况）高峰拥堵场景，如过年时交通订票结算系统高峰访问、能源勘探爆破时数据短时间集中存储需求、“双11”下单量剧增导致银行结算系统业务高峰等时，需要应用亚毫秒级低时延、千万级高性能、全局对称双活的高端存储AA专利。

发明十一：鸿蒙网络聚合加速与内存扩展

该专利包揭示了在华为终端产品上广泛使用的网络与内存革新技术，

包括终端产品上 Wi-Fi、蜂窝的多网融合 Link Turbo 技术及内存动态扩展 Hyperhold 技术。Link Turbo 以纯软方案将多个网络模组的能力堆叠融合，在网络受限、抖动及关键业务场景下，并发下载速率提高 83%，游戏时延下降 69%，视频起播时延下降 87%，多网协同能力互补，“拳头攥在一起力量更强”；Hyperhold 大幅扩展可用内存，减少低内存频繁换入、换出引发的卡顿，提升基础读写性能，为用户带来极致流畅体验。

以上 11 项获奖发明及其应用领域如表 2-1 所示。

表 2-1　华为第四届“十大发明”及其应用领域

发明	应用领域
大幅提升算力的高效能乘法器和加法神经网络	AI 场景
基于多目标博弈的智能驾驶决策方案	智能驾驶
风筝方案	5G 建网
数智光分配网	光纤网络部署
基于迭代的全精度浮点单元	大算力场景（AI 训练、推理等）
高清、大画幅创新 AR-HUD 解决方案	AR-HUD
BladeAAU 基站天线极简部署方案与室内分布式 Massive MIMO 方案	5G 网络部署
动态频谱共享 5G Single Air 方案	5G 标准必要专利
确定性 IP	大规模分组网络
存储全局均衡扩展高可靠 AA 集群方案	高端存储架构
鸿蒙网络聚合加速与内存扩展	终端信号传输

（资料来源：华为官网，有改动）

第二节　创新过程模型的演进

随着时代的变迁和科学技术的革命，商业化过程及工业创新过程也在不断变化。20 世纪 50 年代以后，许多学者在创新过程模型的研究方面进行了不懈的努力，最终形成了五代具有代表性的创新过程模型。它们分别是 20 世纪 50 年代到 60 年代中期的技术推动型创新过程模型、20 世纪 60 年代后期到 70 年代中期的市场拉动型创新过程模型、20 世纪 70 年代后期到 80 年代中期的链式创新过程模型、20 世纪 80 年代后期到 90 年代初期的一体化创新过程模型、20 世纪 90 年代中期以来的系统集成与网络创新过程模型。第四代创新过程模型标志着从将创新过程看成是严格的序列过程到将创新过程看成是并行发展过程的转变。第五代创新过程模型是第四代创新过程模型的理想化发展，按照第五代创新过程模型，创新正变得越来越快，同时越来越多地涉及企业联结网，以及使用新的信息工具（专家系统和仿真模型设计）。

一、第一代：技术推动型创新过程模型

该模型假设从来自应用研究的科学发现到技术发展和企业中的生产行为，并最终将新产品投放市场都是一步步推进的。它的另一个基本假设是更多的研究与开发就等于更多的创新。早期对创新过程的理解基于这样一种假设，即研究与开发是创新构思的主要来源。这种观点被称为创新的技术推动或发现推动。它认为，一项新的发明会引发一系列实践活动，最终使发明得到应用。具体地说，就是认为技术创新或多或少是一种线性过程，这一过程始于研究与开发，经历工程和制造活动，最终将某项新技术产品引入市场。之所以会产生这样的假设，是因为当时生产能力的提高往往跟不上需求的增长，市场的作用在创新过程中还没有引起足够重视，人们认为市场只是被动性地接受研究与开发成果。由于这一模型根植于熊彼特的经典创新理论，因此它也被称为熊彼特创新模型。图 2-1 展示了技术推动型创新过程模型。

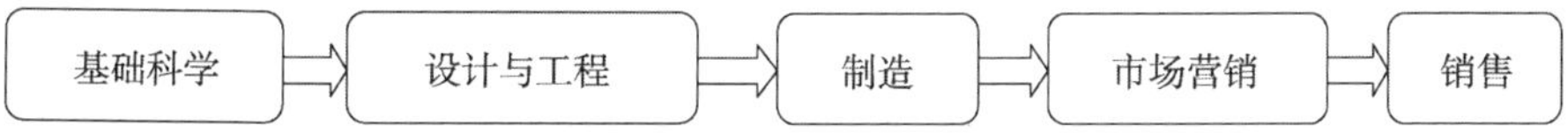

图 2-1　技术推动型创新过程模型

第一代创新过程模型也可以认为是由知识与技术推动的创新过程模型，在创新过程中通过知识和技术的发展引发或者满足新的市场需求，从而推动创新活动的开展，新技术是创新活动得以进行的主要推动力量。这一模型在 20 世纪取得的巨大成功也使人们普遍接受和确立了这样一个坚定的信念，那就是更多的技术研究与开发带来更多成功的创新。在现实经济活动中，第一代创新过程模式取得巨大成功的例子很多，如信息技术与互联网技术的发展，推动整个社会进入信息时代，催生了一大批新兴产业（如光纤产业等），也催生了很多新兴业态（如电子商务、网络营销等），推动绝大多数传统行业发生巨变，无论是传统行业还是新兴行业无不受到互联网技术的巨大影响。

二、第二代：市场拉动型创新过程模型

20 世纪 60 年代后期是一个竞争逐渐激烈的时期，这时生产率得到显著提高，尽管企业仍在不断开发新产品，但其更加关注如何通过现有技术的变革扩大规模，并通过多样化实现规模经济，获得更多的市场份额。许多产品已经基本实现供求平衡，人们在创新过程研究中开始重视市场的作用，从而催生了市场拉动型创新过程模型。在该模型中，市场被视为引导研究与开发的思想源泉，而研究与开发是被动地满足市场需求，如图 2-2 所示。按照市场拉动型创新过程模型，创新是被企业感受到的且常常是能够清楚地表达出来的市场需求所引发的。

图 2-2　市场拉动型创新过程模型

相较于采用技术推动型创新过程模型，采用市场拉动型创新过程模型进行创新

的企业，其产品应用领域和市场需求更加明确，创新成果与实际需求更不容易脱节，因而创新风险更小，创新成果也更加容易实现商品化，经济效益能够得到较好的保证。

在市场拉动型创新过程模型中，市场需求为产品创新创造机会，它会刺激研究与开发为之寻找可行的技术方案。从理论上讲，这种模型能让创新适用于某一特定的市场需求，但它仍然只考虑了市场需求这一种因素。需要指出的是，测度消费者需求，对不经常发生的根本型创新几乎没有用处。根本型创新要求消费者行为与态度有重大的变化，而这些变化不会立即发生。因此，渐进型创新往往来自市场拉动，而根本型创新往往源于技术推动。

三、第三代：链式创新过程模型

技术推动型创新过程模型和市场拉动型创新过程模型分别注重技术和市场在创新过程中的主导作用，但这两种模型存在一个共同的缺陷，都把创新过程看作简单的线性过程，没有反映出创新的复杂性。实际上，创新活动是十分复杂的，既可能受到技术研发的推动，也可能受到市场需求变化的巨大影响，它是一种技术与市场双重推动、交互耦合型的活动。

20 世纪 70 年代，随着两次石油危机的爆发，大量产品供过于求，产品生命周期不断缩短，市场竞争日益激烈，企业需要通过创新来有效地提高产量、降低成本、增强竞争力；同时，影响创新的因素也越来越多，市场需求在创新中的作用也越来越大，单纯采用技术推动型创新过程模型或市场拉动型创新过程模型来指导企业的创新活动变得越来越困难。因此，在第一代创新过程模型与第二代创新过程模型的视域下，将创新视为由前一环节向后一环节单向推进的线性过程这种过于简单化的认识，就很难对实际创新活动提供有效的指导。为此，20 世纪 70 年代以后，人们开始把第一代创新过程模型与第二代创新过程模型综合起来，提出了技术与市场双重推动的创新过程模型，即链式创新过程模型，如图 2-3 所示。

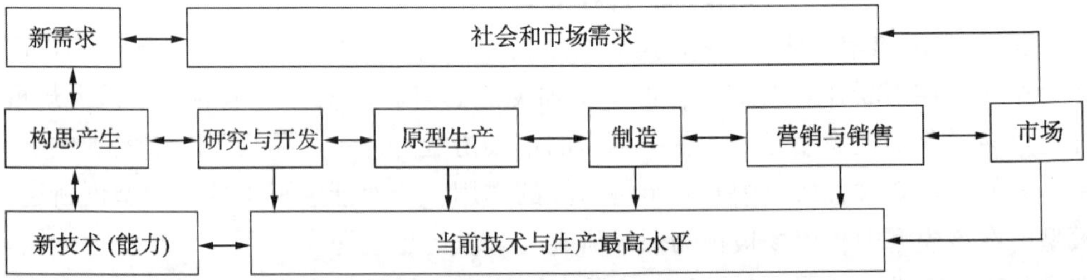

图 2-3　链式创新过程模型

第三代创新过程模型强调技术创新不是一种线性过程，而是由技术和市场因素的交互作用推动的，两大因素的共同作用使创新活动变得更加复杂，创新成果的形成机制也变得更加复杂多变。按照罗艾·劳斯韦尔（Roy Rothwell）的观点，这一模型把创新过程分成一系列职能各不相同、既相互作用又相互独立的阶段，这些阶段虽然在过程上不一定连续，但在逻辑上相继而起。

四、第四代：一体化创新过程模型

进入20世纪80年代，企业开始关注核心业务和战略问题。当时处于领先地位的日本企业的两个最主要特征是一体化（integration）与并行开发（parallel development），这对于当时基于时间的竞争（time-based competition）而言是至关重要的。虽然第三代创新过程模型包含了反馈环，有些职能间也有交互和协同，但它仍是逻辑上连续的过程。一体化创新过程模型的主要特点是各职能间的并行性和同步活动期间较高的职能集成性，如图2-4所示。

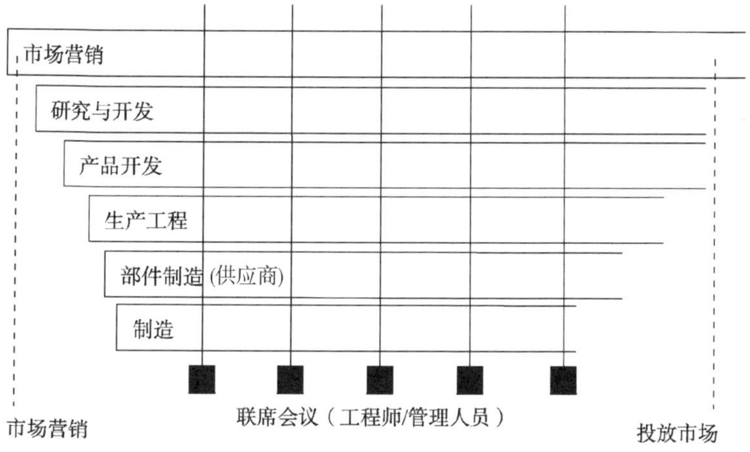

图2-4　一体化创新过程模型

一体化创新过程模型表明，研究与开发、生产制造、市场营销及进入市场后的活动可以并行地开展。一体化创新过程模型提出了一个非线性的、动态化的创新理论框架，强调研发部门、生产部门、供应商、客户之间的密切沟通与合作，以及高效、以质量为导向的生产和服务。

五、第五代：系统集成与网络创新过程模型

前四代创新过程模型主要基于低成本生产、大批量、标准件组成的产品创新和工艺创新，描述了简单产品的技术创新过程。在新经济时代，创新过程变得更加复杂，企业原有的封闭结构已经被打破，技术创新已不再是单个企业的独立创新活动，而是在创新网络环境中进行，创新项目已经跨越企业固有的边界，客户、供应商、高校、科研院所、政府、其他企业甚至竞争对手都有可能成为创新网络的重要成员，涉足创新过程中的研发、试验、生产、验证、安装、调试、维护、更新换代、再创新等创新活动。传统创新过程模型已无力解析这些创新现象并指导创新实践。在这样的背景下，第五代创新过程模型即系统集成与网络创新过程模型应运而生，如图2-5所示。

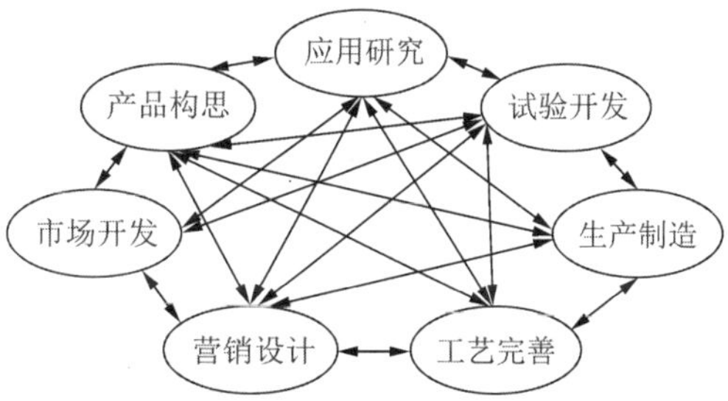

图2-5　系统集成与网络创新过程模型

系统集成与网络创新过程模型表明，企业创新深深根植于社会和经济活动中。在创新过程中，主体企业进行创新的统筹规划，通过战略合作、业务外包等方式形成包括产品构思、应用研究、试验开发、生产制造、工艺完善、营销设计、市场开发等一系列创新活动在内的网络组织，并对各合作单位的合作成果进行系统集成。一体化、灵活性、网络化及并行（实时）信息处理是系统集成与网络创新过程模型的主要特色。

总体来看，现实创新活动的内在机制本身就在不断演变，其演变趋势的总体特征是非线性化、复杂化、全球化、网络化和信息化。从第三代创新过程模型开始，各种要素之间的“互动”对创新活动越来越重要，不仅包括企业研发系统内部各部门之间的互动，还包括研发部门与其他部门之间，生产企业与客户、供应商及其他企业之间的互动。随着全球化、信息化时代的来临，这种复杂性变得更加明显，创新组织进一步扩展成了一种全球化、信息化乃至智能化的复杂创新网络，这种创新网络既可能建立在各种正式合作（如与其他企业或研究机构基于合同的研发合作）的基础上，也可能建立在非正式合作（如研发人员之间的非正式信息交流）的基础上。这也意味着当代经济全球化、信息化条件下的创新活动已经从早期的线性化、离散化的简单模型进化到了系统化、集成化、网络化的复杂模型，企业的创新过程变得比以往任何时候都更加复杂。创新者必须具有全球化、系统化、集成化、网络化的视野并能有效运用现代信息技术和全球创新资源，才有可能取得更好的创新绩效。

小知识

门径管理流程

20世纪80年代，罗伯特·G. 库珀（Robert G. Cooper）对大量的企业创新和产品开发实践进行了研究，参考了大量来自一线管理人员的经验和建议，吸收了此前新产品开发流程的优点，提出了门径管理流程。

所谓门径管理流程，是指一种系统的、规范的新产品开发流程，它为企业提供了一个具体的行动计划，目的是以缩短开发时间的方式成功地将产品投放市场，如图2-6所示。门径管理流程包括5个阶段、5个关口，在每一阶段，由一个跨部门团队承担平行进行的设计活动。在这个过程中，团队在每一阶段都要收集重要的技术、市场及财务信息，对项目进度进行评估，以决定项目是继续、终止、保持，还是从头再来。通过阶段和关口的组合运用，为每一阶段设置了评审和决策关口。在关口处进行严格评估和科学决策，能够有效控制开发风险，保证开发质量。合理的新产品开发过程是风险（不确定性）不断降低、资源投放逐渐增多的过程，风险控制和资源投放是同步进行的。门径管理流程中关口的设置可以有效控制一减一增的风险和资源，从而实现用最少的资源实现最大的确定性这一根本目的。

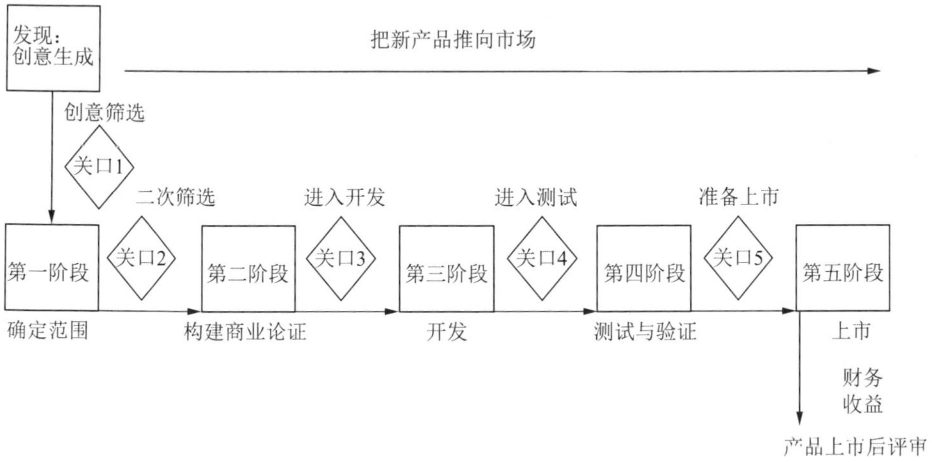

图 2-6　门径管理流程图

{资料来源：库珀．新产品开发流程管理：以市场为驱动：第 5 版［M］．刘立，师津锦，于兆鹏，译．北京：电子工业出版社，2019：85．有改动}

第三节　知识创新的过程

一、知识创新的内涵与特点

（一）知识创新的内涵

在工业经济时代，创新主要表现为技术创新。第三次科技革命以后，随着现代科学技术的高度融合，以科学发现或发明为主要内容的科学创新开始成为一种重要的创新形式。20 世纪 90 年代以后，随着人类社会进入知识经济时代，知识创新开始变得越来越重要。按照戴布拉·M. 艾米顿（Debra M. Amidon）在 1997 年给出的定义，知识创新是指为了企业的成功、国民经济的发展和社会的进步，创造、演化、交换和应用新的思想，使其转变为市场化的商品和服务。之后，野中郁次郎（Ikujiro Nonaka）等从企业管理的角度提出，知识创新并不是简单地处理数量可观的信息，而是发掘员工头脑中潜在的想法、直觉和灵感，并综合起来加以应用。企业通过不断创造、推广新知识，并迅速将其融入新技术、新产品、新系统中，就能够实现创新。因此，知识创新已经成为人类进入 21 世纪后的创新活动热点。

知识创新是指通过科学研究，包括基础研究和应用研究，获得新的基础科学和技术科学知识的过程，包括科学知识创新、技术知识特别是高技术知识创新、科技知识系统集成创新等。其目的是追求新发现、探索新规律、创立新学说、创造新方法、积累新知识。知识创新是技术创新的基础，是新技术和新发明的源泉，是促进科技进步和经济增长的革命性力量。知识创新为人类认识世界、改造世界提供新理论和新方法，为人类文明进步和社会发展提供不竭动力。在知识创新中，企业通过知识管理，在知识获取、处理、共享的基础上不断追求新的发展，探索新的规律，创立新的学说，并将知识不断地应用到新的领域，在新的领域不断创新，创造知识附加值，推动企业核心竞争力的不断增强。

（二）知识创新的特点

知识创新具有以下特点。

1. 知识创新网络化、系统化和生态化

国家创新系统理论、创新生态系统理论的提出，意味着开展创新活动所遵循的模式已从“线性模式”转变为“系统化（网络化）模式”“生态系统化模式”，科学的新发现越来越依赖重大技术发明，高技术的发展也有赖于科学突破，基础研究与应用研究之间的边界变得越来越模糊。基础科学、工程科学和社会经济之间的线性关系也变为复杂的网络关系，它们相互依存、相互促进、协同发展。现代信息技术为创新者提供更加便捷的交流手段，科学的飞速发展使他们相互交流的需求更加迫切；从事知识创新的人员将更多地在国际化和网络化的开放环境中相互竞争、相互交流与合作。

2. 知识创新速度加快

21 世纪以来，随着信息技术、大数据技术等新技术的快速发展，以及开放式创新的趋势越来越明显，部分领域的知识创新成果转化成经济实力所需的时间缩短。知识创新是企业开展创新活动的理论依据和重要资源，可以预料，随着科学技术竞争的日趋激烈，知识创新人员的合作将更加频繁，科学研究成果转化成经济实力所需的时间将越来越短。

3. 知识创新的综合性增强

21 世纪的知识创新融合在交叉学科中，交叉学科的继续发展使学科之间的边界变得模糊，不同学科之间相互渗透、相互促进，走向新的高层次的学科综合。多学科、多层次、多角度的综合研究更加普遍和流行。

4. 知识创新的投入持续增长

21 世纪以来，知识创新规模不断扩大、过程变得更加复杂、成本持续增加，无论是引发根本型创新的大科学研究还是只取得渐进型创新的小科学研究，都需要高昂的资金投入，或者昂贵的仪器设备和其他投入。此外，加强知识创新，要求创新者开展创新活动时，要注意分工与合作，突出重点和特色；既要支持自由探索式的基础研究，又要重视有组织的基础研究；既要重视学科发展，又要注意国家利益导向。

名人名片

“知识创造理论之父”——野中郁次郎

自 20 世纪 90 年代中期开始，伴随着世界掀起的知识经济热潮，知识管理成为管理学界研究的重要内容。在这一领域做出重要贡献的有瑞典的卡尔-爱立克·斯威比（Karl-Erik Sveiby）、美国的彼得·F. 德鲁克、日本的野中郁次郎等人。

野中郁次郎 1935 年出生于日本东京，1958 年毕业于日本早稻田大学政治经济学专业，毕业后进入日本著名的富士电机株式会社工作。此后，他来到美国加州大学伯克利分校的哈斯商学院学习，并分别于 1968 年和 1972 年获得工商管理硕士学位和企业管理博士学位。但他的学术之根，依然深深扎在日本。1971 年起，他在日本南山大学经营学系任教，先后担任讲师、副教授和教授。1979 年，他到日本防卫大学任教。1982 年，他又到日本一桥大学任教，担任该校商学部教授和创新研究所主任，现任一桥大学名誉教授。

在学术上，野中郁次郎集中研究日本企业的知识创新经验，并在 20 世纪 90 年代提出了著名的知识创造转换模式。如今，这个模式已经成为知识管理研究的代表理论之一。从他的研究轨迹来看，经历了“信息管理—信息创造—知识创造”的发展脉络。野中郁次郎以迈克尔·波兰尼（Michael Polanyi）的知识二分法为基础，跟踪观察日本企业的创新过程，利用日本式的模糊思维，进行了显性知识和隐性知识之间的转换研究，并建立了创造知识的“SECI 模型”，提出了“知识创造螺旋”的动态概念。在确定知识创造过程的同时，野中郁次郎对促进知识创造的组织环境加以分析，提出了促进知识创造的五个条件（意图、自主管理、波动与创造性混沌、信息冗余、必要多样性）和知识创造过程的五个阶段模型（共享隐性知识、创造概念、验证概念、构建原型、转移知识）。为了推进知识创造，野中郁次郎构建了一个关于知识创造的通用组织模式，进而提出了“承上启下”式管理过程新构思和“超文本”式组织新结构。在一定意义上，野中郁次郎引领着 21 世纪的知识管理研究。他是知识管理领域被引述最多的学者，被誉为“知识创造理论之父”。

二、基于 SECI 模型的知识创新过程

知识创新一般有两种形式：累积式知识创新和激进式知识创新。累积式知识创新是指在原有知识的基础上，结合外部资源进行持续创新，这种创新是在原有知识基础上的创新，创新的累积性还意味着学习过程必须是连续的；激进式知识创新是指突破惯性思维，发现现有知识中没有的全新知识，这一创新的来源既有科技创新带来的根本性变革，也有企业效仿竞争对手引进的新知识、新技术与新理念。无论是累积式知识创新还是激进式知识创新，都需要具备包容新知识的素质和才能。知识创新也可以理解为知识进化，即不停地生成新知识。这要凭借理性思维的力量，因而必须有相应的思维方式创新。最后，知识创新要上升到精神文化创新。

（一）知识创新模型

知识创新的 SECI 模型由野中郁次郎和竹内弘高于 1995 年在他们合作的《创造知识的企业》一书中首次提出。在这本被认为是知识创造理论奠基之作，也是该领域被引次数最多的著作中，他们对知识创造的过程做了阐述，并结合日美企业借助

知识创造引领汽车和电子工业的案例，提出企业如何通过知识创造与知识管理提高产品创新和技术创新能力、获得持续的竞争优势。他们进一步引入了“知识场（Ba）”作为企业或组织知识创造的平台，更为详尽地探讨了SECI模型中的知识转化过程。与知识转化的四种模式相对应的“场”分别为创始场、对话场、整合场、练习场。这个模型已成为知识创造与知识管理者必知模型之一，如图2-7所示。

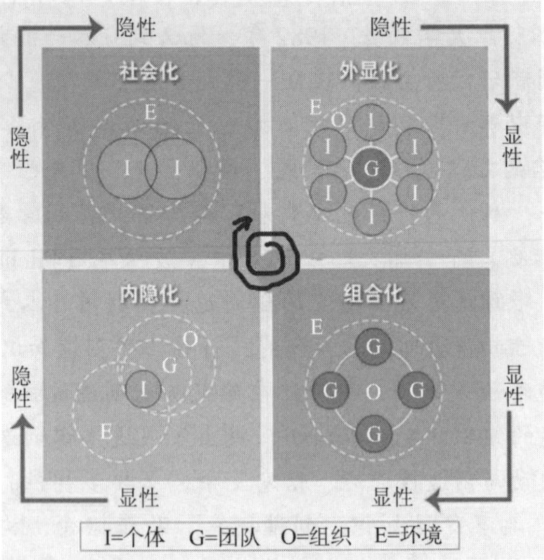

图 2-7 知识创新的 SECI 模型

知识可以划分为隐性知识和显性知识两类，隐性知识和显性知识不能截然分开，而应相互补充。知识创造的核心就在于隐性知识与显性知识之间的相互作用和相互转化，知识转化的过程实际上就是知识创造的过程。知识转化有四种模式：从隐性知识到隐性知识的社会化（Socialization）、从隐性知识到显性知识的外显化（Externalization）、从显性知识到显性知识的组合化（Combination）、从显性知识到隐性知识的内隐化（Internalization）。

显性知识是指可以客观地用语言、文字、符号、图像等表达出来，并能以数据、公式、规范、指南等形式共享或传播的知识。它是一种可以在个体间直接进行正式和系统传播的知识。隐性知识是指个人的、主观的、与上下文情景相关的知识。它往往难以显性化，也很难传播或与他人共享，植根于行动、流程、承诺、理想、价值观，包括主观的洞察、感悟、诀窍、直觉、灵感等。

1. 社会化

社会化是在公共环境中共享体验并由此创造隐性知识的过程。这种知识转化模式强调应从组织内、外对现实进行观察，设身处地、心领神会，同时能够创造、共享隐性知识。现实世界中，学徒们在和师父一起工作时，凭借直接的观察、模仿和练习就能学得技艺。在职培训则是在实际工作中锻炼学生，其道理也是一样的。本田技研工业株式会社曾建立“头脑风暴营”，为详细研讨、解决开发项目中遇到的难题而进行非正式会议。参与人员一般会去温泉饭店，一边品清酒，一边吃美食，一边泡温泉，一边讨论难题。“头脑风暴营”旨在营造进行创造性对话的氛围，通过共享体验增进彼此的信任，引导所有人达到身心和谐的境界，调整心智模式并提出新观点。

知识创新的社会化模式发生在创始场中，创始场是知识创新过程的起点，是个体分享感觉、情绪、经验与心智模式的场所。创始场所展现出的关怀、爱心、信任与承诺，以及创新人员之间的配合与默契，对隐性知识的转移与转化十分重要。

2. 外显化

外显化是将隐性知识表述为显性概念的过程，是对认识与发现本质的概括。外显化是概念形成的过程，该过程的灵感源于对话和反思。采用比喻、类比、模型等形式将隐性知识外显化是该过程的精髓。佳能电子株式会社开发微型复印机是在产品开发中有效运用类比的范例。攻关小组负责人田中宏一天在喝光啤酒之后，灵光一闪问大家：“制造这样一个铝罐需要多少成本?”于是，小组成员开始研究用铝罐制造感光滚筒的可能性，并最终发现了以低成本制造铝质感光滚筒的工艺技术，一次性感光滚筒由此诞生。知识创新的外显化模式发生在对话场中，对话场是个体的心智模式、诀窍转换成概念的地方。在这个场中，创新人员要以开放的态度，彼此充分对话，表达和交换想法，同时对自身的想法加以反思和分析，使隐性知识转变为显性知识，以便创造新知识及价值。

3. 组合化

组合化是将各种概念进行连接和系统化，综合为知识体系的过程。这种知识转化模式涉及不同显性知识的彼此结合。组合化是一个建模的过程，将相关概念组织成原型、模型或叙述，并利用信息通信技术，广泛传播显性知识。正规教育和培训所进行的知识创造通常采用这种模式。卡夫食品公司（现卡夫亨氏食品公司）整合来自零售商 POS（销售点）系统的数据，将其用于发现哪些产品畅销或滞销，同时还开发了一个被称为“微观促销”的信息系统，向超市提供及时而准确的最佳商品组合及营销活动建议，从而成功实现了对其通过超市销售的产品的有效管理。

将显性知识进行组合的场所是整合场，在整合场中，创新人员将不同的资讯与知识组合，产生更新的显性知识，并使之系统化。对于创新人员而言，可以充分利用虚拟世界而非实体时空进行互动，诸如在线资讯、文档管理、数据库、在线学习等知识管理方法都可以强化显性知识转化的过程。

4. 内隐化

内隐化是将上面三个过程的体验，以共有心智模式或技术诀窍的形式内化到个体的隐性知识库中的过程，这些体验此时变成了有价值的资产。该过程与“做中学”有密切的关系。阅读或聆听一个成功的故事可以使组织的某些成员感受到故事所反映的现实和本质。发生在过去的经历，可以变成一种隐性的心智模式。通用电气公司将客户所有的投诉和询问做成文件，存储在计算机数据库中，这样产品开发小组的成员就可以利用这些数据“再体验”电话接线员所经历的过程。同时，产品部门还经常安排产品开发人员前往呼叫中心，与电话接线员和现场专业人员进行交谈，“再次体验”他们的经历。练习场是促使显性知识转化为隐性知识的场所。

知识创新的SECI模型始于隐性知识，个体、团队、组织和环境相互作用，创造知识。知识转化的四种模式都是组织知识创新过程中不可或缺的组成部分。每一轮的知识转化，其最终结果都是提升组织创造知识的层次，并且这种过程可以周而复始，实现螺旋式上升。知识创新的螺旋从创新个体出发，从团队到组织，从部门到企业，不断拓展，不断弥散，不断扩大。知识创新的四个过程和四个“场”具有动态性，能不断地将隐性知识转化为显性知识，再将显性知识转化为隐性知识。

（二）知识创新过程的五个阶段

组织的知识创新过程是一个螺旋式上升的过程。它始于个体，并随着互动社群的扩大超越团队、小组、部门、组织的界限，不断向前推进。组织内随着时间的推移所进行的知识创新要经历五个阶段。

1. 共享隐性知识阶段

组织的知识创新过程始于对隐性知识的分享，个体首先必须在组织内将自己所掌握的未加利用的丰富的知识放大，这个过程对应的就是社会化。但隐性知识难以进行交流和传递，让具有不同背景、观点和动机的众多个体分享隐性知识就成为组织开展知识创新的关键步骤。因此，组织内的个体必须通过分享情感和心智模式来建立彼此之间的信任。

2. 创造概念阶段

在这个阶段，团队成员将共享的心智模式以语言的形式表现出来，最后“结晶”为显性概念，从而实现隐性知识向显性知识的转化。在这个过程中，团队成员通过对话的方式共同创造概念。为了创造概念，团队成员必须彻底思考现存的假设，而必要的多样性可以让团队在看待同一问题时拥有不同的视角和观点。例如，本田技研工业株式会社就用“汽车进化论”“人最大化、机器最小化”“高个小子”等比喻性语言，将创造性思维方式灌输到组织内部。

3. 验证概念阶段

在这个阶段，组织必须对共同或团队所创造的概念进行验证，弄清楚新概念是否真的对组织和社会具有价值，以确定这个概念是否值得付诸实践。对于经营型组织来说，一般的验证标准包括成本、边际利润及产品对企业成长的重要性。这种验证类似于筛选过程，组织进行这种筛选过程的最佳时间是在概念刚刚被创造出来的时候。新概念必须完好地保存了组织的意图，因此这种筛选过程必须将组织的意图作为判断价值取向的依据。

4. 构建原型阶段

经过验证的新概念要进一步转化成实在的成果，这种转化既可能是新产品，也可能是企业的新价值观系统、新型管理体系或有创意的组织结构。因为这个过程比较复杂，组织内部各部门之间的动态合作是必不可少的。必要多样性、冗余信息的存在都有助于这个阶段的推进。

5. 转移知识阶段

最后一个阶段是将部门创造的知识在部门内扩散、部门间扩散，甚至扩散到外部要素之中，野中郁次郎所提及的这些外部要素包括顾客、供应商、分销商和其他利益相关者。进行知识创新的组织不是在一个封闭系统中，而是处于一个开放的体系中。

小资料

2023—2024 年机器人十大前沿技术

近年来，机器人行业发展迅速，机器人被广泛应用于各个领域，尤其是工业领域，不难看出其巨大潜力。与此同时，我们也必须认识到机器人行业的蓬勃发展，离不开科学进步和技术支撑。2023 世界机器人大会发布了《机器人十大前沿技术（2023—2024 年）》，涉及以下十大机器人前沿技术。

1. 具身智能与垂直大模型

具身智能是指拥有自主感知、交互和行动能力的智能体，能够与环境进行实时互动，从而实现对环境的理解和适应。大模型是指在深度学习和人工智能领域，使用大量参数和数据进行训练的复杂神经网络模型。它在一些垂直领域（如医疗、法律咨询、金融分析等）具有重要的潜在应用。

将大模型与具身智能相结合，与文本、图像、音频等多模态数据的联合分析，可创造更强大、更智能的机器人系统；在人机交互领域，结合知识性和适合标准化的场景与大模型紧密融合，能让机器人在聊天、陪护、助理、科教等领域，更好地应对各种情境和复杂的环境，有望获得规模化的良好应用。

2. 人形与四足仿生机器人

仿生机器人是指受生物学原理和生物体结构启发，设计和制造的机器人，以模仿生物的运动、行为和外貌，实现更自然、适应性更强的性能，包括四足机器人、人形机器人、仿鱼水下机器人、仿生扑翼机器人等。

伴随着高性能关节驱动器、运动算法、机器视觉、灵巧操作及大模型等技术的快速发展，四足、人形等仿生机器人落地成为现实。随着特殊服役、工业生产、商业服务、家庭服务等领域潜在需求的释放，相关技术攻关和新品发布十分活跃。

3. 三维感知模型与多模态信息融合

三维感知模型与多模态信息融合将来自不同传感器和数据源的多种信息进行整合，可更加全面、准确地理解环境的特征。融合信息涵盖图像、点云、声音等不同类型的数据。

多模态信息融合可克服单一传感器存在的局限性，提供更加全面、鲁棒的信息，有助于在机器人导航、人机交互、环境监测、自动驾驶等取得更好的性能；同时，面临传感器不一致性、数据不同步、信息不完整等挑战。

三维感知模型与多模态信息融合和具身智能、垂直大模型的协同与融合，将进一步扩大机器人的应用范围。

4. 机器人新型核心零部件与灵巧操作

减速器、伺服电机及驱动器、控制器作为传统机器人的三大核心零部件，我国已基本实现国产化，并呈现从中低端逐步往高端发展的趋势。

伴随着 MEMS（微机电系统）、传感器等技术的快速发展，视觉/力觉传感器、高速/高功率的微小型电机及液压驱动器作为机器人实现智能化、数字化、柔性化的“敲门砖”，逐渐成为新一代机器人的核心零部件。

机器人模块化趋势不断凸显，近些年刚柔耦合的灵巧手、微小执行器、微型伺服电缸、移动模组等不断出现，有望成为新一代机器人的核心零部件。

5. 脑机接口、生机电一体化与微纳机器人

脑机接口是一种直接连接人类或其他动物大脑与外部设备，实现脑与设备之间信息交流的技术。将机器人与脑部认知相结合，并应用于残障、医疗、航空航天、教育、娱乐等领域，其前景广阔。

生机电一体化是近年来快速发展的前沿科学技术，通过将生物体的神经信息获取、处理和传递的机制与电子技术相结合，创造出更紧密连接人体与机器的交互模式。

微纳机器人具备微小、精准、靶向、低损伤、超高精度可控等优点，被认为是未来对抗人体疾病的理想武器之一，在生物医学、组织工程、微电子技术等领域具有广阔的应用前景。

6. 医疗与康复机器人

医疗机器人通过结合机器人技术和医疗专业知识，为医生提供更加精确、稳定和精细的手术控制，从而改善手术过程，减少创伤和恢复时间，同时也为医生提供更多的信息。它在骨科手术、脑外科手术、穿刺介入、牙科、眼科、可穿戴式等医疗操作中得到广泛应用。

康复机器人凭借先进的传感技术和精确的运动控制，可协助偏瘫患者恢复运动能力，或者满足永久性损伤患者的日常生活需求，提升他们的生活质量。

随着智能图像导航、机器人力位控制、高精度运动控制、遥操作等技术的快速发展，医疗与康复机器人将变得更加智能化、自主化。

7. 商业服务机器人

室外商业服务机器人主要应用于无人配送、无人巴士/出租、道路清洁、无人巡检等服务场景，具有智能化程度高、运维成本低、可靠性高等特点。

室内商业服务机器人主要应用于室内环境中的导航服务、商业清洁、餐饮配送、无人售货、无人餐厅等服务场景。

伴随着激光雷达、伺服电机等零部件的价格下降，以及自主导航技术的成熟，在庞大的市场需求推动下，无人配送成为发展热点，无人配送机器人呈现从室内走向室外的趋势。

8. 机器人操作系统/云平台

机器人操作系统包括硬件抽象、底层设备控制、常用功能实现、进程间消息和数据包管理等功能。根据不同行业需求，衍生出不同场景的机器人操作系统，如面向教育科研、商业服务、无人驾驶、工业智能等场景的操作系统或平台。

机器人操作系统的发展推动机器人标准化、模块化，实现物理空间和数字空间的数字孪生，促进机器人大规模应用。

云服务机器人是指将机器人的核心计算和智能部分部署在云端服务器，借助于云计算技术提供更强的计算能力和更多的资源，以实现更强大、更高效的数据处理和应用。“云端大脑+本地机体”或“云端服务”机器人将成为规模化推广与应用的重要模式之一。

9. 群体机器人技术

群体机器人技术是指多台机器人在一个团队或群体中协同工作、交流和协作的技术。机器人可通过相互通信、信息共享和协同行动，实现集体智能，以完成复杂任务和实现最终目标。

群体机器人技术的发展受益于多领域的知识，包括分布式系统、协同算法、Agent（智能体）技术、通信技术等，促进机器人之间实时交流、协调行动，并在不同环境下适应变化。

群体机器人技术的应用领域广泛，包括但不限于军事、交通、巡检、无人机等领域。随着人工智能的发展，集群智能作为人工智能的分支，将得到越来越多的应用，有望在机器人等领域创造出新的应用并取得更多的创新成果。

10. 特殊场景服役机器人

特殊场景服役机器人是指在特定环境或情况下执行任务的机器人。这些机器人被设计和配置用于应对特殊的工作环境、任务需求或挑战。特殊场景服役机器人的设计和应用，需要考虑特殊环境下的安全性、稳定性、通信能力及适应性。

特殊场景服役机器人在消防救援、电力勘测、农业、建筑、核工业、反恐防暴、国防安全、空间探测等领域存在巨大需求。

（资料来源：中国电子学会官网，有改动）

第四节　创新的模式

把解决某类问题的方法总结归纳到理论高度就是模式。创新模式是关于创新的方式、方法和范式的理论归纳与总结。创新过程涉及的因素较多，这些因素的组合、配置方式及其结构上的差异构成了创新的不同模式。

一、创新模式的分类

(一) 按创新的动力源分类

根据创新的动力源不同，创新模式可分为自主创新模式、模仿创新模式和合作创新模式三类。

1. 自主创新模式

自主创新模式是指创新主体以自身的研究与开发为基础，通过自身的努力取得技术进展或突破，实现技术成果的商品化、产业化和国际化，从而获取商业利益的创新行为。自主创新具有率先性，其核心技术来源于企业内部的技术积累和突破，如英特尔公司的计算机微处理器、北大方正集团的中文电子出版系统就是典型的例子。率先性是该模式区别于其他创新模式的本质特点。

自主创新作为率先创新，具有一系列优点：一是有利于创新主体在一定时期内掌握和控制某项产品或工艺的核心技术，在一定程度上左右行业的发展，从而赢得竞争优势；二是一些技术领域的自主创新往往能引发一系列的技术创新，带动一批新产品的诞生，推动新兴产业的发展；三是有利于创新主体更早积累生产技术和管理经验，获得产品成本和质量控制方面的经验；四是自主创新产品初期都处于完全垄断地位，有利于创新主体较早建立原材料供应网络和牢固的销售渠道，获得超额利润。

当然，自主创新也存在一些缺点：一是需要巨额的投入，不仅要投入巨资进行研发，还必须拥有实力雄厚的研发队伍，具备一流的研发水平；二是高风险性，自主研发的成功率相当低，在美国，基础研究的成功率仅为 5%，在应用研究中有 50%能获得技术上的成功，有 30%能获得商业上的成功，只有 12%能给企业带来利润；三是时间长，不确定性大，自主创新由于创新难度较大，面临的环境更加复杂，所以创新过程需要更长的时间，创新成果产出也具有更大的不确定性；四是市场开发难度大、资金投入多、时滞性强，市场开发投入带来的收益较易被跟随者无偿占有；五是在一些法律不健全、知识产权保护不力的地区，自主创新成果有可能面临被侵犯的危险，“搭便车”现象难以避免。因此，自主创新主要适用于少数实力超群的大型跨国公司。

2. 模仿创新模式

模仿创新模式是指创新主体通过学习和模仿率先创新者的创新思路与创新行为，吸取其成功的经验和失败的教训，购买或破解其核心技术或技术秘密，在此基础上，根据市场的特点及其发展趋势，对率先创新者的技术进行改进和完善的创新行为。

模仿创新包括两种方式：一是完全模仿创新，即对市场上现有产品进行仿制。从一项新技术诞生到其市场达到饱和需要一定的时间，基本遵循 S 形曲线的演进规律，所以创新产品投放市场后还存在一定的市场空间，这使技术模仿成为可能。二是模仿后再创新，即对率先进入市场的产品进行再创造，也即在引入他人的技术后，经过消化吸收再创新，使自己的产品超过原来的水平。模仿创新要求企业掌握被模仿产品的技术诀窍，然后进行产品功能、外观、性能等方面的改进，从而使自己的产品更具市场竞争力。

模仿创新是世界各国企业普遍采用的创新模式，模仿创新并非简单的抄袭，而是站在前人的肩膀上，投入一定的研发资源，进行进一步的完善和研发。因此，模仿创新往往具有低投入、低风险、市场适应性强的特点，其成功率更高，耗时更短，模仿创新产品在成本和性能上也具有更强的市场竞争力。模仿创新的主要缺点是具有被动性，在技术开发方面缺乏超前性。当新的自主创新高潮到来时，采用该模式的企业就会处于非常不利的地位。另外，模仿创新往往会受到率先创新者技术壁垒、市场壁垒的制约，有时还会面临法律、制度方面的障碍，如专利保护制度就被率先创新者作为阻碍模仿创新的手段。

3. 合作创新模式

合作创新模式是指企业之间、企业与高校或科研机构之间联合开展创新，形成创新协同效应，从而达到双赢或多赢目标的创新行为。合作创新一般集中在新兴技术和高技术领域，以合作进行研发为主要形式。合作创新既包括具有战略意图的长期合作，如战略技术联盟、网络组织等，也包括针对特定项目的短期合作，如研发契约、许可证协议等。近年来，合作创新已经成为国际上一种重要的技术创新方式。由于企业开展合作创新的动机不同，因此合作创新的组织模式也多种多样。狭义的合作创新是指企业、高校、科研机构为了共同的研发目标而投入各自的优势资源所形成的合作，一般特指以合作研发为主的基于创新的技术合作，即技术创新。

合作创新具有以下优点：一是合作创新能节省企业在创新过程中获取研发成果的费用。合作创新同时发生研发费用和交易费用，但能实现研发资源的整合和信息的有效沟通，保证获取研发成果的总体费用降低。二是合作创新能实现创新资源的互补和共享。很多企业拥有的创新资源不能满足投资的要求，通过开展合作创新，可实现企业自身与其他组织的创新资源的互补和共享，能使新开发的技术成果超越企业依靠自身力量能够达到的水平，将企业的技术水平推向一个新的高度。三是合作创新是企业获得技术能力的重要途径。通过建立合作创新组织，企业可以利用高校或科研机构的研发设备和人员，并通过研发活动实现对技术能力的获取、传递和整合，从而能够得到能力发展和组织学习的机会。合作创新组织内部知识的传递与整合，为企业提供知识创新与传递的平台和机制。四是合作创新可以提高企业新技术进入市场的速度。知识的快速贬值、技术的迅速发展及现代技术的高度复杂性和整合性使产品的生命周期不断缩短，产品不断向高级化、复杂化方向发展。单个企业的经营资源已不足以保证企业在飞速发展的时代继续生存和发展，这就要求企业能够跟踪外部技术的发展，并有能力充分利用和整合这些新技术为己所用。而技术创新具有高成本、高风险的特点，企业一般很难独立开发新技术，只有开展合作创新，才能加快技术研究与产品市场化进程。

合作创新的局限性在于企业不能独占创新成果，无法获取绝对垄断优势。需要注意的是，在进行合作创新时，合作创新组织要有明确的目标，合作创新组织成员必须有自己的专长，成员之间必须能进行有效的沟通，此外还要建立完善的合作创新信息交流网。

4. 小结

以上三种创新模式各有优缺点，采用这些模式时有不同的要求，需要特定的条件。自主创新模式要求创新主体有强大的经济实力、雄厚的研发力量和大量的成果积累，在技术上具有领先优势，起点与要求较高；相对来说，模仿创新模式和合作创新模式的起点与要求较低。因此，自主创新模式更多地为少数发达国家和大型跨国公司所采用；而模仿创新则是后进国家实现快速创新、缩小与技术领先的发达国家之间的差距的一种有效途径，如日本、韩国就是靠模仿创新发展起来的，实践证明经济发展较为成功的其他新兴工业化国家和地区也是通过这种模式发展起来的。当然，上述三种模式也不是完全独立的，而是可以互相结合、扬长避短，从而改善创新效果。

小故事　电视游戏的发明

1951年，出生于德国的美国工程师拉尔夫·H. 贝尔（Ralph H. Baer）发现，投射到屏幕上的数据可以被观众操控，于是便想到可以构建一个理想的游戏互动环境。但当时贝尔的老板并不支持他的这个想法。1958年，美国布鲁克海文国家实验室的物理学家威廉·辛吉勃森（William Higinbotham）为了展示科技的亲和力，以打消身边的人对实验室的戒心，利用计算机在圆形的示波器上制作出了一个非常简陋的网球模拟程序，只有一个白色圆点在一条白线两边来回跳动，并把它命名为《双人网球》，让人们对这个新鲜玩意儿惊讶不已。一年后，辛吉勃森改良了这一发明，他用15英寸的监视器来显示《双人网球》。1961年，麻省理工学院学生史蒂夫·拉塞尔（Steve Russell）发明了《太空大战》，这是世界上第一款在电脑上可运行的交互式游戏。电脑游戏与电视游戏的原理是一样的，都是通过玩家输入电子指令进行游戏。只不过在电脑游戏中，玩家通过鼠标和键盘输入游戏指令；而在电视游戏中，玩家通过操纵杆控制游戏。

1966年8月的最后一天，是家用游戏机史上极为重要的一天。那个时候电视行业的兴起，再度燃起了贝尔的电视游戏之梦。他将自己的零散理念归纳成了系统的策划案，详细阐述了“游戏电视设备”的概念，并且列举了以电视为显示器所能够玩的游戏类型，诸如动作游戏、桌面游戏、运动游戏等。整个计划最重要的一步是，开发一款辅助的小型“游戏盒子”，这款游戏盒子可以搭载不同的游戏，对各个阶层都拥有普遍的吸引力，从而使家庭成员能够聚集在电视前，享受交互式和沉浸式的娱乐体验。1972年9月，历史上第一台真正意义上的商品化电视游戏主机——奥德赛（Odyssey）正式上市。这是人类历史上第一次出现电视游戏，这种颠覆性、突破性的思维无疑迎合了当时的潮流。随后，雅达利（Atari）、任天堂（Nintendo）、微软、索尼等公司的游戏主机在游戏行业应运而生，而贝尔先后获得美国国家技术奖章和爱迪生奖章，被誉为“电子游戏之父”。

（二）按创新的开放程度分类

根据创新的开放程度不同，创新模式经历了从封闭式创新模式（创新范式1.0）到开放式创新模式（创新范式2.0），再到创新生态系统模式（创新范式3.0）的过程。

1. 创新范式1.0：封闭式创新模式

封闭式创新模式是指企业依靠内部资源进行创新，自己研发技术，生产、销售产品，并提供售后服务、财务支持的一种创新模式。它是20世纪80年代以前企业通用的创新模式，强调自我研究功能，注重企业资金供给和有限研发力量的结合，能保证技术保密、独享和垄断。创新驱动来自需求与科研的“双螺旋”，即在既有市场中企业通过研发创新来降低生产成本、提高生产效率、改善服务体系等，从而获得强大的竞争优势。

封闭式创新模式的本质是利用封闭的资金供给和有限的内部研发力量结合的方式，保证独享技术和获取垄断利润。采用这种模式，要求企业具有很强的研发能力，大多采取企业中央实验室的形式，如IBM的沃森实验室、施乐的帕洛阿尔托研究中心、惠普的中央实验室等。封闭式创新模式认为，企业具有不可渗透的边界，并主张企业研究部门与开发部门之间相互隔离。该模式的核心是在企业的严格掌控中，通过建立大规模的内部实验室来研发技术，以此保证新产品的来源，从而获取高额的边际利润。但是，封闭式创新模式也有一定的弊端。这种模式太过于注重自我研究功能，导致那些无法承担高额研发投入的企业在竞争中处于不利地位；很多技术由于过度开发或与市场需求脱离，没有进行实际应用，不能获利；企业内部拥有主要创新成果的核心人员辞职离开；企业“闭门造车”，忽视外部优秀且廉价的同类创新成果；企业拥有的组织资源、知识和能力并不能使其应对快速变化与新兴的市场。

2. 创新范式2.0：开放式创新模式

开放式创新模式是指企业在内外部的广泛资源中寻找创新资源，有意识地将企业的能力和资源与从外部获取的资源整合起来，并通过多种渠道开发市场机会的一种创新模式。开放式创新模式通过战略联盟、产业集群等供给方式创造新需求或挖掘潜在需求，强调政府、企业、高校（科研机构）的“三螺旋”协同创新，更注重借助于外部渠道，如通过研究合作、专利发明转包、技术特许、研发任务招标、信息化创新、战略联盟等方式与途径满足研发和商业推广的需要。该模式强调组织的无边界化，认为组织边界是模糊的、可交互的。开放式创新模式鼓励组织内外部资源的交互流动，主张组织的研究与开发两大任务是战略目标高度一致的一体两面。政府在创新体系中的作用进一步凸显，在提供研发投入的同时，政府通过税收优惠、知识产权等框架性政策促进产学研协同发展。

3. 创新范式 3.0：创新生态系统模式

21 世纪以来，组织资源的有限性限制了创新的发展，创新实践日益突出“用户导向”的重要作用，企业在创新过程中由关注系统中的要素构成向关注要素之间、系统与环境之间的动态协同过程转变。创新生态系统强调以资源整合与共生发展为基础的创新过程，体现为“产学研用”的“共生”及政府、企业、高校（科研机构）、用户的“四螺旋”创新范式。创新生态系统是一个具有互补性的多层次网络，核心业务层通过向外扩展将各类构成要素统一到一个“中心—外围”的结构框架中，并围绕核心企业或平台进行架构设计。

随着生产消费者的兴起及“产学研用”社区生态化创新模式的发展，企业核心竞争优势的来源发生了变化，即开始来源于由生产消费者粉丝社区、利益相关者社区、实践社区及科学社区构成的创新生态系统。领先用户与消费者可通过线上平台社区参与价值共创，企业内部研发部门与小微主体亦可作为独立个体参与其中，焦点企业针对处于不同生态位的参与者采取相应的协调机制。在创新生态系统中，具备强大的生态位态势的企业更加重视对技术、知识资源的存储，通过“虹吸效应”吸引优质创新主体的加入。

创新范式演化轨迹如图 2-8 所示。

图 2-8　创新范式演化轨迹图

{资料来源：杨明海，魏玉婷，庄玉梅．企业技术创新范式演化及中国情境下研究展望［J］．山东财经大学学报，2021，33（6）：77-85．有改动}

二、数字时代创新模式的转变

随着物联网、大数据、云计算、人工智能、区块链等技术的兴起，数字经济作为继农业经济、工业经济之后的主要经济形态，发展速度之快、辐射范围之广、影响程度之深前所未有，正在成为重组全球要素资源、重塑全球经济结构、改变全球竞争格局的关键力量。数据作为一种新的生产要素，深刻改变了人类寻找新规律、发现新现象、创造新事物的方式。数字赋能促使创新模式发生三种转变：第一，从封闭到开放，创新主体由单一走向多元；第二，从实验到模拟，创新过程从长周期、大循环走向短周期、小循环；第三，从单项技术突破到技术生态融合，创新效率得到极大提高。

（一）从封闭到开放

从封闭到开放是指组织在创新过程中要从仅依靠自身内部资源转向综合利用内外部资源。在数字经济时代，组织的创新思维应从封闭式创新范式转变为开放式创新范式。在这个快速发展的时代，企业仅仅依靠内部资源开展高成本的创新活动，已经难以适应快速变化的市场需求及日趋激烈的企业竞争。企业要越过自身的边界，充分利用外部资源，协同多方主体进行创新。开放式创新有利于企业集思广益，实现优势互补，集聚多方创新资源，提高创新效率，从而创造出真正有价值的产品。

（二）从实验到模拟

从实验到模拟是指组织的创新方式逐步从物理实验转向计算机模拟实验。数字赋能改变了人们认识和改造世界的方式，带来了创新效率的提高。在传统的创新过程中，研发设计、工艺优化、流程再造等不同阶段都需要大量复杂、漫长、费用高且风险大的实验进行验证。传统创新过程周期较长，试错成本较高。而在数字赋能下，企业对创新对象、运行环境、运行模型等进行全面数字化，通过计算机模拟实验环境进行试错和优化，采集并分析创新对象的各项数据，从而减少对物理实验的依赖，缩短创新周期，降低试错成本，提高创新效率。

（三）从单项技术突破到技术生态融合

从单项技术突破到技术生态融合是指当前各技术领域的发展逐渐呈现出相互渗透、交叉融合的特征。人工智能、大数据、云计算、物联网、区块链等技术领域的发展并不是孤立的，而是存在着联动效应。一项技术的发展可能有赖于另一个技术领域的突破，一项技术也可能在其他技术领域得到应用并有效地提高其他技术领域的研发效率，助力其他技术领域取得突破，而重大的科技创新通常建立在多个技术领域协同攻关的基础之上。因此，创新主体在开展科技创新活动时，需要从聚焦单项技术的突破逐步转移到对技术生态的融合上，用联系而非孤立的视角去促进技术的发展与突破。

案例分析

中车株洲所的创新管理体系

2017 年 6 月 26 日，广袤的中原大地一望无垠，晴空万里，一辆“红神龙”和一辆“金凤凰”分别从北京和上海出发，以 350 千米/时的速度飞驰在京沪高铁客运专线上，这就是我国最新研制的具有完全自主知识产权的“复兴号”，它是中国高铁走向世界的“金名片”，打造这张名片“心脏”（牵引系统）和“大脑”（网络与控制系统）的，就是中车株洲电力机车研究所有限公司（以下简称“中车株洲所”）。

中车株洲所始创于 1959 年，前身是铁道部株洲电力机车研究所，现为中国中车股份有限公司一级全资子公司。中车株洲所下属 13 家主体，拥有 2 家上市公司、11

个国家级科研创新平台、3个企业博士后科研工作站、5个海外技术研发中心、11家国家级专精特新“小巨人”企业；拥有近1万名研发人员，其中1名中国工程院院士、270余名博士、5 000余名硕士。中车株洲所坚持创新驱动发展，积极贯彻“科技强国”“交通强国”“海洋强国”等国家战略，深耕交通和能源领域，积淀了“算法、器件、材料”三大内核技术，构建了轨道交通、清洁能源、汽车与工业三大产业集群，服务我国装备制造高端化、智能化、绿色化发展。中车株洲所全面深化国企改革，改革实践入选国务院国资委《改革样本：国企改革“双百行动”案例集》。通过不断改革创新，中车株洲所发展活力、动力不断增强，2024年营业收入超600亿元，利税贡献超70亿元，创造了显著的经济和社会效益。中车株洲所始终坚持以科技为先导，以每年不低于销售收入8%的科研投入，不断强化关键技术的基础研发与自主创新，形成了变流及其控制技术、电气系统集成技术、车载控制与诊断技术、大功率电力电子器件技术、列车运行控制技术、高分子复合材料工程化应用技术、通信与信息化应用技术、工程机械及其电气化控制技术、电动汽车整车集成及关键部件技术、风力发电装备集成及关键部件技术十大核心技术，支撑产业发展。

然而，面对取得的以上成绩，中车株洲所管理层非常清楚，公司内部的核心研发资源仍不足，尤其缺乏前瞻性技术创新的高精尖人才。同时，伴随产业多元化，公司存在技术能力逐渐分散、协调成本增加、市场反应速度较迟缓、运作效率下降等现象，并且公司产业发展不均衡，其中电气传动与自动化板块、电力电子板块发展势头较好，而高分子复合材料应用板块的绩效不明显，新能源装备板块的行业优势还有待形成。面对竞争逐渐加剧的市场环境，如何保持公司的竞争优势，担当国家期寄轨道交通等高端装备振兴推动产业转型升级的使命，是摆在中车株洲所管理层面前的一道难题。

经过多次会议讨论，在总结中车株洲所多年创新管理实践的基础上，管理层构建了公司统一的创新管理体系。该体系提出了具有公司特色的“以市场为导向的开放式技术驱动创新模式”，英文简称MOTIF（Market-oriented，Opening，Technology-driven Innovation Form），指引公司创新管理体系的建设和创新活动的开展。MOTIF的内涵如下：

第一，坚持市场导向，推动市场与创新的深度融合。以用户为中心，专注于市场价值创造，引导创新资源的优化配置，以富有竞争力的产品和服务创新及商业模式创新赢得市场；探索公司主导行业的未来发展愿景，以前瞻性和原创性解决方案引导未来用户需求，主导产业发展趋势，支撑公司业务战略实施。

第二，坚持技术驱动创新，打造公司核心竞争优势。重视技术预研，通过前瞻性技术创新和核心技术突破保持长期技术引领优势，为公司持续发展提供源源不断的新动力；通过分层研发的深化推进，强化产品平台与应用技术的研究，聚焦新技术融合，在优势产业和核心技术领域形成首创性解决方案，提升公司在核心技术领域的优势地位，实现创新引领；注重专利开发和保护，主导相关技术和行业标准制定，提升公司在行业和市场中的话语权与影响力。

第三，坚持开放式创新，打造创新生态系统。以全球化视野洞察前沿趋势和预见创新机会，布局科技创新工作，构建全球研发网络和资源平台，聚集和利用全球优质资源，培育具有全球竞争力的研发创新能力；重视知识资产的深化利用和增值经营，对内依托知识管理平台实现跨组织、跨行业的共享利用，对外通过知识产权经营实现创新效益最大化；增强对外部供应商集成的主导能力，构建以我为主导、以产业为目标的协同创新生态圈，创造与合作伙伴持续多赢的合作模式。

该体系包括科技创新战略、创新流程、创新资源、开放式创新、知识与成果管理、创新能力评估及提升六大核心要素。中车株洲所将这六大核心要素对应高铁的"控制系统""驱动系统""监控系统""信息网络""能量""车轮"，并对创新模式的三大特点——"市场导向""开放式创新""技术驱动"进行整合，使其兼具行业特色和高度概括性。同时，中车株洲所还为该体系构建了五级管理成熟度模型，成熟度从低到高依次是初始级、管理级、定义级、量化管理级和优化级。

创新管理体系需要面向市场的流程化组织形式，而中车株洲所目前的组织机构是以事业部为单位建立的，它有利于组织专业化的生产和实现企业内部的协作，但缺乏企业之间的横向沟通，无法与科技创新管理相匹配。为此，中车株洲所建立了总经理负责制，下设九个部门的科技创新管理机构，并明确了各个机构的职能。

为了依托知识成果的积累和转化，推动公司内部知识的共享和学习应用，实现创新能力的提升和效益的最大化，中车株洲所通过构建预警管理体系，建立专利预警管理机制与工作机制，实现风险管理工作的信息化、流程化和标准化，并开展专利预警管理信息系统建设工作。同时，结合公司科技创新管理体系建设，中车株洲所进行了知识产权工作制度的完善、体系成熟度评价指标的细化，强化了知识与成果管理。

{资料来源：① 中车株洲所官网；② 彭穗，黄奕恺．中车株洲所科技创新管理研究［J］．现代商贸工业，2019，40（34）：184-185．有改动}

案例思考：

1. 中车株洲所的创新管理体系包含哪些内容？该体系有什么特征？
2. 请结合实际谈谈中车株洲所的创新管理对我国其他企业的启示。

能力训练

【训练内容】分析知识创新典型案例。

【训练目的】让学生学会应用知识创新过程模型，加深学生对知识创新过程的理解。

【训练时间】学生按5—8人一组进行讨论，课后收集典型案例，制作PPT。每个小组汇报10分钟，小组讨论及教师提问20分钟。

【训练步骤】

步骤一：收集知识创新典型案例。

小组成员合作对当下新颖的知识创新应用进行考察并收集资料。可以通过网络平台、实地参访等渠道和手段查找知识创新的典型案例。

步骤二：整理资料并制作知识创新典型案例 PPT。

对收集的资料进行整理，最后以 PPT 的形式呈现出来。PPT 的内容涵盖时代背景、知识创新的过程、知识创新典型案例带来的启示与建议等。

步骤三：小组汇报并讨论。

小组代表（至少 4 人）上台汇报小组制作的知识创新典型案例 PPT。可以采取小组竞赛的形式，小组代表汇报结束后，请其他小组的成员提出问题或建议，进一步加深对案例所揭示的知识创新的认识和理解。最后回答以下问题，巩固学习成果。

（1）简述收集的知识创新典型案例。

（2）通过总结案例，谈谈对知识创新过程的认识。

步骤四：对本次实训中实训者的表现和创新能力进行教师评价、小组互评和个人评价。

步骤五：以小组为单位提交本次实训的案例分析报告。

自测题

1. 创新的基本过程分为哪几个阶段？
2. 请分析五代创新过程模型的主要特征。
3. 请举例分析知识创新的内涵与特点。
4. 简述知识创新过程的五个阶段。
5. 创新有哪几种模式？请分别阐述每种创新模式的优缺点。

延伸阅读

谢德荪．重新定义创新［M］．北京：中信出版社，2016.

第三章　创新能力与创造力测评

学习目标

1. 理解创新能力的概念与特性
2. 理解创新能力的分类
3. 理解创造力的构成要素及其测评

能力目标

1. 能够加深对创新能力的认识和理解
2. 能够掌握典型创造力测评工具的应用
3. 能够增加培养创新能力的动力

素质目标

1. 建立对创新能力的科学认知，走出认知误区
2. 掌握创造力测评工具的基础应用逻辑，提升自我诊断能力
3. 培养以测评促提升的主动意识，形成闭环成长思维
4. 树立尊重个体差异的创新包容观

思维导图

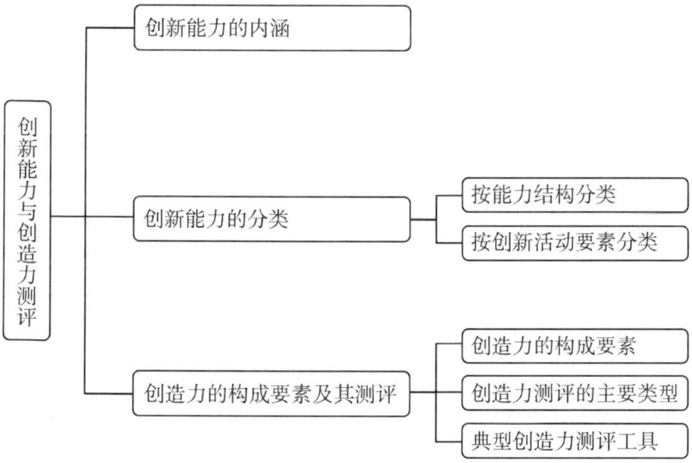

引导案例

中国中车的创新发展之路

作为全球轨道交通装备供应商，中国中车股份有限公司（以下简称“中国中车”）从引进消化吸收再创新到自主创新，不断坚持科技自主自强，实现了科技创新的新突破，其高速列车技术跻身世界先进行列。

中国中车是由中国北车股份有限公司、中国南车股份有限公司按照对等原则合并组建的A+H股上市公司。经中国证监会核准，2015年6月8日，中国中车在上海证券交易所和香港联交所成功上市。中国中车拥有406家各级全资及控股子公司，员工16.4万人。中国中车承继了中国北车股份有限公司、中国南车股份有限公司的全部业务和资产，是我国轨道交通装备唯一产业化集团，全球规模领先、品种齐全、技术一流的高端装备制造商和系统解决方案提供商。中国中车坚持自主创新、开放创新和协同创新，持续完善技术创新体系，不断提升技术创新能力，建设了世界领先的轨道交通装备产品技术平台和制造基地，以动车组、大功率机车、铁路客车、铁路货车、城市轨道车辆为代表的系列产品，已经全面达到世界先进水平，能够适应各种复杂的地理环境，满足多样化的市场需求。中国中车制造的高速动车组系列产品，已经成为中国向世界展示发展成就的重要名片。中国中车的产品现已出口到全球六大洲116个国家和地区，并逐步从产品出口向技术输出、资本输出和全球化经营转变。2024年，中国中车实现营业收入2 464.57亿元，中国中车品牌价值达到1 601亿元，在国内机械设备制造行业排名第一。

中国中车的创新能力发展可分为以下三个阶段。

1. 技术积累时期（1978—2003年）：建立企业内部知识库，积累技术创新要素

在技术积累时期，中国机车车辆企业进行的深度自主研发促进了企业技术能力的形成与积累。中车集团四方机车车辆股份有限公司（以下简称“中车四方”）具有相当深厚的技术底蕴，是为数不多既能制造机车又能制造客车的主机厂。1994—2004年，中车四方对于机车的研发和制造有一套完整的体系，包括研发体系、电力体系、配套体系等。这十年是中车四方打基础的阶段，中车四方没有依靠引进外部先进技术，而是坚持自己摸索，增加自身技术积累，不断提升技术能力。中车四方在总结能顺利自主研制出时速200千米的车辆经验时，将其概括为：大量的实验数据，时速160千米车辆成熟的技术队伍，时速160千米车辆的设计规范和配套技术厂的技术支持。

2. 技术引进消化吸收时期（2004—2008年）：联合内部学习和外部学习，建立模仿创新能力

中国中车在技术积累时期进行自主探索之后，进入技术引进消化吸收阶段。在该阶段，企业需要通过消化吸收从外部获取的信息和知识，并结合企业已有的知识积累和技术能力，产生新的知识和技术能力。这一阶段，领军企业技术能力的提升，建立在内部学习和外部学习的联合上：一方面，企业通过消化吸收外部先进技术和

知识，即进行外部学习来发展技术能力；另一方面，在企业内部，基于企业现有知识库、现有技术积累和人才队伍，进行内部激活再学习。

2004年和2005年，在“引进先进技术、联合设计生产、打造中国品牌”的基本原则下，铁道部统一组织，就时速200千米和300千米动车组进行了两次招标采购，从法国阿尔斯通、以日本川崎为首的联合体、加拿大庞巴迪及德国西门子引进了四种产品平台和部分关键技术。通过这两次招标采购，中国中车成功实现对国外先进成熟动车技术的引进，而多种产品平台的引进有利于中国中车消化吸收不同产品的技术特点，在消化吸收的基础上建立模仿创新能力，从而进一步进行技术创新。

3. 自主创新时期（2009年至今）：构建开放式创新网络，发展自主创新能力

在引进消化吸收时期实现技术能力提升之后，具有完全自主知识产权的CRH380系列动车组的下线，标志着中国中车在引进技术平台上自主创新的实现。在这一时期，中国中车能够根据市场需求，自主研制不同速度等级、不同功能定位的动车组产品。2017年6月，“复兴号”在京沪高铁双向首发，标志着中国铁路技术装备达到了领跑世界的先进水平。中国中车在轨道交通装备技术标准体系建设中积极发挥作用，初步形成了国际先进的轨道交通装备产品技术标准体系。截至2024年年底，中国中车主持或参与国际标准114项，主持或参与制修订国家标准482项、行业标准292项、团体标准180项，制定发布中车技术标准604项。中国中车积极参加建设有国际公信力的中国轨道交通行业认证认可体系，加强与欧、美等先进地区轨道交通行业互认互信工作，保证中国轨道交通行业企业国际竞争力。

中国中车技术创新工作服从和服务于公司跨国经营、全球领先战略目标，坚持“国家需要至上、行业发展至上”原则，坚持自主创新、开放创新和协同创新，坚持正向设计方向，建立与完善适应国际化发展需要的技术创新体系，建设具有国际竞争力的系列化产品体系、国际先进的轨道交通装备知识体系、完善的国际化轨道交通装备技术支撑体系，全面提升技术创新能力，推动中国轨道交通装备产业向产业链、价值链高端攀升，实现“中车创造”与“中国创造”，为中国中车持续快速发展提供强劲动力。

{资料来源：① 中国中车官网；② 金丹，杨忠．创新驱动发展下的领军企业技术能力提升策略研究［J］. 现代经济探讨，2020（3）：80-84. 有改动}

案例思考：

1. 中国中车的创新能力经历了怎样的变化？
2. 你是如何理解创新能力的？

第一节　创新能力的内涵

创新能力是指创新主体在支持的环境下运用已知的信息发现新问题，并创造性地解决新问题，以及产生具有社会价值、经济价值、生态价值的新思想、新方法、

新发明的能力。通俗地讲，创新能力就是发现和解决新问题、提出新设想、创造新事物的能力。创新能力一般包括创新意识、创新思维、创新知识、创新人格等多个方面，而所有这些方面表现出来就是面对任何未知的问题、未知的领域，有勇于尝试的冲动，不断探索、勤于思考、善于发现并提出问题，有求新、求异的兴趣和欲望。创新能力是人类特有的一种综合性本领，它强调的是每个人都有的一种潜在的自然属性，即每个人都有创新能力，但它属于隐性的能力，因此每个人都有待开发的创新潜能。

人的创新能力可以通过科学的教育和训练不断被激发出来，从隐性的创新潜能转化为显性的创新能力，并不断得到提高。只要进行科学开发，人的创新潜能是完全可以被激发并转化为创新能力的。

小资料

中国五大科技领先全球

1. 盾构机

盾构机是基建领域的核心装备，是衡量一个国家地下施工装备制造水平的标志，就像芯片行业的光刻机一样，芯片制造离不开光刻机，基建也离不开盾构机。中国“基建狂魔”的称号享誉世界，其中盾构机的作用不可替代。2002 年，中国开始致力“造中国最好的盾构机”，并把盾构机加入“863 计划”。2006 年，“先行 2 号”制造完成并正式下线，标志着中国具备了批量生产盾构机的能力。2012 年，“天和一号”横空出世，打破了外国在该领域的垄断。2015 年，中铁工程装备集团有限公司研制的硬岩掘进机，走在了世界前列。2020 年问世的“京华号”，是我国企业第一次成功制造的 16 米级超大直径盾构机。目前，中国最大直径盾构机是“沧渊号”，开掘直径达 16.66 米，整机总长 176 米，总重量超 5 650 吨，在 2025 年 3 月 26 日成功下线，肩负世界最长高速公路水下盾构隧道——海太长江隧道工程左线掘进施工任务。

2. 5G

5G 是第五代移动通信技术，具有高速率、低时延和广连接的特点。中国自 2019 年启动 5G 商用以来，5G 网络快速且稳步发展，5G 城市数量居世界第一，5G 投资稳步增长，5G 普及率在全球排名中也位列榜首。

截至 2024 年年底，中国已建成 425.1 万个 5G 基站，5G 基站数量占移动电话基站总数的比例达 33.6%，中国成为全球首个基于独立组网模式规模建设 5G 网络的国家。国家知识产权局知识产权发展研究中心有关报告显示，截至 2022 年 6 月，全球声明的 5G 标准必要专利共 21 万余件，涉及近 4.7 万项专利族（一项专利族包括在不同国家申请并享有共同优先权的多件专利）。其中，中国声明 1.8 万项专利族，占比近 40%，排名世界第一。根据知识产权网站 Patently 发布的《2025 年全球 5G 标准必要专利百强权利人》，截至2025年年初，全球已确立的5G标准必要专利族总数达到近5.6万项，其中华为以8 408项位居全球第一。

3. 量子通信

量子通信是利用量子叠加态和纠缠效应进行信息传递的新型通信方式，它最大的特点是高效率及绝对安全。量子通信技术的出现，可以确保通信不被窃听，所以就算采用明码通信，其他国家也根本窃取不到任何信息，这对于国家信息安全将起到难以估量的作用。

2012年年初，全球首个规模化的城域量子通信网络在安徽省合肥市建成，其所拥有的节点数已远远超过当时国际上已有的同类网络。2014年，我国第一个以承载实际应用为目标的大型量子通信网——“济南量子通信试验网”正式投入使用，这也是当时世界上规模最大、功能最全的量子通信试验网。2016年8月，世界首颗量子科学实验卫星——“墨子号”成功发射，实现了太空与地面之间的量子通信，中国率先取得了重大突破。目前，天地一体化量子通信网络覆盖了北京、济南、合肥和上海四个量子城域网，由一条“京沪干线”连接起来，并有两个卫星地面站与“墨子号”卫星相连。其中，干线长2 000千米，卫星地面站相距2 600千米，这意味着网络内的用户可以实现最长达到4 600千米的量子通信。2022年4月，中国科学家设计出一种相位量子态与时间戳量子态混合编码的量子直接通信系统，这个系统的诞生，让中国实现了在100千米内的量子直接通信。同时，中国也成为量子通信技术的全球领头羊。

4. 高铁

高铁技术全称高速铁路技术，是指与高速铁路系统有关的所有科学技术，包括铁路建设技术、火车制造技术、信息采集技术、调度控制技术、运营管理技术、维修养护技术等。高铁技术如同航空技术一样，是一个十分庞大复杂的工程体系。我国高铁的自主制造始于CRH380A，最开始是交给日本人制造的，后来他们退出项目，把所有的关键技术和材料都带走了。为了克服技术障碍，2008年我国启动了“226计划”。通过青岛四方、中国中车等单位的努力，2010年CRH380A动车组横空出世，我国具有完全自主知识产权。截至2024年年底，中国高铁营业里程突破4.8万千米，占全球高铁总里程的70%以上，稳居世界第一。同时，就高铁的速度来说，中国高铁的最高运营速度达到了400千米/时，也是世界最快的。

5. 超级钢

超级钢是在普通钢的基础上，用5倍以上的压力压轧，随后迅速冷却和控温形成的。它的晶粒直径仅有1微米，是一般钢铁的1/20~1/10，组织细密、强度高、韧性大。不需要额外添加金属元素，超级钢就能拥有超高的强度，是世界钢铁领域的研究热点，也被视为钢铁领域的一次重大革新。超级钢不仅在大桥、大厦等基建工程领域有很大的应用价值，还在航母、核潜艇等国防军事领域发挥极大作用。达到一定兆帕的超级钢投入建设，建筑物的寿命会延长，牢固性也得到加强，军用设备的性能也会进一步提升。目前，我国自主研发的超级钢屈服强度已经达到2 200 兆帕，综合性能超过了钛合金，这个水平远超欧美国家和日本。我国还是全球唯一实现超级钢工业化生产的国家，其他国家的超级钢还没走出实验室。因此，可以说，中国的这项硬核科技不仅领先欧美国家，而且领先世界。

第二节　创新能力的分类

一、按能力结构分类

根据能力结构的不同，创新能力可分为学习能力、分析能力、综合能力、想象能力、批判能力、创造能力等十大能力，具体如下。

（一）学习能力

学习能力是指获取并掌握知识、方法和经验的能力，包括阅读、写作、理解、表达、记忆、收集资料、使用工具、对话和讨论等能力。学习能力还包括态度和习惯，比如“活到老，学到老”的终身学习的态度和信念。个人具有学习能力，组织也具有学习能力。所谓学习型组织，就是通过大量的个人学习特别是团队学习形成的一种能够认识环境、适应环境，进而能够能动地作用于环境的有效组织。也可以说是通过营造弥漫于整个组织的学习气氛，充分发挥员工的创造性思维能力而建立起来的一种有机的、高度柔性的、扁平的、符合人性的、能持续发展的组织。在当今这个充满竞争的时代，一个人或一个组织的竞争力往往取决于这个人或这个组织的学习能力，因此无论是对于个人还是对于组织而言，其竞争优势就是拥有比竞争对手学习得更多、更快的能力。

（二）分析能力

分析能力是指把事物的整体分解为若干部分进行研究的技能和本领。事物是由不同要素、不同层次、不同规定性组成的统一整体。认识事物的有效方式之一就是把它的每个要素、层次、规定性在思维中暂时分割开来进行考察和研究，弄清楚每个局部的性质、局部之间的相互关系及局部与整体的联系，做到由表及里、由浅入深、由易到难地认识事物和问题。分析能力的强弱与三个因素有关：一是个人的知识、经验和禀赋；二是分析工具和方法的水平；三是共同讨论与合作研究的品质。随着科学技术的发展，高性能计算机和各种科学仪器及新的分析方法的出现与应用，有效地提高了人们的分析能力。

（三）综合能力

综合能力是指将研究对象的各个部分结合成一个有机整体进行考察与认识的技能和本领。综合就是将事物的各个要素、层次和规定性通过一定的线索联系起来，从中发现它们之间的本质关系及其发展规律。具体来讲，综合能力包括三项内容：

一是思维统摄与整合，就是把大量分散的概念、知识点及观察到和掌握的事实材料综合在一起，进行思考加工整理，由感性到理性、由现象到本质、由偶然到必然、由特殊到一般，对事物进行整体把握；二是积极吸收新知识，综合能力需要多方面的知识和方法，不断吸收新知识、不断更新知识都是必要的，特别是要学会跨学科交叉，只有把不同学科的知识、不同领域的研究经验融会贯通，才能更好地综合运用；三是与分析能力紧密配合、协同运用，既有整体的综合研究，也有深入细致的分析，从而全面地把握事物的发展规律，实现有价值的创新。

（四）想象能力

想象能力是指以一定的知识和经验为基础，通过直觉、形象思维或组合思维，提出新设想、新创见的能力。想象力不受已有结论、观点、框架和理论的限制，往往是发现问题和解决问题的突破口。想象力在创新活动中扮演突击队和急先锋的角色，缺乏想象力的人很难从事创新工作。

（五）批判能力

批判能力是一种实事求是、对人们习以为常的传统理论与方法进行质疑和批判的能力。它表现在两个方面：一是在学习、吸收已有知识和经验时，批判能力保证人们不盲从，是批判性地、选择性地吸收和接受，去粗取精、去伪存真；二是在研究和创新方面，质疑和批判是创新的起点，没有质疑和批判就只能跟在权威与定论后面亦步亦趋，不可能做出突破性贡献。科学技术发展的历史表明，重大创新成果通常都是在对权威理论进行质疑和批判的前提下产生的。

（六）创造能力

创造能力是创新能力的核心，它是指首次提出新的概念、方法、理论、工具、解决方案、实施方案等的能力，是创新人才的禀赋、知识、经验、动力和毅力的综合体现。

（七）解决问题能力

解决问题能力包括提出问题和凝练问题，针对问题选择和调动已有的经验、知识和方法，设计和实施解决问题的方案，对于难题，能够创造性地组合已有的方法乃至提出新方法予以解决的能力。解决问题有狭义和广义之分，狭义的解决问题就是人们通常认为的各种问题的解决，如物理问题、数学问题、技术问题的解决；广义的解决问题则包括各种思维活动，在这种情况下，创新能力就等同于创新性地解决问题的能力。

（八）实践能力

实践能力是指把提出的问题解决方案付诸实施并实现创新目标的一种行动能力。在创新过程中，取得创造发明成果，只是创新活动的第一阶段，要使成果得到承认、传播、应用，实现其学术价值、经济价值和社会价值，必须和社会打交道，实践能力就是为实现这一目标而进行各种社会实践活动的能力。

（九）组织协调能力

组织协调能力的实质是通过合理调配系统内的各种要素，发挥系统的整体功能，以实现目标。对于创新人才来说，要完成创新活动，就要协调各方，当拥有一定资源时，就可以通过沟通、说服、资源分配、荣誉分配等手段来组织协调各方，以最终实现创新目标。

（十）资源整合能力

资源整合能力是指善于发挥多种才能、整合多种资源、创造共同价值的综合管理能力。创新人才的宝贵之处不仅在于拥有多种才能，更重要的是能够把多种才能有效地整合在一起发挥作用。资源整合能力是能力增长和人格发展的结果，需要通过学习、实践和人生历练获得。能否完成重大创新，拥有整合多种资源的能力是关键。

小故事　iPad 的诞生

提起平板电脑，大家最先想到的应该就是苹果的 iPad 系列了，正是 iPad 的出现带动了平板电脑这一产品的发展。在平板电脑这个领域，iPad 一直是引领者和发展者。2010 年 1 月 27 日，乔布斯发布了苹果的第一款 iPad。iPad 1 采用了四边等宽的设计，正面拥有一块 9.7 英寸的显示屏，屏幕下方集成了苹果经典的实体 Home 按键，同时搭载了 A4 处理器，内置 16G、32G 或 64G 存储，具有浏览互联网、收发电子邮件、观看电子书、播放音频或视频、玩游戏等功能。iPad 的出现，表明人类的现有发明或多或少都继承了先驱者的成果。若没有早期的微处理器、晶体管、电池，没有专用玻璃和塑料，没有电话、电报、无线电等通信系统的突破性发明，iPad 就不可能存在。

二、按创新活动要素分类

创新能力与人们的知识、技能、经验、心态等因素有着密切的关系，是由多种因素有机结合而成的一种综合能力。根据创新活动要素的不同，创新能力可分为一般性创新能力、职业活动中的创新能力、专业技术人员的创新能力，每种创新能力由不同的要素构成。

（一）一般性创新能力

概括而言，一般性创新能力包括：① 创新信念，即形成或产生新的思想、观念或创意的能力。在行为心理层面，创新产生于激情驱动下的自觉思维。有了强烈的创新信念的引导，创新者才会形成强烈的创新动机，树立创新目标，释放创新激情，从而充分发挥创新潜力，最大限度地实现创新。② 创新思维，即利用新的思想、观念或创意创造出新的产品、流程、组织等各种新事物的能力。创新思维是实现创新目标的基础，是创新能力的核心要素，是创新者创造性解决问题必备的一种关键素质。③ 创新技能，即创新者在创新过程中发现创新机遇、解决创新问题、提出创新方案并将创新方案付诸实践的技术、技巧、方法和能力。创新技能同样是创新能力的核心要素，是创新者实现创新的必备要素。创新者只有具备一定的创新技能，并能将其正确地应用于社会实践，才能实现创新目标。

（二）职业活动中的创新能力

根据中华人民共和国劳动和社会保障部职业技能鉴定中心2002年制定的《核心能力测评大纲——创新能力》的界定，创新能力主要由思维创新、方法创新和应用创新三部分构成，并可划分为初级、中级和高级三个等级。三个等级划分的依据是：初级创新能力表现为在他人的指导或启发下，能够进行创新活动；中级创新能力表现为能够独立进行创新活动；高级创新能力表现为不仅能够进行独创性和首创性的创新活动，而且能够组织、指导他人进行创新活动。

（三）专业技术人员的创新能力

专业技术人员的创新能力是贯穿创新活动过程并有效促进创新最终实现的综合性与集成性的能力，主要包括创新思想、创新素质、创新技法、创新环境、创新应用五个方面，如表3-1所示。

表3-1　专业技术人员创新能力的构成

构成要素	具体内容
创新思想	创造力
	战略视野
	市场意识
创新素质	学习能力
	发现能力
	领导能力
创新技法	创新思维
	发明方法
	发明理论
创新环境	团队协作
	知识管理
	创新文化
创新应用	成果发布
	成果推广
	成果保护

小资料

微信版本迭代历程

微信是腾讯公司于2011年1月21日推出的一个为智能终端提供即时通信服务的免费应用程序，由张小龙带领的腾讯广州研发中心产品团队打造，主打能发照片的免费短信功能。同年5月，微信2.0发布，语音对讲功能受到用户欢迎。8 月，微信推出“查看附近的人”功能，实现本地社交，逐渐超越同类产品。微信 3.0“漂流瓶”功能的开通，为陌生人交友提供了理想平台，成为微信用户增长的重要里程碑。

2012 年 4 月，微信 4.0 发布，推出关系链小范围流转的“朋友圈”模块。2013 年 8 月，微信 5.0 新增微信支付和扫一扫功能，进入生活消费领域。2014 年 1 月，“微信红包”推出。2017 年 1 月，微信 6.5 推出小程序，实现了操作平台式运营。2018 年 12 月，微信 7.0 引入 Vlog 模式，以微视频方式记录生活。2021 年 1 月，微信 iOS 进行大更新，微信 8.0 上线，微信表情实现动态播放，在上线的一系列新版表情中，最亮眼的是“炸弹”和“烟花”；更新了视频号的附近直播，可以按照分类来寻找用户感兴趣的直播；新增了状态栏，点击“我”—微信号下方新增的状态栏，可以编辑个人状态；浮窗页面改版，将原来飘在首页对话流的浮窗隐藏到了首页的左上角，保证了首页的简洁。2021 年 9 月，微信可开启关怀模式，文字与按钮更大更清晰，有助于提升老年人、视障群体等人群使用微信的便利性。2021 年 10 月，微信发布 iOS 8.0.15 新版本，升级微信青少年模式，加入“监护人授权”的新功能。

根据微信官方公布的数据，自 2011 年 1 月 21 日至 2021 年 10 月 29 日，微信先后进行了 105 次正式的用户端 APP 更新，平均每年更新约 9.5 次，平均每 38 天正式推出一项新功能或优化既有功能。在发展最为迅速的 2011 年，微信迭代了 45 个版本，平均更新周期为 1.15 周。

微信快速版本迭代可以划分为三种不同类型：一是微信对竞合对手的功能进行快速模仿。互联网平台的开放性决定了其功能的相似性和服务的跨界性，因此快速跟进竞争产品、替代产品和互补产品并为平台用户提供类似功能服务是合理的模仿创新。二是微信对产品细节进行持续改善。通过不断听取用户反馈挖掘潜在需求，内部研发新的功能模块进行叠加创新，并合理地引进外部技术资源对产品进行完善。三是微信对环境变化保持快速的创新响应。政策导向、技术更替、市场维系等外部环境变化需要互联网企业快速做出回应，这些回应体现出产品对环境变化的适应力。

{资料来源：赵兴庐，许梓珊．微创新、产品体验与转换成本壁垒：微信发展历程案例研究［J］．科技创业月刊，2022，35（6）：39-45．有改动}

第三节　创造力的构成要素及其测评

一、创造力的构成要素

创造力是产生新思想、新发现和创造新事物的能力，是个体成功地完成某种创造活动所必需的能力及品质。它可以表现为产生新概念、新法则、新理论，也可以表现为发明新技术、新工艺、新产品，还可以表现为日常生活中出现的新观念、新设想。

创造力有三个基本构成要素：一是专业知识和技能。创造不会凭空产生，必须基于前人的知识和成就。人们要在某个领域具有创造性，获得成就，就必须有该领域的基于良好认知结构的知识和技能。二是创造能力和探究策略。创造能力是以创造性思维和创造性想象为核心的能力组合，还包括敏锐的观察力、高效的记忆力、稳定的注意力及实践能力。三是创造动机和人格品质。创造动机主要指内部动机，是发自内心的创造欲望、兴趣和自我激励，而不是外部压力、外部奖励。从人格品质来说，强烈的创造意识、坚定的信念、坚韧不拔的创造意志、勤奋、热情、好奇、不因循守旧、忍耐模糊不清、不怕挫折、甘冒风险等良好品质都是创造不可缺少的心理环境和内部动力。个体只有具备这些品质，才能破除各种禁锢创造力的精神枷锁，战胜阻挠创造活动的各种心智障碍。

国内外学者对创造力的构成进行了大量的研究，提出了多种看法。国内一些学者认为，创造力由智力因素和非智力因素构成，其中智力因素包含观察能力、记忆力、想象力、直觉力、逻辑思维能力等，非智力因素包含好奇心、动机、兴趣、情感、意志、性格等。创造力社会心理学理论奠基人之一的特雷莎·M. 阿马比尔（Teresa M. Amabile）提出了创造力构成的三因素模型，即个体创造力的形成取决于三个互补而不是替代的因素：完成任务的动机、与专业相关的技能和与创造力相关的技能。完成任务的动机包括个体对待任务的态度和他们从事相关任务的驱动力；与专业相关的技能主要包括与本专业相关的知识和技能；与创造力相关的技能主要包括合适的认知风格和思维模式，如创新性认知风格、发散性思维、远距离联想等。美国心理学家罗伯·J. 史登堡（Robert J. Sternberg）和特德·I. 鲁巴特（Todd I. Lubart）在以往关于创造力构成理论和实验研究的基础上，提出了“创造力多要素理论”，试图对创造力的构成做出较全面的解释。他们认为，一个人把自己的创造潜能转化为已经呈现出来的创造力的资源有六项：智慧、知识、思考形态、人格、动机、环境情境。目前，流行的观点是将创造力作为多种能力相互作用而形成的“合力”。

小故事　DNA 双螺旋结构的发现

1952 年，奥地利裔美国生物化学家埃尔文·查加夫（Erwin Chargaff）测定了 DNA 中 4 种碱基的含量，发现其中腺嘌呤与胸腺嘧啶的数量相等，鸟嘌呤与胞嘧啶的数量相等。这使詹姆斯·D. 沃森（James D. Watson）和弗朗西斯·克里克（Francis Crick）立即想到 4 种碱基之间存在着两两对应的关系，形成了腺嘌呤与胸腺嘧啶配对、鸟嘌呤与胞嘧啶配对的概念。1953 年 2 月，沃森和克里克通过莫里斯·威尔金斯（Maurice Wilkins）看到了罗莎琳德·E. 富兰克林（Rosalind E. Franklin）在 1951 年 11 月拍摄的一张十分漂亮的 DNA 晶体 X 射线衍射照片，这一下激发了他们的灵感。

他们不仅确认了DNA一定是螺旋结构，而且分析得出了螺旋参数。他们采用了富兰克林和威尔金斯的判断，并加以补充：脱氧核糖和磷酸根在螺旋的外侧构成两条同轴反向相互缠绕的多核苷酸链的骨架；碱基在螺旋的内侧，两两对应。一连几天，沃森和克里克在他们的办公室里兴高采烈地用铁皮和铁丝搭建着模型。1953年2月28日，第一个DNA双螺旋结构的分子模型终于诞生了。1953年4月25日，世界顶级学术刊物《自然》杂志刊登了由沃森、克里克和威尔金斯联合署名，题为“DNA双螺旋结构”的科研论文。由于他们杰出的贡献，1962年三位科学家共同获得了诺贝尔生理学或医学奖。DNA双螺旋结构同相对论和量子力学一道被誉为20世纪自然科学领域最为重要的三大成就。

二、创造力测评的主要类型

（一）创造性产品测评

创造性产品是由创造性活动衍生的具有新颖性和价值性的产品或结果。基于创造性产品进行测评的基本假设是，高创造性的人应当能够研制出具有创造性的产品，通过分析相关创造性产品，可以对人的创造性水平进行评估。这一测评的逻辑遵循的是结果导向的评价观。

分析个体创造的产品，从方法上看，可以使用评价量表，也可以使用公众评价技术，但人们测评创造性产品最普遍的是采用外部评判（一般为专家或教师评判）的方式。外部评判一般按以下步骤进行：① 选择具有丰富的知识和经验的评价者；② 评价者对产品进行独立的评价；③ 评价时要同时对多个预先确定的评价标准进行衡量和权衡；④ 根据对象的年龄选择与之相适应的评价标准；⑤ 随机安排评价产品的顺序，避免产生顺序效应。

创造性产品测评通常采用等级评定的方式进行。迈克尔·D. 曼福德（Michael D. Mumford）等指出创造性成就的测评须基于三个标准，即产品（如专利）、专业认可（如专业领域重要奖项）和社会认可（如专家评定）。阿马比尔提出的同感评估技术（Consensual Assessment Technique，CAT）得到了广泛的应用和推广，她认为同一领域的专家对同一作品会有基本一致的看法（同感），可以基于同感对产品的创造性进行等级评定。

（二）创造性过程测评

个体的创造力可以通过测量个体在给定的问题背景下，产生新颖、适当作品的一系列认知活动来评定。因此，创造性过程测评实际上就是以个体的思维发展水平为基准，考查个体思维过程的流畅性、灵活性、独创性和精致性。该测评方式始于乔伊·P. 吉尔福德（Joy P. Guilford）的发散性思维测验，埃利斯·P. 托兰斯（Ellis P. Torrance）在其基础上通过扩大测验内容范围、优化测验结构、提升测验针对性等改进方式，开发出迄今为止应用最广的创造性思维测验（Torrance Tests of Creative Thinking，TTCT）。TTCT使用便捷，适用于各年龄段的人，并且测量的内容更为广泛，不仅可以考查个体的发散性思维能力，还可以满足对其他个体特质（如好奇心、假设性思维、想象力、情感表现力、幽默感、打破常规的能力等）的测验需求，因此被广泛应用于创造力水平测量。

客观地讲，发散性思维测验能够在短时间内对个体的发散性思维能力进行评估，以预测个体的创造力水平；但也有学者认为其实质上测量的是“创造潜力”而非“创造力”，因为发散性思维并不完全等同于创造力，并且测验的效度也不高。此外，在进行发散性思维测验时还需避免“重测效应”现象，即应注意重复测验对测评结果的干扰作用。

（三）创造性人格测评

人格是产生创造性行为的重要基础，也是影响个体创造力的重要因素。创造性人格测评实际上是对“什么样的人是具有创造性的”这一问题的回应。创造性人格测评的潜在假设是，创造力高的人一般都具备优良的个性心理品质。创造性人格测评多采用人格量表、自我报告等方式进行。人格量表主要是通过研究高创造力人才，发现高创造力人才的共同人格特征来编制的，其基本假设是，具有与高创造力人才相似人格特征的人更倾向于取得创造性成就。

此外，研究者还通过研究创造性个体过去的行为、动机、需求、兴趣等来判定个体的创造力水平，如托兰斯编制的创造性动机量表就旨在揭示通过内部动机来预测创造潜能的可能性。与创造性过程测评一样，创造性人格测评也存在着效度不高的问题。

（四）创造性环境测评

社会心理学家比较倾向于对创造力发生的环境（情境）进行测评，借由对相关环境变量的分析，营造能够促进创造性成就产生的环境。研究者认为，具有特定特征的环境有利于个体创造力的发挥和发展，对特定环境特征进行测评能够预测处于其中的个体的创造性行为。

创造性环境的测评工具主要有阿马比尔等开发的创造力氛围量表、斯科特 · G. 艾萨克森（Scott G. Isaksen）等开发的情景态势问卷、戈兰 · 埃克瓦尔（Goran Ekvall）围绕组织内创造氛围评估目标而开发的创造氛围问卷等。其中，情景态势问卷包括挑战与参与、自由、信任与开放、思考时间、幽默、想法支持、竞争、冒险和冲突九个维度。创造性环境相关量表的设计，表明研究者在探索将系统方法应用于创造力生成的环境评估中。因此，创造性环境测评所得到的结果是创造潜能，这种说法可能更符合真实情况。

（五）创造力综合测评

随着研究的推进，研究者意识到早期的创造力测评多是针对创造性产品、创造性过程、创造性人格、创造性环境所进行的单一测评，往往容易割裂化。为此，研究者们开始尝试扩大测评的范围，创造力测评呈现出多维度、综合化的趋势。

创造力的综合化测评反映了创造力内部结构的复杂多维特性，试图测量个体在不同维度上创造潜能的差异。例如，克劳斯 · K. 乌尔班（Klaus K. Urban）开发的创意-绘画创作测验（TCT-DP），通过完成画作的形式考查被测试者的创造力表现，能够较好地从认知和社会人格两方面评价个体的创造力。

总体来看，创造力测评在创造力研究中逐渐处于中心地位。随着创造力研究的深入，有关创造力测评的研究已取得丰硕成果。研究者们已基本澄清“创造力测评测什么”的本质前提，并以创造性产品（结果）、创造性过程、创造性人格及创造性环境为测量目标开发了各种量表、问卷等测量工具，极大地丰富了人们对创造力的认知。从研究发展趋势来看，创造力测评的研究主体正由原来的心理学主导走向跨学科融合，创造力测评的方法更加多元化，关注的领域由一般领域走向特殊领域，测评对象也由原来的个体拓展到团体。在未来的研究中，团体创造力测评应更加关注个体以外的复杂外部因素，更加注重理解和研究发生于个性化个体之间的创造力。

小故事　190 次失败之后，发现青蒿素

时间追溯到 20 世纪 60 年代。彼时，因为疟原虫对奎宁类药物已产生抗药性，所以疟疾的防治重新成为世界各国医药界的研究课题。

1969 年，屠呦呦被任命为“523”项目中医研究院中药抗疟科研组组长。通过翻阅历代本草医籍、四处走访老中医，屠呦呦终于在 2 000 多种方药中整理出一张包括青蒿在内的含有 640 多种方药的《疟疾单秘验方集》。可是，在最初的动物试验中，青蒿的效果并不出彩。屠呦呦的寻找也一度陷入僵局。

到底是哪个环节出了问题？她再一次转向中国古老的智慧，重新在经典医籍中细细翻找，突然，葛洪在《肘后备急方》中的几句话牢牢抓住了屠呦呦的目光：“青蒿一握，以水二升渍，绞取汁，尽服之。”一语惊醒梦中人，她马上意识到问题可能出在常用的“水煎”法上，因为高温会破坏青蒿中的有效成分。她随即另辟蹊径，采用低沸点溶剂进行实验。

在 190 次失败之后，他们终于成功了。1971 年，屠呦呦课题组在第 191 次低沸点实验中发现了抗疟效果为 100%的青蒿提取物。1972 年，该成果受到重视，研究人员从这一提取物中提炼出抗疟有效成分青蒿素。2015 年 10 月，屠呦呦因发现青蒿素获得诺贝尔生理学或医学奖，该药品可以有效降低疟疾患者的死亡率。屠呦呦成为第一位获得诺贝尔科学奖项的中国本土科学家。

{资料来源：袁亚男，姜廷良，周兴，等．青蒿素的发现和发展 [J]．科学通报，2017，62（18）：1914-1927. 有改动}

三、典型创造力测评工具

（一）劳德塞创造力测试

设计者：美国心理学家尤金·劳德塞（Eugene Raudsepp）。

适用对象：成人。

测试要求：在每一道试题后面根据自己的态度选择字母，同意的填 A，不同意的填 C，不清楚的填 B。回答必须明确，符合实际。

测试时间：10 分钟左右。

测试内容：

1. 我不盲目做事，即我总是有的放矢，用正确的步骤解决每一个具体问题。（ ）
2. 我认为只提出问题而不想获得答案，无疑是浪费时间。（ ）
3. 无论什么事情，要我产生兴趣，总比别人困难。（ ）
4. 我认为合乎逻辑的、循序渐进的方法，是解决问题的最好方法。（ ）
5. 有时我在小组里发表意见，似乎使一些人感到厌烦。（ ）
6. 我花费大量时间来考虑别人是怎样看待我的。（ ）
7. 做自己认为正确的事情，比力求得到别人的赞同重要得多。（ ）
8. 我不尊重那些做事似乎没有把握的人。（ ）
9. 我需要的刺激和兴趣比别人多。（ ）
10. 我知道如何在考验面前保持内心镇静。（ ）
11. 我能坚持很长一段时间来解决难题。（ ）
12. 有时我对事情过于热心。（ ）
13. 在特别无事可做时，我倒常常想出好主意。（ ）
14. 在解决问题时，我常常单凭直觉来判断“正确”或“错误”。（ ）
15. 在解决问题时，我分析问题较快，而综合所收集的资料较慢。（ ）
16. 有时我打破常规去做我原来并未想到要做的事。（ ）
17. 我有收集东西的癖好。（ ）
18. 幻想促使我提出许多重要的计划。（ ）
19. 我喜欢客观而又理性的人。（ ）
20. 如果让我在本职工作之外的两种职业中选择一种，我宁愿当一个实际工作者，也不愿当探索者。（ ）
21. 我能与我的同事或同行很好地相处。（ ）
22. 我有较高的审美水平。（ ）
23. 我在一生中始终追求着名利和地位。（ ）
24. 我喜欢那些坚信自己观点的人。（ ）
25. 灵感与成功无关。（ ）
26. 争论时使我感到最高兴的是，原来与我观点不一致的人变成了我的朋友，即使牺牲其原有的观点也在所不惜。（ ）
27. 我更大的兴趣在于提出新建议，而不在于设法说服别人接受建议。（ ）
28. 我乐意自己一个人整天“深思熟虑”。（ ）
29. 我往往避免做那种使我感到“低下”的工作。（ ）
30. 在评价资料时，我觉得资料的来源比其内容更重要。（ ）

31. 我不满意那些不确定和不可预言的事。（ ）
32. 我喜欢一门心思苦干的人。（ ）
33. 一个人自尊比得到别人敬慕更重要。（ ）
34. 我觉得那些力求完美的人是不明智的。（ ）
35. 我宁愿和大家一起工作，也不愿单独工作。（ ）
36. 我喜欢那种对别人产生影响的工作。（ ）
37. 在生活中，我常碰到不能用“正确”或“错误”做出判断的问题。（ ）
38. 对于我来说，“各得其所”“各在其位”是很重要的。（ ）
39. 那些使用古怪和不常用词语的作家，纯粹是为了炫耀自己。（ ）
40. 许多人之所以感到苦恼，是因为他们对待事情太认真了。（ ）
41. 即使遭遇不幸、挫折和反对，我仍然能够对我的工作保持原有的精神状态和热情。（ ）
42. 想入非非的人是不切实际的。（ ）
43. 我对“我不知道的事”比“我知道的事”印象更深刻。（ ）
44. 我对“这可能是什么”比“这是什么”更感兴趣。（ ）
45. 我经常为自己说的话无意中伤到别人而闷闷不乐。（ ）
46. 即使没有报答，我也乐意为新颖的想法花费大量时间。（ ）
47. 我认为“出主意没有什么了不起”这种说法是中肯的。（ ）
48. 我不喜欢提出那种显得无知的问题。（ ）
49. 一旦任务在肩，即使遇到挫折，我也要坚决完成。（ ）
50. 从下面描述人物性格的形容词中，挑选出 10 个你认为最能说明你性格的词。

精神饱满的	有说服力的	实事求是的	虚心的	观察敏锐的
谨慎的	思路清晰的	拘泥于形式的	束手束脚的	足智多谋的
自高自大的	有主见的	有献身精神的	有独创性的	不屈不挠的
性急的	乐于助人的	脾气温顺的	有克制力的	有朝气的
铁石心肠的	爱预言的	有理解力的	不拘礼节的	严于律己的
感觉灵敏的	一丝不苟的	漫不经心的	渴求知识的	高效的
坚强的	泰然自若的	热情的	有组织力的	易动感情的
好交际的	讲实惠的	严格的	复杂的	创新的
好奇的	实干的	孤独的	老练的	自信的
机灵的	时髦的	有远见的	不满足的	精干的
无畏的	谦逊的	柔顺的	善良的	

参考得分如表 3-2 所示。

表 3-2 评分表

题号	1	2	3	4	5	6	7	8	9	10	11	12	13	14	15	16	17
A	0	0	4	−2	2	−1	3	0	3	1	4	3	2	4	−1	2	0
B	1	1	1	1	1	0	0	1	0	0	1	0	1	0	0	1	1
C	2	2	0	3	0	3	−1	2	−1	3	0	−1	0	−2	2	0	2
题号	18	19	20	21	22	23	24	25	26	27	28	29	30	31	32	33	34
A	3	0	0	0	3	0	−1	0	−1	2	2	0	−2	0	0	3	−1
B	0	1	1	1	0	1	0	1	0	1	0	1	0	1	1	0	0
C	−1	2	2	2	−1	2	2	3	2	0	−1	2	3	2	2	1	2
题号	35	36	37	38	39	40	41	42	43	44	45	46	47	48	49		
A	0	1	2	0	−1	2	3	−1	2	2	−1	3	0	0	3		
B	1	2	1	1	0	1	1	0	1	1	0	2	1	1	1		
C	2	3	0	2	2	0	0	2	0	0	2	0	2	3	0		

在第 50 题中，下列词各得 2 分：精神饱满的、观察敏锐的、不屈不挠的、柔顺的、足智多谋的、有主见的、有献身精神的、有独创性的、感觉灵敏的、无畏的、创新的、好奇的、有朝气的、热情的、严于律己的；下列词各得 1 分：自信的、有远见的、不拘礼节的、不满足的、一丝不苟的、虚心的、机灵的、坚强的；其余词不得分。

测试结果评价：

累计总得分分为五个等级：110—140 分，说明有非凡的创造力；85—109 分，说明有很强的创造力；56—84 分，说明有较高的创造力；30—55 分，说明创造力一般；30 分以下，说明创造力较弱，有待提高。被测试者可以根据以上测试题判断自己在思维的敏感性、流畅性、灵活性、独特性、精确性、变通性等方面有哪些地方有待改善。

（二）普林斯顿创造力测试

设计者：美国普林斯顿人才开发公司。

适用对象：成人。

测试要求：被测试者结合本人的实际情况和观点，忠实而又迅速地回答“是”或“否”。

测试时间：不超过 5 分钟。

测试内容：

1. 我的兴趣总比别人的发生得慢。 （ ）
2. 我有相当的审美能力。 （ ）
3. 有时我对事物过于热心。 （ ）

4. 我喜欢客观而又理性的人。（ ）
5. “天才”与成功无关。（ ）
6. 我喜欢有强烈个性的人。（ ）
7. 我很注重别人对我的看法和议论。（ ）
8. 我很喜欢自己一个人深思熟虑。（ ）
9. 我从不害怕时间紧迫、困难重重。（ ）
10. 我很自信。（ ）
11. 我认为既然提出问题，就要彻底解决。（ ）
12. 对于我来说，作家使用华丽辞藻只是为了自我表现。（ ）
13. 我尊重现实，不去想那些预言中的事情。（ ）
14. 我喜欢埋头苦干的人。（ ）
15. 我喜欢收藏家的性格。（ ）
16. 我的意见常常被别人厌恶。（ ）
17. 无聊之时正是我某个主意产生之时。（ ）
18. 我坚决反对无的放矢。（ ）
19. 我对工作不带任何私欲。（ ）
20. 我常常在生活中碰到一些不能单纯以“是”或“否”做出判断的问题。（ ）
21. 挫折和不幸并不会使我对热衷的工作有所放弃。（ ）
22. 一旦任务在肩，我会排除困难完成。（ ）
23. 我知道保持内心镇静是关键的一步。（ ）
24. 幻想常给我提出许多新问题、新计划。（ ）
25. 我只是提出新建议，而不是说服别人接受我的这种新建议。（ ）

测试结果评价：

如果答“是”的题目有20题，那么被测试者就被认为是一个富有创造力的人。

案例分析

华为技术搜寻行为与自主创新能力

华为技术有限公司（以下简称“华为”）创立于1987年，是全球领先的ICT（信息与通信技术）基础设施和智能终端提供商。目前，华为有20.8万名员工，业务遍及170多个国家和地区，服务全球30多亿人口。华为致力把数字世界带给每个人、每个家庭、每个组织，构建万物互联的智能世界：让无处不在的连接，成为人人享有的平等权利，成为智能世界的前提和基础；为世界提供多样性算力，让云无处不在，让智能无所不及；所有的行业和组织，因强大的数字平台而变得敏捷、高效、生机勃勃；通过AI重新定义体验，让消费者在家居、出行、办公、影音娱乐、运动健康等全场景获得极致的个性化智慧体验。

华为从技术模仿者到技术领先者，从一个小交换机代理商蜕变为一家全球创新公司，经历了从技术追赶到技术领先的过程，构建了强大的自主创新能力，并在自主创新过程中进行着成熟技术搜寻、经验技术搜寻、科学技术搜寻和超前技术搜寻四种行为。华为的技术搜寻行为与自主创新能力相互促进、协同演化。按照共演研究的一般模式、自主创新能力的层级划分及华为成长过程中的重要事件和创新程度，将华为的发展划分为三个阶段：基础自主创新能力阶段（1990—1993 年）、中级自主创新能力阶段（1994—2007 年）、高级自主创新能力阶段（2008—2020 年），如表 3-3 所示。1990 年以前，华为主要经营交换机的代理业务，缺乏对产品的研发设计，直到 1990 年 BH03 产品研发成功，华为才正式迈入自主创新的道路。

表 3-3　华为自主创新能力阶段划分

阶段	第一阶段	第二阶段	第三阶段
时间范围	1990—1993 年	1994—2007 年	2008—2020 年
能力特征	基础自主创新能力	中级自主创新能力	高级自主创新能力
重要事件	自主研发 BH03、HJD 系列用户交换机	开发业界首款分布式基站和 SingleRAN 基站	成功完成全球最大的核心路由器搬迁工程
技术性能	区域影响	国内领先	国际领先

一、华为基础自主创新能力阶段的技术搜寻行为

20 世纪 90 年代，我国电信行业不断拓展，形成巨大的市场需求，在此背景下，华为开始了交换机的代理业务，但时常面临部件供应不足、无法及时响应客户需求的问题。为了摆脱这种被动局面，华为意识到进行核心部件的自主研发刻不容缓。在三年时间里，华为成立了技术团队对市场上已经成熟的交换机进行考察，研究其电路及软件设置，不断进行调试和修改，并完成了 24 口小容量用户交换机的研制。在不断的技术搜寻和坚持不懈的努力下，华为成功研制出第一款具有华为知识产权和品牌的产品 BH03，完成了 HJD48 交换机和 C&C08 交换机的研发。

从代理走向自主研发初始，华为主要进行成熟技术搜寻，构建基础自主创新能力。受技术与资源的限制，华为通过引进成熟、低风险的技术形成核心产品，建设固定资产；通过积极向标杆企业学习、邀请专家和学者参观等方式，将知识嵌入组织惯例；通过吸收优秀人才、规范内部管理等构建基础自主创新能力。同时，华为借助于新兴技术搜寻对技术发展的趋势进行预测，及时开展试验学习，夯实自主创新的基础。

二、华为中级自主创新能力阶段的技术搜寻行为

在拥有对成熟技术的适应和改造能力后，借助于“狼性”销售和良好的服务，华为的主战场逐渐向省市一线和国际市场拓展。从 1994 年开始，华为着手编织新的商业领域，进军数据通信、智能网、移动通信等多个领域；通过快速集合研发资源、结合适当的技术并购和合作等方式迅速开发产品，取得先发优势，逐渐从追随者向国际先进者发展。在知识经济时代，知识逐渐成为企业获得核心竞争力的重要资源。因此，华为注重“智力资本”，加大对技术人才的搜寻力度，从同行企业和科研院

所高薪聘请技术专家、在国内知名高校网罗本科生和研究生。此外，为了了解同行最新技术动态与标准，华为每年安排项目小组参加国外通信技术展和国际标准会议，积极向国际优秀标杆企业学习。

在此阶段，华为处于企业的快速创新阶段，自主创新能力的不断提高改变了华为现有的搜寻方式，促使华为加大对新兴技术的搜寻力度，以适应技术的快速迭代，实现推陈出新、拥有技术话语权等目标。华为借助于外部专业机构优化内部管理机制，提高企业短期绩效；以低价购买方式有针对性地开展技术并购，改变组织认知框架，为企业的技术创新注入新的活力。此外，华为意识到企业进行的主要是持续优化性创新，缺乏对关键核心技术的掌握，因此开始着手前瞻性的技术搜寻——超前技术搜寻，抓取技术趋势最前端，为进行前沿研究奠定基础。

三、华为高级自主创新能力阶段的技术搜寻行为

在这一阶段，华为的自主创新能力得到了极大的提高，在运营商业务领域，华为已经迈入国际领先者方阵，但即便如此，华为仍面临行业龙头带来的竞争压力及欧洲电信运营商的不信任。为了应对竞争压力、全球电信需求趋于饱和的挑战、ICT和大数据浪潮的到来，华为积极调整产品发展战略，投入创新资源，构建首发优势；每年持续投入销售收入的10%~15%用于创新研发，企业研发人员占总人数的比例接近50%；在世界各地成立研究所、与领先运营商合作建立联合创新中心；在全球技术人才密集的多个国家和城市网罗各个领域的尖端科学家、数学家、化学家；采用积极的开放式创新模式，在把握技术控制权的基础上，与世界顶尖高校开展5G联合研究；注重对新兴科学技术的搜寻，创造思想碰撞的机会，在欧洲、拉美、亚太等地区举办创新论坛，交流企业对未来技术创新的思考，利用全球优质资源进行合作创新。

这一时期，华为成为全球领先者甚至某个细分领域的领导者，与以往的创新过程不同，华为注重迈向基于愿景驱动的理论突破和基础技术发明的创新2.0时代。在中级自主创新能力水平下，华为拥有了技术话语权和对产品工艺的拓展能力，想要成为产品的全球标准制定者，就要对产品设计的思想进行改革创新，致力创造“颠覆性产品”。为了避免企业落入能力陷阱，在搜寻策略方面，华为转变技术搜寻方向，加大对新兴科学技术和超前技术的搜寻力度；充分内化不同渠道的异质性资源，打破或改进企业原有的认知和创新路径，构建有利于创新的基础，掌握技术控制权。

通过对华为不同自主创新能力阶段的比较发现，在外部环境因素的影响下，企业不同自主创新能力阶段的技术搜寻侧重点不同，合适的技术搜寻能有效提高企业的自主创新能力；而企业内部自主创新能力的提高又会影响搜寻的内容，改变未来的搜寻行为。

{资料来源：① 华为官网；② 郭爱芳，韦笑笑，王正龙，等. 企业技术搜寻行为与自主创新能力共演：基于华为的探索性案例研究 [J]. 科学与管理，2021，41（4）：1-11，95. 有改动}

案例思考：

1. 华为在不同自主创新能力阶段的关键技术分别是什么？它们是如何培育的？
2. 结合本案例思考后发企业自主创新能力路径如何演化。

能力训练

【训练内容】收集典型创新案例。

【训练目的】认知创新能力，学会寻找生活中的创新事物，以此触发联想，形成创新点。

【训练时间】课上 100 分钟，分组讨论；课后收集创新案例，制作 PPT。每个小组汇报 10 分钟，小组讨论及教师提问 20 分钟。

【训练步骤】

步骤一：分组。学生自由组成小组并为小组取名，每组 6—8 人，设主持人 1 名、秘书 1 名、发言人 1 名。

步骤二：各小组通过中国公众科技网、中国专利信息网、科技公司官网等渠道收集 2—3 个创新案例。创新案例可以是科学发现、技术发明、企业创新、文化创意等。

步骤三：各小组主持人组织本小组组员讨论上述案例，并完成表 3-4。各小组发言人在总结和整理本小组讨论内容的基础上，做好在全班大会上汇报本小组案例的准备，并制作好 PPT。

表 3-4 案例讨论整理表

班级：＿＿＿＿＿＿ 小组名称：＿＿＿＿＿＿ 主持人：＿＿＿＿＿＿

案例名称	基本内容	创新点	产生的价值	受到的启发	产生的设想

步骤四：全班汇报交流。各小组发言人分别在全班大会上汇报本小组的案例，与全班同学分享本小组的创新成果。

步骤五：全体同学进行评价，评选出最佳案例 2—3 个，对被评为最佳案例的小组进行奖励。

【训练提示】

（1）要求：所选案例典型且适度综合、语言表达流畅、图片有震撼力。

（2）案例分析的深度有四个层次。

第一层次：案例分析与基本概念相符。

第二层次：基于所分析的案例，提出自己独到的见解。

第三层次：将案例中所包含的创新思维或方法用于解决其他领域的问题，由此产生新的创意。

第四层次：将创造性设想进一步设计成有价值的技术方案。

自测题

1. 什么是创新能力？谈谈你对创新能力的理解。

2. 一般性创新能力包括哪些要素？

3. 你身边有哪些创新能力强的人物？你自己做过哪些有创意的事情？

4. 创造力测评的主要类型有哪些？

5. 通过下面的测试，自测一下你的创新能力，分析它是否真正测出了你的创新能力。如果没有，应该怎样完善？

请根据自身的情况对下列陈述做出如实回答，回答“对”或“错”：

(1) 我每周阅读的时间超过 10 小时。

(2) 我有很强的信念，对就是对，错就是错。

(3) 我并不真正关心为什么人们对我很友善，只要他们对我友善就行。

(4) 我只要长时间努力地工作，就能找到大多数问题的答案。

(5) 实际上，我并不认真执行规章制度。

(6) 我喜欢看的书都不是小说，看小说是浪费时间。

(7) 我不希望得到含糊的指示，它会使我感到紧张。

(8) 有时候，我打破常规，用不同的方法进行工作。

(9) 我对探索性的工作有一定兴趣。

(10) 使自己快乐比使别人快乐更重要。

(11) 当我写东西时，我总是设法避免使用那些生僻的字词。

(12) 我总是穿得很得体，不喜欢不修边幅的样子。

(13) 我做事的准则是：工作重于寻找快乐。

(14) 我喜欢做有趣的事，但如果没有金钱报酬，我就不会花时间去做它。

(15) 我从来不读最新、最畅销的小说，但我喜欢读那些最新的有关企业管理方面的书刊。

把你的答案同下面的答案进行比较，每答对一题就得 1 分：

(1) 对 (2) 错 (3) 对 (4) 错 (5) 对 (6) 错 (7) 错 (8) 对

(9) 对 (10) 对 (11) 错 (12) 错 (13) 错 (14) 错 (15) 错

测试结果评价：

(1) 13—15 分，属于创新能力很强的人。

(2) 10—12 分，属于创新能力一般以上的人。

(3) 7—9 分，属于创新能力一般的人。

(4) 6 分以下，属于创新能力一般以下的人。

你的得分是多少？

请记住，不管你得了多少分，都没关系，因为创新能力是可以培养和提升的。

延伸阅读

克里斯坦森. 颠覆性创新［M］. 崔传刚，译. 北京：中信出版社，2019.

第四章　突破思维定式

学习目标

1. 理解思维的概念和类型
2. 理解思维定式的含义及其作用
3. 知晓思维定式的类型及其克服策略

能力目标

1. 能够掌握思维的类型
2. 能够掌握克服思维定式的策略

素质目标

1. 提升对思维定式的敏感度，建立“自我觉察”意识
2. 掌握打破思维定式的实用方法，提升灵活思考能力
3. 培养敢于挑战常规的勇气，拥有开放心态

思维导图

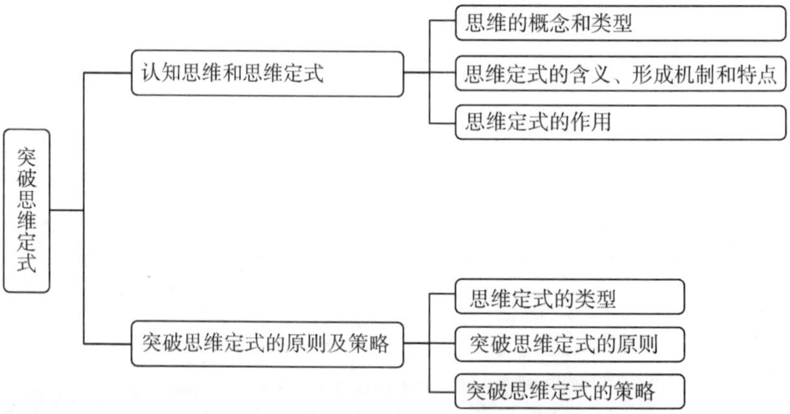

引导案例

科大讯飞的创新生态系统

科大讯飞股份有限公司（以下简称“科大讯飞”）成立于1999年，是亚太地区知名的智能语音和人工智能上市企业。自成立以来，科大讯飞一直从事智能语音、计算机视觉、自然语言处理、认知智能等人工智能核心技术研究并保持国际前沿水

平；积极推动人工智能源头核心技术研发和产业化落地，致力“让机器能听会说，能理解会思考，用人工智能建设美好世界”。2008年，科大讯飞在深圳证券交易所挂牌上市。

作为技术创新型企业，科大讯飞始终把源头核心技术自主创新放在战略高度，多次在语音识别、语音合成、机器翻译、图文识别、图像理解、阅读理解、机器推理等各项国际评测中取得佳绩；三次荣获“国家科学技术进步奖”，以及获得中国信息产业自主创新最高荣誉“信息产业重大技术发明奖”；被任命为中文语音交互技术标准工作组组长单位，牵头制定中文语音技术标准。

科大讯飞坚持“平台+赛道”的发展战略。基于拥有自主知识产权的核心技术，2010年，科大讯飞在业界发布了以智能语音和人机交互为核心的人工智能开放平台——讯飞开放平台，为开发者提供一站式人工智能解决方案。草根创业者和开发者可以借助于这个平台的核心技术研发和测试新产品，这降低了初始开发门槛，新产品开发出来后，开发者可直接依托这个平台对外提供服务，免去了前期在服务器上的资金投入。对于科大讯飞来说，可以通过云端实现自我学习和进化，后台数据越多，语音识别的准确率就越高。平台搭建完成后，科大讯飞向上下游开发者开放，所有拥有核心技术的开发者都可以把自有技术放到这一平台上，通过合作分享实现共赢。截至2025年4月22日，讯飞开放平台已开放809项AI产品及能力，聚集超过842.4万开发者团队，总应用数超过325万款，累计覆盖终端设备数超过41.7亿个，AI大学堂学员总量达到81万人，链接超过1 000万生态伙伴，以科大讯飞为中心的人工智能产业生态持续构建。

2014年，科大讯飞启动“讯飞超脑计划”，该计划聚集了来自语音及语言信息处理国家工程实验室、清华大学、加拿大约克大学等单位的众多人工智能领域顶级专家，致力在让机器能听会说之后，进一步让机器能理解会思考，学会自我学习。事实证明，合作伙伴的先进技术可以对讯飞开放平台的核心技术进行补充。开发者基于这一平台可以不断推出各种新应用，而他们之间也借此得以相互关联。科大讯飞还会定期举办语音云沙龙，邀请创业者分享经验，各个领域的创业者可以将自身的资源共享到平台上，相互促进，合作共赢。

2016年，科大讯飞发布讯飞翻译机，开创智能消费的新品类，获得消费市场的广泛认可。2019年，科大讯飞新一代语音翻译关键技术及系统获得世界人工智能大会最高荣誉SAIL（Super AI Leader，卓越人工智能引领者）应用奖。2019年9月，科大讯飞成为北京2022年冬奥会和冬残奥会官方自动语音转换与翻译独家供应商，致力打造首个信息沟通无障碍的奥运会。2019年10月，在教育部、国家语委的指导下，科大讯飞承建国家语委全球中文学习平台。

2021年，科大讯飞“语音识别方法及系统”发明专利荣获第二十二届中国专利金奖，这也是国内知识产权领域的最高奖项。2021年度，科大讯飞人工智能核心技术持续突破，“根据地业务”深入扎根，源头技术驱动的战略布局成果持续显现。2024年度，科大讯飞实现营业收入超过233亿元，归属于上市公司股东的净利润达到5.6亿元，经营规模稳步提升，在关键赛道上“领先一步到领先一路”的格局持续加强。

科大讯飞试图通过语音云平台构建合作共赢的创新生态体系，为创业者提供核心技术、云端资源存储、后台分析能力和后期变现能力。如今的平台已具备可观的成长空间，正为合作伙伴不断地创造全新价值。科大讯飞意图成为创新生态大树的根系，主导价值链关键环节，在语言和语音产业中扮演“发动机”的角色，通过源头创新不断创造出全新技术。

（资料来源：科大讯飞官网，有改动）

案例思考：

1. 科大讯飞为什么要探索创新生态系统？在这一系统中，科大讯飞充当什么角色？什么是创新生态系统？它有哪些特征？

2. 科大讯飞是如何逐步构建创新生态系统的？你认为科大讯飞应如何应对激烈的竞争局势，才能保持竞争优势？

第一节　认知思维和思维定式

一、思维的概念和类型

（一）思维的概念

思维是人类特有的一种极为复杂的生理和心理现象，它和感觉、知觉一样，是人脑对客观事物的反映。一般来说，感觉和知觉是人脑对客观事物的直接反映，而思维则是人脑对客观事物的本质属性和事物之间内在联系的规律性所做出的能动的、间接的和概括的反映。思维是以感觉和知觉为基础，以已经具有的知识为中介的高级复杂的认知心理活动。思维的特点就是间接性和概括性。

思维在反映客观事物的方式上与感觉、知觉不同，感觉、知觉是对事物的直接反映，只能反映事物的表面现象，思维却能反映事物的本质属性和事物之间内在联系的规律性。在现实认识中，有许多事物仅靠直接感知是达不到认识目的的。例如，医生不能直接看到患者内脏的病变，但可以通过望闻问切和化验等中间媒介，经过思维加工，间接地推断出患者所患的疾病。这就是说，思维同感觉、知觉不同，它不是直接地感知，而是间接地反映客观事物。这就是思维的间接性特点，即思维通过其他事物的中介作用间接地反映客观事物。正因为思维有这种间接性，所以人们才能了解历史，预测未来，揭示事物的本质，提出行动的目标和计划，从而拓展对事物认识的深度和广度，使人具有智慧和创造力。

思维的概括性是指思维依据对事物规律性的认识，把同一类事物的共同特征、本质特征抽取出来加以概括。例如，人们通过对鸡、鸭、鹅、雀、鹰等的研究发现，这类动物的共同特征是两只脚、有羽毛，所以把具有“二足而羽”特征的动物称为禽。类似地，把具有“四足而毛”特征的动物称为兽。

人们总是通过分析和综合、比较和分类、抽象和概括、迁移、判断和推理、想象等思维过程，方能对客观事物的本质属性和事物之间的内在联系有全面的认识。

1. 分析和综合

人的思维过程总是从分析开始的。分析是指把事物的整体分解为部分，分别认识事物各个部分的特征、因素和作用的思维过程。相反，综合是指把事物的个别属性、部分、因素和作用联系起来，整体地认识事物的思维过程。分析和综合是思维对立统一的两个方面，分析是综合的基础，综合则为分析把握方向。通过分析和综合，可以揭示事物的本质，并用语言、文字或符号表达出来。

2. 比较和分类

比较是指在分析和综合的基础上，通过了解事物各个组成部分的属性，将各种事物进行比较，确定它们之间异同点的思维过程。比较后，人们常会进行进一步的思维，并对事物进行分类。分类是依据事物的某一或某些共同特征，把它们归入适当的类别中的思维过程，即把具有某一或某些共同特征的事物归为一类。因此，分类是以比较为基础的，没有比较，就不能确定它们之间的异同点，就不能确定某一事物是否归为某一类。

3. 抽象和概括

抽象是指在比较的基础上，抽取事物的普遍属性，舍弃事物的非本质属性的思维过程。概括是指把从某些具有若干属性的事物中抽取出来的特有属性，推广到所有具有相同特有属性的事物，从而形成关于这类事物的普遍概念的思维过程。比较是抽象的前提，抽象是概括的前提和基础，没有抽象就无从概括，只有把事物共同的普遍属性抽取出来，才有可能进一步从中抽取出特有属性，并将其联结起来进行概括。概括也有助于抽象。

4. 迁移

迁移是思维过程中的特有现象，是人的思维发生空间上的转移。人们对一些问题的解决经过迁移往往可以促使另一些问题得到解决。例如，掌握了创造学的基本原理有助于解决众多学科的创造问题，某些物理（化学）方法可以应用于化学（物理），等等。

5. 判断和推理

人们对某一事物肯定或否定的评价往往是通过判断和推理形成的。判断是指对思维对象有所断定的思维过程。具体地说，判断是指运用概念对事物之间的关系有所肯定或有所否定的思维过程。推理是指根据已知的判断推出新判断的思维过程。

人们在认识事物的过程中，不仅要用概念来反映事物的本质属性，要通过判断对事物情况做出断定，而且要根据已有的知识反映各种事物之间的复杂联系，扩大认识范围，获取新知识。这些都是通过推理完成的。推理主要有三种形式：归纳推理、演绎推理和类比推理。

6. 想象

想象是指人在头脑中塑造过去未曾接触过的事物形象，或者将来才有可能实现的事物形象的思维过程。想象的最大特征就是形象概括性。爱因斯坦曾对想象力做出很高的评价："想象力比知识更重要，因为知识是有限的，而想象力概括着世界上的一切，推动着进步，并且是知识进化的源泉。"

小故事　爱因斯坦大脑之谜

爱因斯坦一直被视为科学天才。在他死后，一些研究人员希望通过研究他的大脑来解开他的成功之谜。然而，从已经披露的一些对爱因斯坦大脑的研究结果来看，存在两种截然不同的结论：一种结论是爱因斯坦的大脑与普通人的大脑有很大的不同，这使他成为一个科学天才；另一种结论是爱因斯坦的大脑和普通人的大脑没有什么不同，他在科学上的成就，不是因为他的大脑有别于普通人，而是有很多原因，比如勤奋和后天努力。

1955年4月18日，爱因斯坦在美国新泽西州的普林斯顿大学医院去世，享年76岁。当时，托马斯·S. 哈维（Thomas S. Harvey）是普林斯顿大学医院病理科主任。他和爱因斯坦只有一面之交，但他成了爱因斯坦的验尸医生。哈维对爱因斯坦的身体和器官逐一进行检查、称重和描述后，宣布爱因斯坦死于腹腔大动脉破裂。

为了研究这位伟大的科学家，哈维说服了爱因斯坦的遗嘱执行人奥托·内森（Otto Nathan）和爱因斯坦的长子汉斯·A. 爱因斯坦（Hans A. Einstein）把爱因斯坦的大脑取出来，以供未来做研究之用。当时，内森和汉斯同意哈维取出爱因斯坦大脑的一个重要条件是，未来对爱因斯坦大脑研究的结果必须发表出来。

哈维按照解剖学标准切开了爱因斯坦的大脑，然后测量了它。除给大脑拍照外，哈维还请了一位画家为它画素描。哈维随后将爱因斯坦的部分大脑切成了240片，每一片在大脑中的位置都有详细记录并贴上标签。爱因斯坦的大脑被分别装进了10个储存组织学切片的罐子和2个大玻璃瓶中，所有这些都是用甲醛保存的。爱因斯坦大脑的去向有两个部分。哈维把大脑切片的一部分交给了他信任的一些研究人员，另一部分则被保存了下来。研究人员得到了多少片爱因斯坦的大脑切片，目前还没有确切的数字。据说，哈维后来制作了多达2 000片爱因斯坦大脑其他部分的切片，并分发给了世界各地至少18名研究人员，这才有了后来一系列研究成果的相继发表。

在已发表的研究结果中，大多数都表明爱因斯坦的大脑与普通人的大脑不同，这些差异表现在很多方面，主要有：① 大脑细胞类型有差异；② 神经元密度高；③ 大脑半球部分区域较大；④ 有额外的沟回；⑤ 大脑胼胝体比常人厚。

尽管上述研究表明爱因斯坦的大脑与普通人的大脑不同，但也有一些研究认为爱因斯坦的大脑与普通人的大脑没有区别。美国罗伯特·伍德·约翰逊医学院的神经病学家弗雷德里克·E. 雷波尔（Frederick E. Lepore）

的解释更能击中要害：人们对爱因斯坦大脑的迷恋揭示了人们对大脑的假设和对天才的崇拜。此外，即使爱因斯坦的大脑与普通人的大脑不同，哈佛医学院的神经科学家阿尔伯特·加拉布达（Albert Galaburda）也认为，他无法回答另一个问题：是非凡的大脑让爱因斯坦成为伟大的物理学家，还是他对高级物理的学习改变了他的大脑？

{资料来源：① 西阳．谁珍藏了爱因斯坦的大脑？[J]．科教文汇，2005（7）：17；② 王晓冰．全面解读爱因斯坦大脑［J］．百科知识，2015（1）：23-26．有改动}

（二）思维的类型

随着认识的发展，思维的形式也随之变化和发展，产生了各种各样的思维形式。由于人们对思维概念理解的角度不同，因此对思维的分类也不同，这就产生了不同的分类标准。

1. 按思维进行的方式分类

根据思维进行的方式不同，思维可分为直观动作思维、形象思维、抽象思维、辩证思维和灵感思维。

（1）直观动作思维。

直观动作思维又叫动作思维，是指借助于实际动作或操作过程而进行的思维。它的特点是在实际动作引导下进行思维，边操作、边思考，操作一停止，思考也就停止了。例如，中学物理学习中，物理教师常强调解物理题时要画出物理过程示意图，这是要求学生利用动作思维来帮助解题，画图的动作引导着学生进行思维，找出解决问题的关键、方向、思路等。发明创造过程中的某些实验、操作或制作阶段，均包含一定的动作思维。

（2）形象思维。

形象思维是指借助于事物的表象或具体形象从整体上综合反映和认识客观世界而进行的思维。例如，画家在创作之前，要进行构思，构思就是凭借过去感知过的种种事物的表象进行思考。创造过程始终渗透着形象思维，形象思维常表现出较高的创造性。

（3）抽象思维。

抽象思维又叫逻辑思维，是指以概念、判断、推理的方式抽象地、从某个方面条分缕析地、符号式地进行的思维。在科学技术研究中，研究人员所面临的问题常常要求其运用抽象思维来解决，应用各学科领域的公式、定理、法则、定律等进行推导、证明与判断。

（4）辩证思维。

辩证思维是指按照辩证规律进行的思维。辩证思维注重从矛盾性、发展性、过程性考察对象，以及从多样性、统一性把握对象。

（5）灵感思维。

灵感思维是指凭借直觉而进行的快速的、顿悟性的思维。

2. 按思维的方向分类

根据思维的方向不同，思维可分为发散思维和聚合思维。

（1）发散思维。

发散思维又叫求异思维，是指针对一个问题，沿着不同的方向去思考，从不同的角度提出解决方案，寻求各种各样的解决方法，以求得答案的思维。通过发散性地思维，可以提出多种新设想和新方法，以便我们创造性地解决问题。因此，发散思维是创造性人才必须具备的一种思维品质。习惯于发散性思维的人，不受既成理论的影响，敢于突破条条框框，善于提出超常的构想和不同凡响的新观念、新方法，因而易于创新。

（2）聚合思维。

聚合思维又叫求同思维，是指根据已知的条件和目的，在众多的设想中选择一种最合理的方案的思维。通过发散性地思维，可以得到许多别出心裁的、异乎寻常的新设想，但若不经过聚合思维的评判和筛选，最终还是不能得出最合理的方案。因此，聚合思维在创造过程的验证阶段具有重要的作用。解决一个复杂的问题，往往要经过从发散思维到聚合思维，再从聚合思维到发散思维的多次反复，只有这样，才能真正创造性地解决问题。所以，在创造过程中，聚合思维也是一种重要的思维方式。

3. 按思维是否按照逻辑规律进行分类

根据思维是否按照逻辑规律进行，思维可分为逻辑思维和非逻辑思维。

（1）逻辑思维。

逻辑思维又叫抽象思维，是指根据逻辑法则运用概念、判断、推理的方式进行的思维。逻辑思维明确地指出了思维过程中各个部分的前后因果关系和逻辑关系。

（2）非逻辑思维。

非逻辑思维是指没有经过明确的思考步骤而迅速地对问题做出合理的选择、猜测和解答的思维，包括形象、想象、直觉、联想、灵感等，即在做出这种猜测和解答的时候，并没有意识到得出这种判断、结论的理由和根据。它具有突发性、瞬时性、跳跃性、粗略性、模糊性等特点。例如，当阿基米德走进装满水的浴缸洗澡时，水溢出浴缸，他从这个现象联想到判断真假王冠的方法。人们常说第六感官，所谓第六感官，就是指非逻辑思维。我们在睡觉、打瞌睡的时候突然想到解决问题的办法也是非逻辑思维。人们无法预计非逻辑思维的内容，无法凭意志使它产生，非逻辑思维的内容是突然闪现、稍纵即逝的，如果不及时抓住，很容易忘掉。非逻辑思维的内容只是指出了解决问题的方向，所以需要对它进行精细的加工，方能创造性地解决问题。非逻辑思维在创造过程中具有很重要的意义，常常能带来异乎寻常的创造性成果，如德国有机化学家弗里德里希·A. 凯库勒（Friedrich A. Kekule）在梦中发现了苯的环状结构、美国物理学家唐纳德·A. 格拉塞（Donald A. Glaser）在啤酒店受啤酒气泡溢出的启示发明了“液态气泡室”、英国物理学家查尔斯·T. R. 威尔逊（Charles T. R. Wilson）受阳光照耀山顶云层产生的光环启发发明了一种研究放射性物质的仪器——云雾室等。

4. 按思维的结果是否新颖、独特分类

根据思维的结果是否新颖、独特，思维可分为再造性思维和创造性思维。

（1）再造性思维。

再造性思维又叫常规思维，是指思维的结果不具有新颖性和独特性的思维。它一般是利用已有的知识或使用现成的方案和程序进行的一种重复性思维。

（2）创造性思维。

创造性思维又叫创新思维，是指思维的结果具有新颖性和独特性的思维，或者说是产生新思想的思维。

小知识

思维科学

思维科学（Noetic Science）是研究人的意识与大脑、精神与物质、主观与客观的综合性科学。思维是人脑对客观事物的反映。一般认为，思维科学基础研究内容包括社会思维、逻辑思维、形象思维、灵感思维等。其应用领域涉及语言学、模式识别、人工智能、教育学、情报学、管理学、文字学等学科。哲学、心理学观点及研究方法决定了思维科学行为主义、联想主义、格式塔、信息学等学派的形成。思维科学的研究对于科学体系结构与人脑潜力的发挥有重要的理论意义和实践意义。

我国科学家钱学森于20世纪80年代初提出创建思维科学技术部门，并把思维科学划分为基础科学、技术科学和工程技术三个层次。思维科学的相邻科学有人体科学、自然科学、社会科学、系统科学等。思维科学是从心理学、人工智能、计算机科学、生理学、文学艺术等方面研究人思维过程的规律。目前，思维科学还处于初创阶段，分析的研究远远多于综合的研究，各部门独立的研究甚于跨部门的共同研究，还有待形成统一的体系。在当今信息社会，知识、智力、智慧的重要性日益凸显，思维对知识的产生、智力和智慧的形成起着关键作用，因此人们对思维科学的关注度也日益提高。思维科学具有广阔的发展前景和取得重大突破的可能性。

二、思维定式的含义、形成机制和特点

（一）思维定式的含义

思维定式也称惯性思维，原是心理学概念，最早由德国心理学家格奥尔格·E. 缪勒（Georg E. Müller）和弗里德里希·舒曼（Friedrich Schumann）于1889年提出。定式是指长期形成的固定的方式或格式，包括生活习惯、传统观念、专家的权威性意见、对困难的畏惧等。思维定式是指思维主体在思维活动中形成的一种稳定性的倾向或习惯性的思维方式，即形成比较稳定的、定型化了的思维路线、方式、程序、模式，从而影响以后的分析、判断。根据对大脑功能的了解，习惯回路由暗

示、惯常行为、奖赏三部分组成。首先是暗示，即可触发习惯的诱因；其次是惯常行为，即习惯本身；最后是奖赏，即习惯真正要满足的某种渴求。习惯回路形成以后，大脑不再完全参与决策，而是让习惯自动去完成某些行为，所以大脑就可以集中参与决策其他事务。只有神经渴求受到有效刺激，习惯回路才会继续运转，大脑不会分辨习惯回路的好坏，时间越久，神经反馈越多，这种固定组块的联结就会越稳固，并且形成规定的路径依赖。遇到类似的外界刺激和任务唤起神经渴求，大脑会优先选择运行习惯回路。惯性思维的形成就是习惯回路的反映，大脑喜欢能省则省、能简则简，经常"偷懒"就可以省时省力又有效率，所以大脑会尽量借助于惯性思维来执行任务。

（二）思维定式的形成机制

思维定式的形成通常与社会环境、文化传统和个人的生活经历、偏好有很大的关系。而习惯一旦形成，就很难改变，会以极大的惯性约束和规范我们的思维，形成条条框框。思维定式形成的具体机制有以下三种。

1. 归化机制

归化机制的产生离不开大脑对信息的加工处理和对思维模式的组合建构。人们善于对自身或他人的阅历进行归纳总结，从而得出经验教训，以后遇到类似的情况，就会直接拿来使用。这些类似事情一旦积累起来，得出的经验教训的指导性就会更强，也更容易让人相信它们的准确性。

2. 惯性机制

惯性机制是意识让位于无意识，本着快速、有效、低成本的原则，迅速执行任务。靠惯性执行任务比靠意识更快，又不影响任务的完成，因此这种机制就会在不断使用中被保存下来。

3. 条件反射机制

条件反射机制是人的无意识动作，事情经历多了，联系多了，就不需要意识更多地介入，而转入小脑控制的无意识动作。首先，惯性思维有些是无意识形成的，有些是意识认可并转交给无意识后不再参与而形成的。其次，惯性思维的形成还有一个重要的因素就是时间或次数，需要多次重复逐渐变为自动化的一连串行为。最后，惯性思维常与意向不清、动机不强引起的不同程度的自发行为有关。自发是因为在信息加工过程中，大脑更多的是自动化运行，处于不活跃状态。意向不清、动机不强是因为任务并没有引起主体的重视，主体就以完成任务为导向，在信息加工过程中本着经济的原则选择了最节能的方法。惯性思维一旦稳固下来，在没有巨大刺激的情况下不容易发生改变。

（三）思维定式的特点

思维定式具有以下三个特点：

第一，强大的惯性。本能的、不自觉的、无意识的反应，支配着人们进行"不假思索"的思考和行动，较为顽固，基于这种顽固，惯性思维常表现为旧有的思维模式。

第二，趋向性。当遇到类似的情况，受到类似的刺激时，人们倾向于将其归类到以往熟悉的情境，而让大脑优先选择类似的惯性思维进行处理，带有集中性思维的痕迹。例如，学习立体几何，应强调其解题的基本思路，即空间问题转化为平面问题。

第三，程序性。惯性思维不是简单的思维活动和行为活动，而是由一系列组块构成。习惯回路中至少包括暗示、惯常行动、奖赏，才能保证惯性思维的优先权，所以惯性思维是用规范化的思维步骤和行为方式来解决问题。例如，证明几何题时，怎样画图、怎样叙述、如何讨论、如何摆布格式，甚至如何使用“因为、所以、那么、则、即、故”等符号，都要求清清楚楚、步步有据、格式合理，否则就会乱套。

三、思维定式的作用

思维定式是一把双刃剑，对于问题的解决，既有积极的一面，也有消极的一面。

（一）思维定式的积极作用

思维定式对于问题的解决具有极其重要的意义。在环境不变的条件下，思维定式可以提高思维活动的便捷性、敏捷性，提高思维效率，帮助人们运用已掌握的方法迅速解决问题。在问题解决活动中，思维定式可以帮助人们根据面临的问题迅速联想到已经解决的类似问题，将新问题的特征与旧问题的特征进行比较，抓住新旧问题的共同特征，将已有的知识和经验与当前问题的情境建立联系，利用处理过类似的旧问题的知识和经验处理新问题，或者把新问题转化成一个已解决的熟悉的问题，从而为新问题的解决做好积极的心理准备。思维定式的积极作用具体表现在以下三个方面：

（1）定式解决问题总要有一个明确的方向和清晰的目标，否则，解题将会陷入盲目状态。定式是成功解题的前提。

（2）定式方法是实现目标的手段，广义的方法泛指一切用来解决问题的工具，包括解题所用的知识。不同类型的问题总有相应的常规的或特殊的解决方法。定式方法能使我们对症下药，它是解题思维的核心。

（3）定式解决问题是一个有目的、有计划的活动，必须按步骤进行，并遵守规范化的要求。

思维定式是一种按常规处理问题的思维方式。它可以省去许多摸索、试探的步骤，缩短思考时间，提高效率。

（二）思维定式的消极作用

大量事例表明，思维定式确实对于问题的解决具有较大的负面影响。当一个问题的条件发生质的变化时，思维定式会使解题者墨守成规，难以涌现新思维，做出新决策，造成知识和经验的负迁移。思维定式容易使人产生思想上的惰性，形成一种机械呆板、不思改变的思维模式。当情境发生变化时，思维定式往往在不知不觉中绑架人们的思维，使其步入误区，尤其在当代，人们在面对浩如烟海又瞬息万变的信息时，如果不会用创新思维去应对，最后只能被淹没，思维定式就成为束缚思维创新的条条框框，成为创新的思维枷锁。

因此，作为一种惯性思维，思维定式就是思维沿着前一思考路径，以线性的方式继续延伸，并暂时地封闭了其他的思考方向。思维定式无处不在，无时不有，无人能幸免。英国哲学家弗朗西斯·培根（Francis Bacon）曾说过，既成的习惯，即使并不优良，也会因习惯而使人适应。而新事物，即使更优良，也会因不习惯而受到非议。对于旧习俗，新事物好像一个陌生的不速之客，它引起惊异，却不受欢迎。而科学发现具有独创性，往往与思维定式不相容。微积分在创立之初就遇到了强力阻挠，微积分的产生使数学迈入一个全新的发展阶段——变量数学阶段，然而固守思维定式的人斥责其为“一派胡言”。

从思维过程中大脑皮质活动的情况来看，定式的影响是一种习惯性的神经联系，即前次思维活动对后次思维活动有指引性的影响。因此，当两次思维活动属于同类性质时，前次思维活动会对后次思维活动起正确的引导作用；当两次思维活动属于异类性质时，前次思维活动会对后次思维活动起错误的引导作用。每个人在解决问题的思维活动中都有各自惯用的思维模式，当面对某个事物、现象或问题时，便会不假思索地把它们纳入已经习惯的思想框架内，进行深入思考和问题处理，这是思维定式的常态。在日常事务工作中，对于普通问题的思考和处理，讲究程序性、规范化，这有利于提高效率，但不利于开创性改革及突破性创新思维的产生，它阻碍了新思想、新观点、新技术和新形象的产生。因此，在激发创新思维、开展创新活动时，必须突破思维惯性。

小故事　应把所有鸡蛋都放在一个篮子里吗？

2011年诺贝尔生理学或医学奖获得者布鲁斯·A. 博伊特勒（Bruce A. Beutler）主张做科学研究“要把所有鸡蛋都放在一个篮子里”。虽然他的父亲曾一再劝他“不要把所有鸡蛋都放在一个篮子里”。

博伊特勒出生于1957年12月29日，正如大多数摩羯座的人一样，他超常勤奋、有毅力和抱负，对现实和困境毫不妥协、始终如一。18岁时，他毕业于加州大学圣地亚哥分校，因以第一作者在《细胞》上发表论文、优秀的医学院入学考试（MCAT）分数和丰富的实验室经验而被芝加哥大学录取为研究生。博伊特勒一直强调家庭对他取得科研成就影响重大，他出身于科学世家，父亲欧内斯特·博伊特勒（Ernest Beutler）是著名的血液学家与遗传医学家，长期任职于加州拉霍亚的斯克里普斯研究所，他的远房表亲帕梅拉·C. 罗纳德（Pamela C. Ronald）是国际著名植物抗病研究专家。这样的家庭环境使他在童年和少年时期就对生物学产生了浓厚的兴趣。在他父亲的实验室里，他从事生物学研究。父亲对他的要求很严格，但他时而也会对父亲的建议提出异议。博伊特勒对脂多糖（LPS）受体的研究在很长一段时间内主宰着他的思想，而且他一直有种感觉，他们肯定能找到它，当然这需要花费很多的时间和精力。其中一个阻碍因素就是实验中排序能力非常有限，因为他们做研究时使用的是一个相当过时的平板凝胶顺序分析仪。因为久攻不下，博伊特勒的父亲建议他不要把所有鸡蛋都放在一个篮子里。但他给出了相反的建议："你应该把所有鸡蛋都放在一个篮子里，连续性地从事某项研究工作。如果你失败了，或者别人抢先一步，那么可能是你采用的方法不对。如果你失败了，那么你就再开始做另一件事。不要同时研究很多东西，因为如果你的研究范围非常广，你就永远不会进行深入研究。"

当得知自 1998 年 4 月起霍华德·休斯医学研究所将只会再资助他们实验室两年时，他们的士气受到了很大影响。尽管如此，博伊特勒敢于为了 LPS 受体研究项目将实验室其他所有项目都停掉，甚至连实验室最后一台测序仪都是自己掏腰包买的，真是到了背水一战的地步。"我依然决定继续研究基因，因为我知道大多数关键的领域都已经研究过了，而且我感觉我们很快就能找到它。4 个月之后，我们发现了这个基因。"博伊特勒说。

有人说博伊特勒没听他父亲的话，结果失去了研究经费。不过，他个人获得了包括美国科学院和霍华德·休斯医学研究所在内的众多机构授予他的许多荣誉，2011 年获得了诺贝尔生理学或医学奖。

{资料来源：姜天海．诺奖得主布鲁斯·博伊特勒：把所有鸡蛋都放在一个篮子里[J]．科学新闻，2013（7）：48-50. 有改动}

第二节　突破思维定式的原则及策略

一、思维定式的类型

阻碍创新的思维定式有多种，常见的有经验型思维定式、从众型思维定式、书本型思维定式和权威型思维定式。

（一）经验型思维定式

经验型思维定式是指人们观察、解决问题时，一味地按照以往的经验行事，照搬照套的一种思维习惯，它忽视了经验的相对性和片面性，从而制约了创新思维的产生。每一个人的成长过程都伴随着经验的不断积累，因此我们解决问题的能力也在不断增强。经验是人类在实践中获得的主观体验和感受，是通过感官对个别事物的表面现象、外部联系的认识，是理性认识的基础，在人类的认识与实践中发挥着不可替代的作用。人们可以凭借经验指导在相同条件下的相同实践活动，提高某些习常性实践活动的效率。但经验又具有极大的局限性。

心理学家做过一个有趣的实验：在一个没有盖的器皿中，几只跳蚤一起蹦跳着，每一只每一次都跳差不多相同的高度，人们根本不用担心它们会跳出器皿，原来这是特殊训练的结果。跳蚤的训练场是一个比表演场稍低一点的器皿，上面盖了一块玻璃。一开始，这些跳蚤都拼命地想跳出器皿，结果总是撞在玻璃上。一段时间后，即使拿掉玻璃盖板，跳蚤也不会跳出器皿，因为过去的经历已经使跳蚤的头脑中产生了经验定式。因此，经验需要鉴别。

功能固着就是经验型思维定式的表现形式。功能固着定式下，人们只看到一个物体正在被使用的功能，而忽略了更多的潜在功能。德国心理学家卡尔·邓克尔（Karl Duncker）做过这样的实验：将一支蜡烛、一盒图钉、一盒火柴放在桌上，要求大学生将蜡烛固定在墙上，并且要求点燃蜡烛后，蜡油不能滴落在地板或桌子上。结果很多被试者不能在规定的时间内解决这一课题。原因是人们往往只看到图钉盒装图钉的功能，想不到图钉盒还有物体支架的功能。这就是功能固着定式阻碍了问题的创造性解决。研究表明，一个物体功能的固着程度，往往取决于最初接触到它时的功能的重要性。最初看到的功能越重要，就越难看出其他用途；越是熟悉的东西，就越难看出它的新意和作用。长期使用的生产工艺、操作方法、技术设备、规章制度，在人的头脑中往往形成一种“历来如此”“自然合理”的观念，这实际上也是一种功能固着定式的表现。

从思维的角度来说，经验具有很大的狭隘性，束缚了思维的广度。这种狭隘性主要表现在以下三个方面：

（1）经验具有时空狭隘性。任何经验都是在一定的时空范围内产生的，而且往往也只适用于一定的时空范围，一旦超出这个范围，经验是否还有效，常常是个疑问。

（2）经验具有主体狭隘性。一个思维主体，不管经验多么丰富，从数量上说总是有限的，未经历过的事情是无穷多的，当面临从未遇到过的事物或问题时常常会手足无措，这时如果单凭已有的经验推断，其结果大多是错误的。

（3）个体的经验在内容上紧紧抓住了常见的东西，而忽略了少见的、偶然的东西。但在具体的现实情境中，总会有大量少见的、偶然的东西出现，如果仍然用以往的经验来处理，那么不可避免地会出现偏差和失误。

总之，经验只在一定的实践水平上、一定的条件下对一定的实践活动有指导意义，而且即使在适当的范围内，它对实践活动的指导意义也是有限的。恩格斯认为，单凭观察所得的经验，是决不能充分证明必然性的。黑格尔也指出，经验并不提供必然性的联系。因此，一旦拘泥于狭隘的经验，势必极大地限制个人的眼界，从而阻碍创新。在这种情况下，经验就成了创新思维的枷锁。

（二）从众型思维定式

从众型思维定式是指人们不假思索地盲从众人的认知与行为，俗称随大流，也就是所谓的大多数人做什么，自己也做什么。从众型思维定式源于从众心理。在社会互动中，人们无不以不同的方式影响着那些与他们互动的人。个人往往易受别人的影响而不相信自己的认知成果，旁人能促进或阻碍个人完成某项任务，遵从的压力能迫使个人接受大多数人的判断。在模棱两可的情况下如此，即使在明确无误的情况下也会出现类似现象，因为在心理上人们更倾向于相信大多数人，认为大多数人的知识和信息来源更多、更可靠，正确的概率更高。在个人的判断与大多数人的判断发生矛盾时，个人往往跟从大多数人，从而怀疑、修正自己的判断。从众心理往往容易扼杀创新，因为它与创新求异的基本特征相悖。

在日常生活、学习和工作中，从众心理普遍存在，人们认为随大流安全，逐渐固化形成从众型思维定式。比如，走到十字路口，看到红灯本应该停下来，但此时别人都在往前冲，这时你可能也会随着人群走，不知不觉中就破坏了交通规则。克服从众型思维定式，要求在思维过程中不盲目跟随，具备心理抗压能力。在科学研究和技术发明过程中，要树立"自由之思想，独立之精神"的创新意识，克服从众型思维定式，只有这样才有可能取得突破。

小知识

毛毛虫效应

毛毛虫习惯于固守原有的本能、习惯、先例和经验，无法破除尾随习惯而转向去觅食。法国著名昆虫学家让-亨利·卡西米尔·法布尔（Jean-Henri Casimir Fabre）曾做过一个有趣的"毛毛虫实验"：诱使领头毛毛虫围绕花盆的边缘绕圈，其他的毛毛虫则跟着领头的毛毛虫，首尾相连形成一个圈，每条毛毛虫都可以是队伍的头或尾，结果每条毛毛虫都跟着它前面的毛毛虫爬。这些毛毛虫夜以继日地绕着花盆的边缘转圈，一连爬了七天七夜，它们最终因饥饿和精疲力竭而相继死去。

后来，科学家把这种喜欢跟着前人的路线走的习惯称为"跟随者"的习惯，把因跟随而导致失败的现象称为"毛毛虫效应"。在自然界中，这一效应在许多比毛毛虫更高级的生物身上也有体现，其中比较典型的就是鲦鱼。鲦鱼因个体弱小而常常群居，并以强健者为自然首领。科学家将一条稍强的鲦鱼脑后控制行为的部分割除后，此鱼便失去自制力，行动也发生紊乱，但其他鲦鱼仍像从前一样盲目追随。

{资料来源：李景色．毛毛虫效应［J］．今日科苑，2013（7）：67-69．有改动}

（三）书本型思维定式

现有的科学技术和文学艺术是人类数千年来认识世界、改造世界的经验总结，其中大部分都是通过书本传承下来的。无论是过去、现在还是将来，书本知识都是给我们带来无穷利益的工具，也是我们获得见识和能力的有效途径之一。书本知识的传播与传承是人类社会得以加速进化的重要原因。但是，对于书本知识的学习，其最终目的在于发现新知识，继续推动科学技术的进步，这就需要对书本知识活学活用，绝不能把书本知识当作教条死记硬背，更不能将书本知识作为万事皆准的绝对真理，否则，就会走向事物的反面，形成书本型思维定式。事实上，书本知识同经验一样也具有两面性。一方面，人类社会离不开书本知识，创新思维也要基于必要的书本知识；另一方面，如若迷信书本知识，唯书本知识是从，无视活生生的现实，甚至用书本知识去裁剪活生生的现实，那么就会禁锢思想，此时书本知识就成为创新思维的枷锁。尽管书本知识是创新思维的基础，但创新思维并非单纯源于知识的积累，如若没有运用知识的智慧，只是单纯地积累知识，最多也就成为知识的

“活辞典”，因此创新思维源于对所积累知识的灵活运用。

书本型思维定式有很多的弊端，其影响主要表现在以下四个方面：

（1）书本知识是经过人们的思维加工而形成的较为“单纯”的经验和认识，它表达的是共性的、一般性的东西，书本知识与现实情况常有距离或偏差。

（2）书本知识是相对较“死”的东西，而现实却要复杂得多，并且处于不断变化之中。每种事物都有众多的属性，与其他事物构成千丝万缕的联系，因此单凭书本知识还不能完全应对现实的挑战，“纸上谈兵”的故事便是典型的例证。

（3）书本知识并不等于能力。过分依赖书本知识会影响人对能力的追求，所谓“书呆子”便是一例。不会运用书本知识，不会批判、质疑书本知识，反而被书本知识耗费大量的时间与精力，最后的结果是无法创造出新的东西。

（4）过于精深、丰富的书本知识，若运用不当，有时也会阻碍创新思维的产生。因为知识过精，知识面就容易狭小；知识过全，顾虑可能过多，反而会缩手缩脚，构成对创新的束缚。

当代，科技发展日新月异，社会现象瞬息万变，而书本知识未得到及时和有效的更新，与客观事实之间存在明显的滞后，已经是常态。如果一味地迷信书本知识，唯书本知识是从，无视活生生的现实，认为书本知识都是绝对正确的，刻板地严格按照书本旧有的知识去指导鲜活的实践活动，将会严重阻碍创新思维的涌现。

（四）权威型思维定式

权威是一种客观存在，在任何时代，只要有人的存在就会有权威的存在。权威是某些领域的“代言人”，人们对权威信任与崇敬是自然且正常的，在这些领域，许多人都习惯遵从权威并将权威的标准作为自己的标准。所谓权威型思维定式，是指在思维过程中迷信权威，以权威的观点论是非，缺乏独立思考的能力，不敢怀疑权威的理论或观点，一切都按照权威的意见办事。

由于权威确实在特定领域有渊博的知识或深刻的思想，有相当的影响力和说服力，所以我们可以直接引用权威的许多研究结果，比如在自己不擅长的领域服从权威可以为我们节省时间和精力。权威型思维定式对人类社会的发展与进步有着一定的积极意义，因为权威的存在节省了人类无数重复探索的时间和精力。尊重权威当然没有什么错，但如果把权威绝对化、神圣化，对权威的崇敬之情就会变成对权威的迷信、盲目推崇，权威型思维定式就会变成遏制创新的枷锁。盲目崇拜和服从权威，不敢怀疑权威的理论或观点，不加思考地以权威的观点论是非，一切以权威的观点为最高准则，不敢逾越权威的“雷池”半步，这些都会严重阻碍创新思维发挥作用。

二、突破思维定式的原则

突破思维定式需要突破性思维。突破性思维是一种灵活的、在惯性和规则之外的思维方式，它更多地由情感驱动，以非常规的、不受约束的想法来释放创造力。突破性思维的过程可以用“先展开、后整合”来说明。“先展开”即首先将解决问题所要达到的目的展开，不断地思考“解决这一问题的目的是什么”“这一目的背后的目的是什么”……不断进行这种深入的挖掘，直到找出远远超过现有问题的直接目的背后的目的为止。“后整合”即从展开得最深的目的开始收敛，逐步确定在现实情境下首先能够达到的目的。突破性思维提供了突破思维定式的七个原则。

（一）独特性原则

人们在解决问题的过程中倾向于使用过去曾经成功的方法。过去的成功经验是一笔宝贵的财富，往往能使人们迅速解决遇到的新问题。但进入信息社会后，事物的复杂性和不确定性表现得越来越突出，那些在稳态社会中有效的方法开始频频失效。独特性原则表明，任何问题都有其独特性。具体而言，就是新问题与旧问题之间虽有相似之处，但新问题并不是对旧问题的简单重复，总体来说，新问题是向着更高、更深、更复杂的方向演变的。因此，任何解决问题的方法都不是放之四海而皆准的，在寻找问题的解决方案时，不能过分依赖过去的经验，而是要把它当成一个新问题、一个没有遇到过的问题来对待，这样就不会犯想当然的错误。

实施独特性原则的关键是在解决问题时要确定其所在的时间和空间，同时在思考解决方案时要考虑到随着时间和空间的变化，该方案所产生的影响会有什么变化。

（二）展开目的原则

展开目的原则就是对目的进行深入思考。最初的目的只是起因，如果仅仅看到起因，就会陷入短视的困境中，甚至所用的解决方案会导致日后更为严重的后果。只有展开目的背后的目的，才有利于人们开阔思路，从整体上思考问题。

（三）追求“应有状态”原则

寻找问题的解决方案是为了达到为事物设定的“应有状态”。对应不同层级、不同时间框架下的目的，一个事物的“应有状态”是不一样的，所以“应有状态”是一个系列，是一个不断发展的过程。由于事物的“应有状态”与解决问题的目的有密切的关系，所以“应有状态”始终聚焦于问题的主要方面，而不在问题的枝节上打转。它不是几个人聚在一起讨论有哪些可能的意外，以及找到防止其发生的对策，也不是防止那些可能性很小的意外发生，而是集中注意力于应有的状态，追求更高的目标。

“应有状态”的建立，一方面是冷静地理性思维的结果，另一方面也是创造性与人生价值相结合的产物。它鼓励人们展开想象的翅膀，去追求心灵深处能够让自己激动不已的梦想世界，并为此激发出潜在的创造力。

（四）系统性原则

系统性原则主要表现为能以整体的、动态的眼光分析与洞察事物之间的互动关系，以及这种互动所导致的发展变化趋势与特征。系统思维在处理动态性复杂系统时最为有效。当出现下面的现象时，就意味着所面对的正是动态性复杂系统，只有用系统思维才能抓住问题的本质：① 相同的行动在短期和长期有截然不同的结果；② 相同的行动在系统的一部分引起的效果与其在另一部分引起的效果大相径庭；③ 看似明显正确的对策却产生了不合理的结果。

（五）收集必要信息原则

收集必要信息原则是指当遇到问题时，要将注意力集中在对有关上述各种原则的信息的收集上。在当今这个信息爆炸的时代，被过多信息包围对寻找问题的解决方案并不是好事。不加区分地收集信息，会浪费人力、物力、财力，思维也不容易被其限制，不利于创造性地解决问题。

在实施收集必要信息原则时，要始终围绕以下几个问题展开：① 在认识问题时，是否被面面俱到的“完美主义”束缚？② 为何种目的收集信息？③ 是否将时间浪费在收集所有事实上？④ 是否只收集解决问题所必需的信息？当然，大数据时代，数据体量大、类型混杂、产生速度快，这就要求我们利用大数据技术来管理所有不同来源的数据，并将这些数据转化为有价值的信息。

（六）参与介入原则

参与介入原则强调在解决问题的过程中，不要只是几个上层人物闭门造车，而是要让尽可能多的人参与进来。这样做的目的是发挥大部分人的智慧和积极性，使所形成的方案更有效。同时，人们通过参与能更好地理解方案，从而在方案确定后更好地执行它。研究表明，人们对自己参与制订的方案，会更自觉、更主动地执行。参与让人们更容易形成共同的目标意识，进行良好的沟通，并激发自身的创造力，使团体协作变得更容易、更有效。

（七）继续变革原则

世界处在无止境的发展过程中，原来的新事物会变成旧事物，原来的成功方案也会变得不再有效。因此，在实施解决方案时，就要想到其时效性，并准备好变革和改良方案的计划，在为现有目标行动时，就要策划将来目标及其实施方案。具体而言，人们创造的所有价值迟早都会失去意义，甚至走向其初衷的反面，而且现有的方案仅仅是实现“应有状态”的一个步骤、一个环节，随后还应有更深入、更好的“应有状态”及其实施方案。

三、突破思维定式的策略

思维定式抑制着创新意识的萌生，使我们的创新能力难以得到进一步的提高。要提高创新能力，就必须打破思维定式。按照创新思维的超越性特征开发创新思维，可在创新思维训练中实施以下策略。

（一）建立和保持良好的惯性思维

惯性思维的存在具有必然性，在某些情况下也具有合理性。人是习惯的动物，大脑倾向于选择习惯的方式处理问题，以坚持快速、节能、低成本的原则。好的惯性思维适用于常规性事务和问题的解决，因此我们需要保留这样的惯性思维。我们需要做的是改变坏的惯性思维，重新有意识地建立起好的惯性思维。消除心理的自我暗示，减少惯常行为，降低自我和外在的奖赏，说服自己心里的渴求，就会逐渐改变坏的惯性思维。

良好的惯性思维的建立需要通过两条途径实现：一是改变已有的坏的惯性思维；二是培养良好的新的惯性思维。无论通过哪条途径，建立良好的惯性思维的动机都是最重要的，也是认识到好坏惯性思维后的重要一步。改变心理认知是改变坏的惯性思维、建立好的惯性思维决定性的一步，这是突破思维定式的前提。

（二）拓展思维视角

大脑信息加工能力的提高需要不断面对新问题、新情境，避免形成固有的框架思维而怯于认识新事物、吸收新知识。另外，大脑神经元的联结需要经过长时间的信号传递，才能逐渐巩固下来，同时神经回路的反馈也是巩固神经元联结的方式。因此，对于创新思维能力的提高，要持开放心态，从多种角度考虑问题。

有成就的科学家往往擅于发现某个他人没有探索过的新角度。达·芬奇认为，为了获得某个问题所涉及的知识，首先要学会从许多不同的角度重新构建这个问题。他发现自己看待某个问题的第一种角度太偏向于自己看待事物的通常方式时，就会不停地从一个角度转向另一个角度，重新构建这个问题。他对问题的理解随着视角的每一次转换而逐渐加深，最终抓住问题的本质。事实上，爱因斯坦的相对论就是对不同视角之间关系的一种解释。弗洛伊德的精神分析法旨在找到与传统方法不符的细节，以便发现一个全新的视角。

（三）持续的专业化和多元思维训练

打破思维定式、提高创新思维能力要求持续的专业化和多元思维训练。日本著名管理学家大前研一（Kenichi Ohmae）在《专业主义》一书中就商业管理的专业化提出，专业是唯一的生存之道，而专家要以“业”为前提。这里的“业”是指某种成就或创新结果。就提升管理者的专业化，他提出几条改善途径：要区分专业服务的对象，信守对服务对象的承诺；关注权限与能力之间的差距，授权及权限范围与被授权者的知识和技能相适应；系统学习、亲身实践、积累经验、不断训练、分享知识、充满自信；保持好奇心，避免自我防卫对变化的抵制；等等。“无论前提条件发生多大的变化，都能够认清深度变化的本质，比别人发挥出更大的能力，这样的人才是专家。”① 专业化包含对客观规律的认识和运用，包含使认知和行为具有程序化、规范化与可操作性，包含有针对性地改善与提升的意向性。虽然专业化是分工细化的产物，人的最终发展要求自由、自觉地实现，但专业化可以是细化也可以是综合化，人类天生就具有发散性和收敛性的思维倾向。通过学习和专业训练可以实现创新思维能力的专业化。当然，也需要感性、理性等多种心理品质的参与，建立自信，不断提高独立思考问题的能力。

多元思维训练，需要“量子思维”。量子力学“波粒二象性”有三层含义：光既是波，也是粒子；光不是波，也不是粒子；光仅仅是光量子。这与道家智慧“见山是山，见水是水”“见山不是山，见水不是水”“见山只是山，见水只是水”有异曲同工之妙。经典世界及其思维强调机械、肯定、精确，而量子世界则是一个不确定的世界，量子思维强调差异、可能、变幻。在创新探索中，人们需要量子思维。

---

① 杨雨山．大前研一的专业主义：21世纪的生存之道：图解案例实用版［M］．北京：中国铁道出版社，2013：20.

一个掌握了多元思维的人，对于在逻辑框架中不能解释的问题，换个角度就能找到解决方案。在现代教育中，多元思维（包括量子思维）的训练至关重要，“异想天开”是一个褒义词，多元思维或许是应对未来各种挑战必备的一种本领。

小知识

量子力学

量子力学（Quantum Mechanics）是研究物质世界微观粒子运动规律的物理学分支，主要研究原子、分子、凝聚态物质，以及原子核和基本粒子的结构、性质的基础理论。该理论形成于20世纪初期，与相对论一起被认为是现代物理学的两大基本支柱，从根本上改变了人类对物质结构及其相互作用的理解。除通过广义相对论描写的引力外，迄今为止其他所有物理基本相互作用均可以在量子力学的框架内描述（量子场论）。

量子力学是在旧量子论的基础上发展起来的。旧量子论包括普朗克的量子假说、爱因斯坦的光量子理论和玻尔的原子理论。1900年，普朗克提出辐射量子假说；1905年，爱因斯坦引进光量子（光子）的概念，并给出了光子的能量、动量与辐射的频率和波长的关系，成功地解释了光电效应；1913年，玻尔在卢瑟福原有核原子模型的基础上建立起原子的量子理论。现代量子论指系统的量子力学理论，主要创立人是海森堡、玻恩、薛定谔、狄拉克等。量子的特征已经不能简单归纳为早期所强调的分立和非连续，而更多地指测不准、叠加、纠缠、跳跃。

一百多年来，量子力学取得了无数革命性的成功，从半导体到激光，从原子能到信息技术，从天体物理到宇宙早期演化，从基本粒子到物质结构，等等，使人类社会结构和生产生活方式发生了深刻变革。目前，量子力学还在以更大的步伐进一步发展。

（四）摒弃心理定式

心理定式是指人们在长期的生活、工作过程中形成的心态。有些心理定式是负面的，容易让人产生自卑、自满等不良心理状态。首先要摒弃自卑心理。自卑表现为过分看轻自己，畏惧不前。自卑的人往往低估自身的能力，缺乏自信。此外，自卑也表现为对生活的厌倦，进而对周围的人和社会不抱任何希望。在职场上，自卑表现为工作无力，不思进取。相反，自满的人总是骄傲自大，自以为是，觉得自己的所思所想都是正确的，做事盲目冒进。因此，在生活、工作中一定要摒弃这种定式。

事物的表现方式是多种多样的，在思考问题的时候，要尽量从多方面考虑。特别是企业在开发新产品、开拓新市场的时候，往往需要考虑消费群体、地域、时间等多方面的因素。另外，在思考问题的时候，应当找出问题中隐含的条件，抓住问题的具体指向，甚至有时可以从反面思考问题，运用逆向思维解决问题，往往能收到“柳暗花明又一村”的效果。

案例分析

Facebook 如何保持创新力?

Facebook（脸书，脸谱网）于 2004 年 2 月 4 日上线，创办人是马克·E. 扎克伯格（Mark E. Zuckerberg）。网站名称 Facebook 的创意来源于传统的纸质“点名册”即“花名册”，通常美国的大学和预科学校把这种印有学校社区所有成员的“点名册”发放给新来的学生和教职员工，帮助大家认识学校的其他成员。Facebook 可以说是“全球社交巨头”，与微信相比，Facebook 无论是在用户体量还是在营收水平方面都更胜一筹。据统计，截至 2024 年年底，微信及 WeChat 月活跃用户数达到 13.85 亿，而 Facebook 月活跃用户数超过 30 亿，是微信的 2 倍以上。

从虚拟加密货币 Libra 引发的全球震动，到高度密集甚至充满自我颠覆精神（如全人工新闻服务）的创新项目不断推出，2019 年，Facebook 堪称全球互联网巨头中最具创新力的企业。而早年，像 Like（点赞）、Wall（留言墙）和 Timeline（时间线），以及向全社会开放系统平台等都是其首创的。可以看到，Facebook 一直走在创新或鼓励创新的路上。

硅谷资深人才专家、硅新社特约评论员张琦认为，在整个硅谷文化大环境中，包括 Facebook、Google、苹果、特斯拉这些大公司，创新都是企业文化的一部分。就 Facebook 而言，首先，其创始人兼 CEO 扎克伯格正年轻有为，并且是一位具有战略眼光的管理者，这是 Facebook 保持创新力的首要因素。其次，在扎克伯格看来，优秀公司和普通公司之间的差距，就在于员工水平的优劣，而创新归根到底来自人。因此，Facebook 在招人时会优先招募优秀的人才，这样就从人才的来源上保证公司的创新性。在员工的选取上，Facebook 更看重个人的创新思维能力。最后，是 Facebook 的地理优势。硅谷是国际高科技重镇、“世界创新之都”，这里聚集了一大批科技创新型企业，在这样的文化环境中也更容易做出创新。

虎啸传媒 CEO 袁俊则认为，Facebook 始终保持创新力还在于以下几点：

第一，除在招募人才上把关外，Facebook 的换岗和轮岗机制对其创新力的保持有重要影响。在 Facebook 内部，鼓励员工在其业务的上下游或平行部门进行换岗和轮岗，这意味着员工在接触本身职能工作以外，还要去体验和学习其他岗位的工作。这有助于更好地进行跨部门的讨论并激发创意，Facebook 的很多“微创新”就是这样来的。

第二，在 Facebook 的企业文化中，一切创新活动都是围绕“用效能把复杂的事情变得简单”的理念展开的。从上到下，Facebook 的每个员工都理解和认同这样的创新文化。

第三，Facebook 是一家非常注重使用科技工具的公司。为了让员工和企业保持创新力，Facebook 使用了大量的工具，能够让员工在工作的同时，节省更多的时间去关注其他项目。

第四，Facebook 上下都认同创新会有成本。在 Facebook 工作，但凡你走出创新之路，只要逻辑正确，即使失败，也不会影响到你的绩效或对你产生负面的评价。在这样开放的企业文化引领下，Facebook 能够顺利地推行创新文化。

2021 年 10 月 28 日，扎克伯格在 Facebook Connect 大会上宣布，Facebook 将更名为“Meta”，这个名字来源于“元宇宙”（Metaverse）的前缀，意思是包含万物，无所不联。

扎克伯格表示，“元宇宙是下一个前沿，从现在开始，我们将以元宇宙为先，而不是 Facebook 优先”。而何谓元宇宙，扎克伯格在公司更名的创始人信中，再次进行了展望：在元宇宙，你将几乎可以做到你能想到的任何事情——与朋友和家人聚会、工作、学习、玩耍、购物、创造，并收获当前对电脑和手机的认知难以想象的全新体验。“在这个未来，您将以全息图的形式被瞬间传送，无须通勤即可到达办公室，或与朋友们一起参加音乐会，或回到父母家中。”扎克伯格表示，“您会将更多时间花在有意义的事情上。”这也意味着，面向未来，Facebook 的母公司 Meta 不再停留于社交平台，而将成为专注于转向以虚拟现实为主的新兴计算平台。

通过多年来的投资收购和自主研发系统两条路径，Facebook 如今在 VR、AR 等关键技术上已经走在行业前列。目前，Facebook 坐拥 Oculus VR 硬件，包括 Facebook、Messenger、Instagram、Horizon 等在内的一系列社交平台，从而在元宇宙硬件入口端、平台侧积累了丰富的技术资源。扎克伯格进一步表示，希望在未来 10 年之内，元宇宙覆盖 10 亿人、承载数千亿美元的数字业务，并为数百万创业者、开发者提供就业机会。

{资料来源：① 王涛 . Facebook 的创新力是怎样保持的？[J]. 中外管理，2019（11）：76-78；② 杨清清 . Facebook 更名背后的“一盘大棋”：押注元宇宙 [N]. 21 世纪经济报道，2021-11-01（3）. 有改动}

案例思考：

1. Facebook 的创新文化有何特点？
2. 你认为 Facebook 是如何保持创新力的？

能力训练

【训练内容】 纸飞机竞赛。

【训练目的】 加深思维认知，突破思维定式。

【训练步骤】

1. 活动前的准备

以个人或小组（不超过 4 人）为单位，设计并制作一架纸飞机，这架纸飞机要能承载 1 元的硬币，并在空中飞行尽可能长的时间。注意事项如下：

（1）你可以单独工作或与其他人组成不超过 4 人的小组，对小组的唯一要求是在设计和制作纸飞机时必须使用数量与小组人员相等的标准尺寸纸张（如一个 4 人小组必须在其设计和制作中创造性地使用 4 张纸）。

（2）纸飞机用来运输 1 元的硬币，硬币的面值和数量可以自由选择，唯一的要求是它们的总值必须等于1元。

（3）你或你们小组的其他成员需要准备2分钟的演讲，来说服同学们相信你或你们小组的设计是最佳的。

2. 活动过程

（1）学生阐述各自的创意，时间限制在2分钟以内。

（2）在每个指标（距离或时间）上为你认为表现最佳的设计投票。只允许在每个指标上投票给一个小组，但不要求在每个指标上都投票给同一个小组，注意不能投票给自己的设计。

（3）实际纸飞机测试。每个小组派一个人投掷纸飞机，记录下飞行的时间和距离。

（4）请飞行表现不同的小组分享他们设计的流程和心得。注意他们是如何把局限转化为机会、如何从失败中得到教训的。

① 你如何看待硬币的问题？将其视为局限吗？为什么？将其视为机会并纳入设计中，以改进飞机的性能吗？

② 你如何努力使自己的设计差异化？你是否试图在时间或距离上优化纸飞机或使两者兼得？你能否制作原型并进行设计测试？

（5）努力将你的设计介绍给你的同学，并让他们认为你的设计是最佳的，感觉如何？最大的挑战是什么？你如何看待投票或不投票给你的设计的人？你会为了改进你的演讲做什么？

【解读】

本活动将创意思维与实践相结合，让学生在训练中既能将自己的创意思维付诸实践，又能在投票及分享设计的环节改善心智模式。

自测题

1. 如何理解思维？
2. 根据不同标准，思维可划分为哪些类型？
3. 思维定式的含义及作用是什么？
4. 常见的思维定式有哪些？如何克服？

延伸阅读

沃格尔．创新思维法：打破思维定式，生成有效创意［M］．陶尚芸，译．北京：电子工业出版社，2016.

第五章　激发创新思维

学习目标

1. 理解创新思维的含义和特征
2. 理解创新思维过程
3. 熟悉创新思维的主要形式

能力目标

1. 能够掌握创新思维的激励和训练方法
2. 能够积极探索创新思维并在日常思考问题时运用

素质目标

1. 培养主动激发创新思维的意识，打破对灵感的依赖
2. 提升对多元激发创新思维工具的应用能力，拓展创意来源
3. 塑造支持创新思维的心理状态，降低内在阻碍
4. 形成持续迭代的创意深化能力，让创新思维落地

思维导图

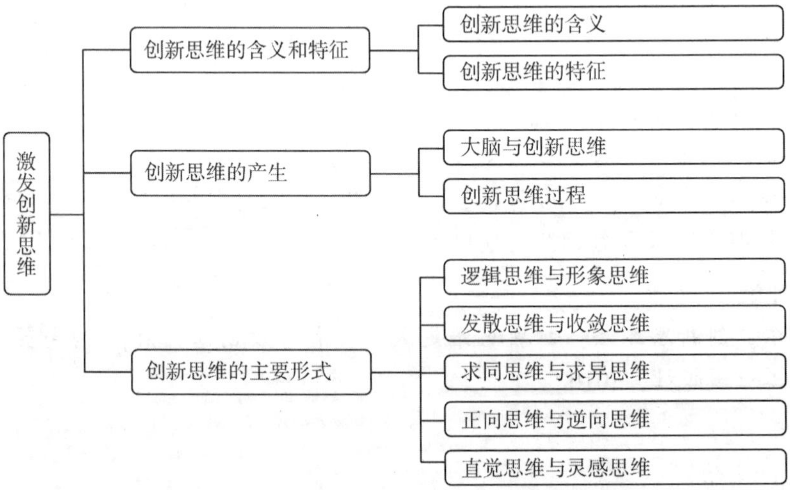

引导案例

微信的颠覆性创新

腾讯控股有限公司（以下简称“腾讯”）成立于1998年11月11日，是一家世界领先的互联网科技公司，旨在用创新的产品和服务提升全球各地人们的生活品质。腾讯多元化的服务包括社交和通信服务QQ及微信和WeChat、社交网络平台QQ空间、腾讯游戏旗下QQ游戏平台、门户网站腾讯网、腾讯新闻客户端、网络视频服务腾讯视频等。腾讯2024年度财报显示，2024年全年，腾讯总营收达6 602.57亿元，同比增长8%；净利润为1 940.73亿元，同比增长68%。其中，游戏和社交网络业务的收入依然占比较大，游戏业务的收入达1 977亿元，社交网络业务的收入达1 215亿元。

随着以大数据、云计算、移动技术等为代表的新兴互联网技术的迅猛发展，微信不仅实现了客户群的快速扩张，而且开发了多种不同的功能，充分融入人们社会生活的各个方面，甚至创造了一种充满仪式感的媒介运用文化。微信作为一种颠覆性创新技术，在当今经济社会的发展中起着举足轻重的作用，已经成为当今社会热门的社交软件之一，影响着人类社会的发展。在我国，微信正从一个应用程序（APP）演变为一种具有巨大经济驱动力和社会效益的现象产品，其影响范围包括社交、娱乐、资讯、创业、金融、生活服务等诸多方面。

从2010年正式立项到2011年1月21日正式发布首个针对iOS系统的版本，微信的大幕正式拉开。从聊天工具到社交平台再到互联网枢纽，微信专注于做好链接，以公众号、小程序、微信支付、企业微信为核心的新生工具成为各行各业的数字化助手，同时通过与合作伙伴共建新生态，助力新基建、数据要素和传统产业的深度融合。腾讯2024年度财报显示，截至2024年12月31日，微信及WeChat的合并月活跃账户数增至13.85亿个，微信小程序日活跃账户突破8亿个，交易总额保持快速增长，进一步渗透零售、餐饮及民生服务。

“微信之父”张小龙率领研发团队从用户需求角度出发，找准用户痛点并不断对微信的细节功能进行改善。2011年5月，微信2.0版本上线，在当时的产品架构上增加了语音聊天功能，大大提高聊天的便利性，受到用户的一致好评。2012年4月发布的微信4.0版本中，正式上线具有社交属性的产品——“朋友圈”，它也成为微信在此后最核心的产品之一。朋友圈是微信对PATH模式的一次极致微创新，即针对朋友圈中同一内容的评论者只有互为好友关系时才能看到相关的点赞信息或评论内容，在促进信息传播的同时也兼顾了交友的私密性。

2013年8月，腾讯既有的支付工具财付通与微信结盟推出微信支付，一举解决了微信的支付难题。随即，“颠覆性”的微信5.0版本正式发布，这一版本被称为微信商业化的里程碑。在微信5.0版本中，上线了微信支付、表情商店、扫描条码、添加绑定银行卡一键支付、街景扫描、游戏平台等商业功能。2014年春节前夕，腾讯为了满足传统的春节期间给员工发红包的需求，由10人组成小团队经过10多天开发了微信红包。出乎意料的是，这个内部产品还在内测期间就一夜走红。于是，腾讯看准时机，将“抢红包”功能在微信 5.2 版本中发布。表情商店、游戏及各种生活服务是微信为用户提供的消费入口，钱包是支付入口，支付和消费形成闭环，微信商业模式构建完毕。至此，腾讯以“微信公众号+微信支付”为基础，通过移动电商入口、用户识别、数据分析、支付结算、客户关系维护、售后服务和维权、社交推广等能力形成了整套的闭环式移动互联网商业解决方案。

2016 年 4 月 18 日，腾讯宣布，正式发布“企业微信”1.0 版本，并在 iOS、Android、Windows、Mac 四个平台同时推出，企业微信的口号是“让每个企业都有属于自己的微信”。2017 年 1 月 9 日，微信小程序上线，相比于传统手机 APP 综合各种功能，小程序没有应用商店、基本没有消息推送、跟用户只有访问的关系，是一种新的形态。2017 年 5 月 18 日，微信又一次迎来版本更新，推出了“微信实验室”，启用了“搜一搜”和“看一看”两个功能。2020 年 1 月，微信正式宣布视频号进入内测阶段，在短内容（图片、文字、视频、音频等）上进行了一次全新尝试。2021 年 1 月，微信 8.0 版本发布，优化了浮窗样式，支持朋友圈图片文字提取；同时，为用户提供了阅读或观看过的微信文章、视频等内容的历史浏览记录等。此外，用户还可以体验添加个人状态及会话表情的动画效果等有趣功能。

微信在极短的时间内从单一产品内容发展成为一个高度综合性的创新生态平台产品，同时颠覆和跨越多个价值区间，形成企业间、企业和用户间的价值共创体系，成为移动互联网时代腾讯的重要战略产品。微信 7.0 版本在不断完善原始技术功能的基础上拓宽场景应用，进而保证用户数量的稳定增长，并且在聊天、朋友圈等设计上引入视频号和视频号直播功能，微信整体界面与相关功能的设计由此呈现出越来越精细化的趋势。微信小程序的出现也彻底改变了城市服务及其创新，用户可以使用小程序进行查询和支付，这使微信服务更加便捷、微信用户更加活跃，提高了社会效率，改进了社会公共服务流程，创造了社会情境价值，实现了价值创造。

{资料来源：① 腾讯官网；② 许泽浩，周甜甜，张玉磊，等. 颠覆性创新演化和实现过程：基于腾讯微信纵向单案例 [J]. 科技管理研究，2022，42（9）：8-14. 有改动}

案例思考：

1. 微信的颠覆性创新路径是什么？
2. 微信的“技术+市场”型颠覆性创新技术有何优点？

第一节　创新思维的含义和特征

一、创新思维的含义

创新思维又称创造性思维，是指以新颖、独特的方式对已有信息进行加工、改造、重组和迁移，从而获得有效创意的思维活动和方法。简单地说，创新思维就是不受现成的常规思维约束，寻求问题全新的、独特的解决方法的思维过程。这里所说的“有效创意”，主要是指对事物的新认识、新判断和解决问题的新方案、新途径等“思维的创新产物”。狭义的创新思维是指思维主体发明创造、提出新假说、创建新理论、形成新概念等探索未知领域的思维活动，这种创新思维是少数人才有的。创新思维不是一般性思维，它不是单纯依靠现有的知识和经验进行抽象与概括，而是在现有知识和经验的基础上进行想象、推理与再创造。创新思维是一种具有开创意义的思维活动，即开拓人类认识新领域、开创人类认识新成果的思维活动。创新思维不是天生就有的，它是通过人们的学习和实践而不断培养与发展起来的。一项创造性思维成果往往要经过长期的探索、刻苦的钻研甚至多次的挫折方能取得，而创新思维能力也要经过长期的知识积累、素质磨砺才能具备，至于创新思维的过程，则离不开繁多的推理、想象、联想、直觉等思维活动。

理解创新思维，可从以下三个方面把握：

第一，创新过程始于合适问题的发现，终于问题的合理解决。

第二，创新过程始终存在意识与无意识两种心理状态或心理能力的作用。

第三，创新过程由逻辑与非逻辑两种思维形式协作互补完成。

它们之间的关系简要表示如下：

逻辑（言语）思维…………非逻辑（非言语）思维

↑　　　　↗　　　　↑

意识心理………………………无意识心理

通过创新思维，不仅可以提示客观事物的本质和规律性，而且能在此基础上产生新颖的、独特的、有社会意义的思维成果，开拓人类知识的新领域。

在近些年对创新思维的研究中，最值得关注的是詹姆斯 · C. 考夫曼（James C. Kaufman）等创建的创造力 4C 模型，如图 5-1 所示。该模型将创造力分为 Mini-C

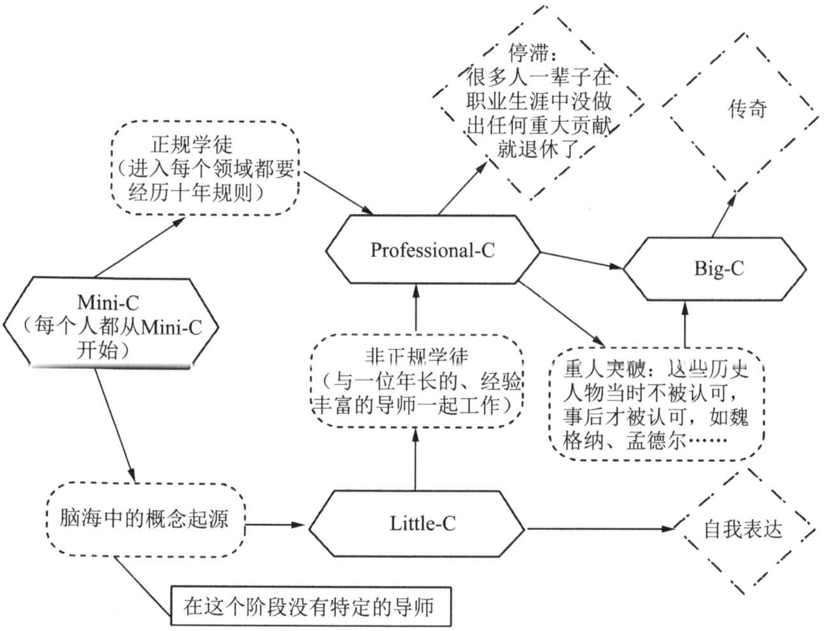

图 5-1　创造力 4C 模型

（微创造力）、Little-C（小创造力）、Professional-C（专业创造力）和 Big-C（杰出创造力）。其中，专业创造力和杰出创造力是大创造力，如人类的大发现就可称为大创造力；微创造力和小创造力就是我们的日常创造力。

二、创新思维的特征

（一）对传统的突破性

创新思维的结果表现为创新。从创新思维的本质来看，它是打破传统、常规，开辟新颖、独特的科学思路，升华知识、信念和观念，发现对象间的新联系、新规律，具有突破性的思维活动。可以说，突破性是创新思维最明显的特征。

人们原有的知识是有限的，其真理性是相对的，而世界上的事物是无限的，其发展又是无止境的。无论是认识原有的事物还是未来的事物，原有的知识都是远远不够的。因此，创新思维的突破性首先体现在敢于用科学的怀疑精神，对待自己和他人的原有知识，包括权威的论断，敢于独立地发现问题、分析问题、解决问题。法国作家巴尔扎克说，打开一切科学的钥匙毫无疑问是问号，而生活的智慧大概就在于逢事都问个“为什么”。创新思维的突破性还体现在敢于冲破习惯思维的束缚，敢于打破常规去思维，敢于另辟蹊径、独立思考，运用丰富的知识和经验，充分展开想象的翅膀，这样才能迸发出创造性的火花，发现前所未有的东西。在世界科学史上具有非凡影响和重大意义的控制论的诞生，就体现了美国科学家诺伯特·维纳（Norbert Wiener）的思维的突破性。古典理论认为世界由物质和能量组成，维纳则认为世界由能量、物质和信息三部分组成。尽管一开始他的理论受到了保守者的反对，但他勇敢地坚持自己的观点和理论，最终创立了具有非凡生命力的控制论。

（二）程序上的非逻辑性

创新思维往往是在超出逻辑思维、出人意料、违反常规的情形下出现的，它可能并不严密或暂时说不出什么道理。因此，创新思维的产生常常省略了逻辑推理的许多中间环节，具有跳跃性，有时会显得离谱、神奇，甚至创造者自己对此也感到不理解。例如，当德国物理学家马克斯·普朗克（Max Planck）首创量子假说时，连他自己也感到茫然不知所措，甚至怀疑这个假说的真实性。计上心来、急中生智就是创新思维非逻辑性的典型表现。唐代诗人李白被称作“诗仙”，他常常借酒助兴诗如泉涌；词作家乔羽在书房写作，抬头忽见一只蝴蝶飞来，瞬间又飞去，这一现象触发了他的灵感，他创作出了著名的歌曲《思念》。

在创造活动中，常常要用到直觉思维的方式。事实上，许多伟大的发现都运用了直觉思维的方式，当然这种非逻辑性的思维也是以丰富的知识和经验为基础的。需要指出的是，创新思维的过程，往往既包含逻辑思维，又包含非逻辑思维，是两者相结合的过程。

在创新思维活动中，新观念的提出、新问题的解决，往往表现为从“逻辑的中断”到“思想的飞跃”，通常伴随着联想、想象、直觉、顿悟和灵感，从而使创新思维具有超常的预感力和洞察力。

（三）状态上的发散性

创新思维是一种发散性思维，其过程是从某一原点出发，任意发散，既无一定方向，也无一定范围，并从这种扩散或辐射式的思考中，求得多种不同的解决办法。它主张打开大门，张开思维之网，冲破一切禁锢，尽力接受更多的信息。人的行动可能受到各种条件的限制，而人的思维却不受条条框框的限制，具有无限广阔的天地，是任何外界因素都难以限制的。它表现为思维视角多元，思维呈现出多维发散状，如“一题多解”“一事多写”“一物多用”等。不少心理学家认为，发散性思维是创新思维的基础和核心，是测定创造力的主要标志之一。

（四）视角上的灵活性

创新思维的灵活性也称创新思维的变通性，是指其思维结构是灵活多变的，表现为视角能随着条件的变化而转变，能摆脱思维定式的消极影响，善于变换视角看待同一问题，善于变通与转化，以重新解释信息。《易经》有云：“穷则变，变则通，通则久。”它反对一成不变的教条，能够根据不同的对象和条件，具体情况具体对待，灵活使用各种思维方式。创新思维的灵活性主要表现为思考问题灵活，能够全方位、多角度地去寻找解决问题的办法。思路不局限在某一狭小范围内或某一点上，不固执于一种想法，能够随机应变，善于巧妙地转变思维方向，多方位、多角度、多渠道地思考问题，体现思维的广度。

（五）内容上的综合性

任何事物都是作为系统而存在的，都是由相互联系、相互依存、相互制约的多层次、多方面的因素，按照一定的结构组成的有机整体。这就要求创新者将事物放在系统中思考，综合运用多种思维方式，进行全方位、多层次、多方面的分析与综合，而不是孤立地观察事物，仅运用某一思维方式。这种“由综合而创造”的思维方式，体现了对已有智慧、知识的杂交和升华，不是简单相加、拼凑。阿波罗登月计划总指挥詹姆斯·E. 韦布（James E. Webb）说过：“当今世界，没有什么东西不是通过综合而创造的。”在阿波罗登月这样庞大的计划中，没有运用一项新发现的自然科学理论和技术，都是对现有理论和技术的运用。摩托车的诞生也是如此，它是将自行车的灵活性、轻便性和汽车的机动性、高速度合而为一的结果。可见，创新思维不是无源之水，贵在综合集成和二次开发应用。无论是伽利略还是爱迪生，无论是弗洛伊德还是爱因斯坦，他们的创新思维都有一个共同特点——吸收并综合运用他人的成果。在爱因斯坦的相对论方程式中，光的能量、质量、速度等范畴的内容早在爱因斯坦之前就已经被揭示，他只是以宽广的视野、新颖的方式把它们融合起来，从而成就了划时代的伟大创新。

小故事　怎样把鸡蛋立在桌子上？

意大利著名航海家哥伦布驾船航海发现了美洲新大陆，这一事迹成为历史上的壮举，对后世的影响极其深远。但在当时，忌妒者也大有人在，他们千方百计抹杀哥伦布的伟大创举。

一次，在西班牙的一个宴会上，一些达官贵人攻击哥伦布，他们以挑衅的口气说："哥伦布先生，你发现新大陆似乎觉得很了不起，不过在我们看来，这是很平常的事，任何一个人绕着地球转，都会发现这个事实的，即使是傻子也不会视而不见这么一大块土地的。"说罢，这些人不怀好意地哄笑起来。

哥伦布反问一句："诸位以为那是件平常的事吗？"

"不错，是一件最简单不过的事了。"

"那好吧，"哥伦布接过话头，指着餐桌上盘子里的一只熟鸡蛋说，"现在我们不妨做一个试验。先生们，你们当中谁能把这个鸡蛋竖立起来？"

达官贵人们都去试了试，但谁也没能够把鸡蛋竖立起来，都说这是不可能的事。

哥伦布当即拿起鸡蛋，轻轻地在桌上一磕，磕破了一点鸡蛋的尖头，鸡蛋便牢牢地竖立在桌子上了。"诸位办不到的事，我不是办到了吗？"

达官贵人哪肯服输，齐声大嚷："用你这种方法，谁都能把鸡蛋竖立起来，这是最简单不过的事了。"

"是的，这是最简单不过的事，可是刚才你们却谁也没想到。"哥伦布离席而去时还留下了一句令人回味的话，"即使是简单的事也需要有人去发现，去证实。站在后面指手画脚是无用的，关键在于创先。"

根据立鸡蛋的原理，突破哥伦布所提出的立鸡蛋方法的束缚，你能想出一些新的立鸡蛋方法吗？

第二节　创新思维的产生

一、大脑与创新思维

人脑是中枢神经系统的最高级部分，如能把大脑的活动转换成电能，相当于一只 20 瓦灯泡的功率。根据神经学家的部分测量，人脑的神经细胞回路要比今天全世界的电话网络复杂 1 400 多倍。每一秒，人的大脑中会进行 10 万种不同的化学反应。人的大脑细胞数超过全世界人口总数 2 倍多，每天可处理 8 600 万条信息，其记忆储存的信息超过全世界任何一台电子计算机。

人脑主要由脑干、小脑和前脑三部分组成。前脑也叫大脑，是人类思维的最高层次，也是人脑中最复杂、最重要的神经中枢。大脑分为左、右两个半球（左脑和右脑），它们之间通过脑桥的大量神经纤维相互贯通。左脑与右脑的结构相当，但功能并不相同。一般来说，左脑语言思维、运算思维、逻辑思维等能力比较出色，具有连续性、有序性、分析性、论理性、时间依赖性等特点，被称为理性脑。右脑想象、创造、形象思维等能力较强，具有不连续性、弥散性、操作性、空间依赖性等特点，被称为感性脑。左、右脑之间存在某种功能性联系的实体，即胼胝体，它是连接左、右脑的横行神经纤维束，起着连接左、右脑全部皮质的作用。在正常情况下，左、右脑通过胼胝体以每秒400亿次的频率相互传递脉冲信息。

人的左、右脑有不同的功能，并以不同的方式处理信息。左脑主要从事逻辑思维，擅长逻辑推理，主要储存人出生以后所获取的信息。左脑具有语言功能，用语言来处理信息，把看到、听到、触到、嗅到和品尝到（左脑五感）的进入脑内的信息转换成语言来传达。左脑主要控制着知识、判断、思考等，和显意识有密切的关系。左脑模式是语言的、分析的、象征的、抽象的、时间的、理性的、数据的、逻辑的、线性的。我们日常生活中用得最多的就是左脑，因此它又被称为“现代脑”。右脑主要从事形象思维，是创造力的源泉，是艺术和经验学习的中枢。右脑模式是非语言的、综合的、真实的、类似的、非时间的、非理性的、空间的、直觉的、整体的。

所谓左、右脑“功能特化”，是指大脑的左、右半球各有各的机能分工或特殊的专门职责。在著名的布罗卡分脑区实验中，法国医生皮埃尔·P. 布罗卡（Pierre P. Broca）写出了轰动科学界的论文——《人是用左脑说话》，真正确立了左、右脑分工的观念，大脑两个半球功能不同的科学论断得到了医学界、心理学界的广泛认可。此后，除神经外科对左、右脑的研究外，其他领域也开始了正式研究，人们开始产生右脑革命的观念。美国学者托马斯·R. 布莱克斯利（Thomas R. Blakslee）认为需要进行右脑革命，这是由于：① 左脑的许多功能可以用计算机来代替；② 社会和教育的偏向，数理推理和语言能力被看成是人才重要的甚至唯一的智力内容，使人们产生了左脑是优势半球的误解；③ 只有研究并揭示右脑的奥秘，开发右脑的功能，才有可能给计算机技术开辟出一个全新的更广阔的前景。

如今的智力开发过分注重大脑左半球，而对创新思维具有重要作用的大脑右半球机能的开发相对不足。但应该认识到，右脑由于具有非言语、形象化和直觉性的特点，更适合从事创新思维。右脑越活跃，形象越丰富，形象之间通过联想机制也越容易产生新观念或新构想。从左、右脑分工来看，要想开发一个人的创造潜能，绝不能忽视大脑右半球想象力、直观思维等的重要作用，应尽可能使大脑左、右半球的作用统一起来，使左半球的理性脑与右半球的感性脑相互联系、彼此协调、统一发展，从而实现大脑左、右半球的分工配合、协同一致。

小知识

认知科学

认知科学是20世纪世界科学标志性的新兴研究门类，它作为探究人脑或心智工作机制的前沿性尖端学科，已经引起全世界科学家的广泛关注。根据德国奥尔登堡大学认知科学研究所所长艾卡特·席勒尔（Eckart Scheerer）的意见，“认知科学”一词由克里斯托弗·朗格特-希金斯（Christopher Longuet-Higgins）于1973年开始使用，20世纪70年代后期才渐趋流行。认知科学就是关于心智研究的理论和学说。1975年，由于美国著名的斯隆基金的投入，美国学者将哲学、心理学、语言学、人类学、计算机科学和神经科学六大学科整合在一起，研究“在认识过程中信息是如何传递的”，这个研究计划的结果产生了一个新兴学科——认知科学。

认知科学的研究领域包括语言习得、阅读、话语、心理模型、概念和归纳、问题解决和认知技艺获得、视觉计算、视觉注意、记忆、行为、运动规划中的几何和机械问题、文化与认知科学中的哲学问题、身心问题、意向问题、可感受的特质、主观和客观等。认知科学的发展首先在原来的六个支撑学科内部产生了六个新的发展方向，即心智哲学、认知心理学、认知语言学（也称语言与认知）、认知人类学（也称文化、进化与认知）、人工智能和认知神经科学。这六个新兴学科是认知科学的六大学科分支。这六个支撑学科之间互相交叉，又产生了十一个新兴交叉学科：① 控制论；② 神经语言学；③ 神经心理学；④ 认知过程仿真；⑤ 计算语言学；⑥ 心理语言学；⑦ 心理哲学；⑧ 语言哲学；⑨ 人类学语言学；⑩ 认知人类学；⑪ 脑进化。

二、创新思维过程

创造性地解决问题比常规性地解决问题有着更复杂的思维过程。创新思维过程不是单一思维类型、思维方式的思维过程，而是各种思维类型、思维方式相互联系、相互渗透、相互作用的一种综合思维过程。不同的人、不同的工作领域、不同的创造环境和创造对象，产生的思维有着明显的差异。

在对创新思维的研究中，比较典型的理论是“过程论”。该理论认为，人的创新思维是以发现问题为中心，以解决问题为目标的高级心理活动。“过程论”的典型代表人物英国心理学家格雷厄姆·沃拉斯（Graham Wallas）认为，任何创造过程都包括准备阶段、酝酿阶段、豁朗阶段和验证阶段四个阶段，如图 5-2 所示。

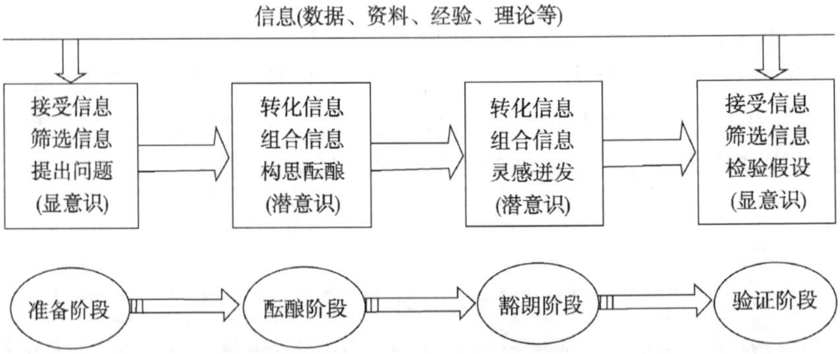

图 5-2　创新思维的活动过程

（一）准备阶段

准备阶段是创新思维产生的第一阶段。创新思维从发现问题、提出问题开始。提出问题的深度决定着创新的意义和价值，往往引导着思维的方向。这个阶段是收集信息、整理资料，做前期准备的阶段。由于对所要解决的问题没有清晰、完整的认识，所以要收集与问题有关的研究成果，然后进行资料分析、信息识别，同时进行初步的试验，认识问题的特点，从而为创造活动的下一个阶段做准备。例如，爱迪生为了发明电灯，光收集的资料所整理成的笔记就有200多本，总计达4万多页。可见，任何创造活动都不是凭空进行的，而是在日积月累、大量观察研究的基础上进行的。

（二）酝酿阶段

酝酿阶段是对前一阶段所收集的信息、资料进行消化和吸收，明确问题的关键所在，提出解决问题的假设和方案的过程。在此阶段，非逻辑思维和逻辑思维互补，潜意识和显意识交替，人们会采用分析、抽象和概括、归纳和演绎、推理和判断等思维方法进行反复思考。只有经过酝酿阶段，新的思想和方案才会逐渐成熟。正如日本创造学家高桥浩认为的，创新思维的产生和造酒一样，需要酝酿期。在这个过程中，有些问题一时难以找到有效的答案，人们通常会把它们暂时搁置，但思维活动并没有因此停止，这些问题会时刻萦绕在头脑中，甚至转化为潜意识。在这个过程中，人容易进入狂热的状态，如“牛顿把怀表当成鸡蛋煮”就是典型的钻研问题时的狂热状态。因此，在这个阶段，要注意调节思维，既不可过于紧张，也不可过于松弛，要使其向更有利于问题解决的方向发展。

（三）豁朗阶段

豁朗阶段又叫顿悟阶段，是创新思维产生的关键阶段。经过前两个阶段的准备和酝酿，思维已达到相当成熟的水平，在解决问题的过程中，常常会进入一种豁然开朗的状态，这就是所谓的灵感。豁朗一般不是通过有意识的努力得来的，它常出现在长期深度思索不得而小憩之后，或者转移注意力于其他事情上，却被一件毫不相干的事触动之时。这种顿悟一出现就不同于许多别的经验，它是突然的、完整的、强烈的，以至会让人脱口喊出“是这样的！”“哈，没错儿！”——沃拉斯把它称为“尤瑞卡经验”。例如，耐克公司联合创始人比尔·鲍尔曼（Bill Bowerman），一天早上正在吃妻子为他做的威化饼，感觉特别舒服。吃着，吃着，他被触动了，如果把跑鞋制成威化饼的样式，会有怎样的效果呢？于是，他就拿着妻子做威化饼的特制铁锅到办公室研究起来，之后，他制成了第一双鞋样。这就是著名的耐克鞋的发明。

（四）验证阶段

验证阶段又叫实施阶段，是在豁朗阶段获得了解决问题的构思或假设后，在理论和实践上进行反复检验，多次补充和修正，使之趋于完善的过程。这一阶段多采用逻辑思维方法，是有意识进行的。在验证阶段，创新者必须经过理论和实践上的反复论证，才能验证或改进构思或假设，有时甚至被全盘否定，重新回到酝酿阶段。这是一个“否定—肯定—否定”的循环过程。通过不断的实践检验，得出最恰当的解决方案。

创新思维过程并不是简单地将四个阶段串联起来，有时甚至很难区分各阶段明确的起止时间和先后顺序。因此，我们解释创新思维产生的四个阶段，并不是要求创新者机械套用，而只是想说明创新思维的产生是一个过程，在这个过程中，有时可能是“得来全不费工夫”，但更多的时候是“踏破铁鞋无觅处”。创新思维的产生是艰苦复杂的脑力劳动的结果，如果没有怀疑意识和批判精神，没有问题意识，没有毅力，没有执着的追求，就难以获得创新思维。

小知识

普林斯顿大学思维练习题

1. 普林斯顿大学的一位教授为了考验学生的应变思维能力，提出了这样一个有趣的问题：天空中有两只鸟儿一前一后地飞着，你要怎样才能一下子把它们都抓住？听完问题之后，学生们议论纷纷，讲出了很多捕捉方法，如用大网、气枪、麻袋……可是，大家意识到这些方法可能有效，但难以实现。你有什么绝妙方法？

2. 在蛋糕店工作的乔治，遇见一个奇怪的客人，这个客人要预订9块蛋糕，但有一个要求：9块蛋糕必须放到4个盒子里，而且每个盒子里最少要有3块蛋糕。如果蛋糕店能够满足他的这个要求，他将支付双倍价钱。你能做到吗？

{资料来源：刘彦章．普林斯顿大学最受欢迎的思维课［M］．北京：民主与建设出版社，2014：20-22．有改动}

第三节　创新思维的主要形式

创新思维是一切产生创新成果的思维形式的综合。创新思维有很多种，下面介绍几种常见的创新思维。

一、逻辑思维与形象思维

（一）逻辑思维

逻辑思维也称抽象思维，是指将思维内容联结、组织在一起的方式或形式。思维是以概念、范畴为工具去认识和反映对象的。这些概念、范畴以某种框架形式存在于人的大脑之中，即思维结构。这些框架能够把不同的概念、范畴组织在一起，从而形成一个相对完整的思想，加以理解和掌握，达到认识的目的。因此，思维结构既是人的一种认知结构，又是人运用概念、范畴去把握客体的能力结构。逻辑思维是思维的一种高级形式，其特点是以抽象的概念、判断和推理为思维的基本形式，以分析、综合、比较、抽象、概括和具体化为思维的基本过程，从而揭示事物的本质属性和内在规律性联系。逻辑思维是以思维方法为分类依据而划分出来的一种思维形式，它既不同于以动作为支柱的直观动作思维，也不同于以表象为凭借的形象思维，它已经摆脱对感性材料的依赖。逻辑思维的材料侧重语言、数字和符号。它具有间接性、严密性、程序性和确定性的特点。只要前提正确，论证过程没有违背规律，得出的结论就是确定的、正确的。逻辑思维是许多理论得以成立的组织形式，是人们把握真理的基本方式。

逻辑思维是如何产生的呢？逻辑思维源于语言，由于语言的产生，人们对感性的概念有了指代的对应关系，好处是人们可以通过语言表达和交流思想，传达指令，描述事件。基于概念与概念之间客观固有的逻辑联系，人们在不同概念之间建立了分类、范畴等逻辑关系，并且运用语言来描述这种关系。更进一步的推理是形式逻辑产生之后才逐渐清晰的，推理能力大大提升了人们运用知识的能力，使人们能够举一反三、融会贯通，“见瓶水之冰，而知天下之寒、鱼鳖之藏也；尝一脬肉，而知一镬之味、一鼎之调”就是逻辑思维所产生的作用。逻辑思维是客观存在在主观中的表达，是必然产生的，也是人类智能发展的结果。

（二）形象思维

形象思维是以直观形象和表象为支柱的思维形式，即通过对事物具体形象或图像的认识和分析，判断和把握事物的本质及其运动规律。与抽象思维相比，形象思维是一种更趋近人类本能的思维形式。生活离不开形象思维，形象思维的基本单位是表象。它是对表象进行分析、综合、抽象、概括的过程。人们利用已有的表象解决问题时，借助于表象进行联想、想象，通过抽象、概括构成新的形象，这种思维过程就是形象思维。形象思维并不是在人脑中真的产生图像、声音等形象。比如，所谓的祖母细胞，这个细胞能够在看到祖母、听到祖母的声音、提到祖母的名字时被激活，它不是能够画出祖母图像、产生祖母声音的内部结构，而只是一个细胞群。这样看来，形象思维的原理其实就是神经结构与外部事物建立起一一映射关系，只要激活了这群细胞，我们就会产生与看到、听到外部对象一样或类似的心理感受。人脑具有自组织学习能力，通过这种学习能力，逐渐建立起世界图景，这个世界图景是在多次反馈中形成、修正、发展起来的，经过实践的检验，这个图景逐渐符合外部世界的真实面貌而具有预测能力，但这个图景并不是有形的，而是一种一一对应关系。在人类还没有产生语言和文字之前，人类只能通过形象思维去认识世界，但人类依然具有想象能力、理解能力、观察能力、学习能力、记忆能力、情感运用能力，依然能够进行人部分生活，能够活得很好。

形象思维具有以下四个特点：① 形象性。形象性是形象思维最基本的特点，它所反映的对象是事物的形象，思维形式是意象、直感、想象等形象性的观念，其表达的工具和手段是能为感官所感知的图形、图像、图式和形象性的符号。形象性使形象思维具有生动性、直观性和整体性的优点。② 非逻辑性。非逻辑性是指形象思维不像抽象（逻辑）思维那样，对相关信息的加工线性地、按部就班地推进，它可以是思维的跳跃或无序组合，对相关信息的加工不求细致有序，只求把握住问题。因此，非逻辑性的主要作用是能快速地把握问题的特性。③ 粗略性。粗略性是指形象思维对问题的反映是粗略的，对问题的把握是大致的，对问题的分析是定性的或半定量的。因此，形象思维一般用于问题的定性分析。而抽象思维却可以给出精确的数量关系。事实上，在实际的思维活动中，通常需要将抽象思维与形象思维有机结合、协同运用。④ 想象性。想象是思维主体利用已有的形象形成新形象的过程。

在通常情况下，形象思维不会满足于对已有形象的再现，它更擅长对已有形象进行加工、改造，从而获得新形象。因此，形象思维更具创造性的优点。创新者一般都具有非常丰富的想象力。

形象思维是原生的，逻辑思维主要是依靠后天培养的。从重要性上说，形象思维的重要性远远大于逻辑思维，人的逻辑思维是建立在形象思维的基础上的，这就好比土壤和植物，没有土壤，植物只能变成枯木，而没有形象思维做土壤，逻辑思维只能成为无根之木。逻辑思维以概念为起点，由抽象概念上升到具体概念，在感知不到的地方抽取事物的本质和共性，形成概念，这样才具备了进一步推理、判断的条件，没有逻辑思维，就没有科学理论和科学研究。因此，在实际的思维活动中，往往需要将逻辑思维与形象思维巧妙地结合起来使用。

小知识

设计思维

设计思维是一种以人为本的解决复杂问题的创新方法，它利用设计者的理解和方法，将技术可行性、商业策略与用户需求相匹配，从而转化为客户价值和市场机会。作为一种思维方式，它被普遍认为具有综合处理能力的性质，能够理解问题产生的背景、催生洞察力及解决方法，并能够理性地分析和找出最合适的解决方案。

在当代设计、工程技术、商业活动、管理学等方面，设计思维已成为流行词语，它还可以更广泛地应用于描述某种独特的“在行动中进行创意思考”的方式，在21世纪的教育及培训领域有着越来越大的影响。设计思维的体验学习是通过理解设计师处理问题的角度，了解设计师为解决问题所用的构思方法和过程，让个人乃至整个组织更好地连接和激发创新思维，从而达到更高的创新水平，以期在当今竞争激烈的全球经济环境中建立独特的优势。

二、发散思维与收敛思维

（一）发散思维

发散思维又称辐射思维，是指在解决问题的过程中，不拘泥于一点或一条线索，不受已经确定的方式、方法、规则、范围等的约束，从仅有的信息中尽可能地扩展开去，并从这种扩散或辐射式的思考中，求得多种不同的解决办法，衍生出不同的结果（图5-3）。一般认为，发散思维并不是在定好的轨道中产生的，而是依据所获得的最低限度的信息进行多方向的延伸，因此它是具有创造性的。发散思维是产生式思维，运用发散思维产生观念、问

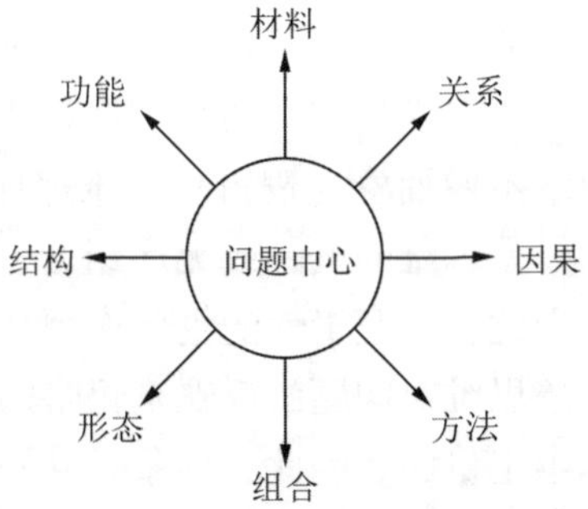

图5-3 发散思维的辐射

题、行动、方法、规则、图画、概念、文字等。发散思维追求思维的广阔性，海阔天空、大跨度地进行联想，它的量和质直接决定着发散思维取得的结果与达到的目的。思维发散过程需要发挥知识和想象力的作用，主要包括联想、想象、侧向思维等非逻辑思维形式。

（二）收敛思维

收敛思维又称聚合思维，是指在解决问题的过程中，尽可能利用已有的知识和经验，把众多的信息逐步引导到条理化的逻辑程序中，以便最终得到一个合乎逻辑规范的结论。收敛思维包括分析、综合、归纳、演绎、科学抽象等逻辑思维形式。收敛思维常用的思考方法包括：① 辏合显同法，即把所有感知到的对象依据一定的标准"聚合"起来，显示它们的本质和共性；② 层层剥笋法（分析综合法），即从问题的表层（表面）出发，层层分析，向问题的核心一步一步地逼近，揭示隐藏在事物表面现象背后的深层本质；③ 目标确定法，即确定搜寻目标（注意目标），进行认真的观察，做出判断，找出其中的关键，围绕目标定向思维，目标确定得越具体，方法就越有效；④ 聚焦法，即思考问题时，有意识、有目的地将思维过程停顿，并将前后思维领域浓缩和聚拢起来，更有效地审视和判断某一事件、某一问题、某一片段的信息。

收敛思维是人们在生活中经常使用的一种思维。思维发散过程需要运用知识和想象力，而收敛思维则具有选择性，思维收敛过程需要运用知识和逻辑。发散思维与收敛思维具有互补性，不仅在思维方向上互补，而且在思维操作的性质上也互补。发散思维与收敛思维在思维方向和过程上的互补，是创造性地解决问题所必需的。发散思维向四面八方发散，收敛思维向一个方向聚拢。在解决问题的早期，发散思维起更主要的作用；在解决问题的后期，收敛思维则扮演越来越重要的角色。收敛思维与发散思维各有优缺点，在创新思维中相辅相成、互为补充。只有发散，没有收敛，必然导致混乱；只有收敛，没有发散，必然导致呆板、僵化，从而抑制创新思维的产生。因此，创新思维一般是先发散而后收敛的。

小故事　一支铅笔的用途

1983 年，一名在美国学习的法学博士普洛罗夫在做毕业论文时发现：50 年来，从美国纽约里士满区圣·贝纳特学院出来的学生在纽约警察局的犯罪记录在同类学校中一直保持着最低水平。普洛罗夫用了将近 6 年的时间进行调查，问一个问题："圣·贝纳特学院教会了你什么?"共收到了 3 700 多份回函。在这些回函中，有 74%的人回答，他们在学校里知道了一支铅笔有多少种用途，入学的第一篇作文就是这个题目。

当初，学生都以为铅笔只有一种用途——写字。后来，他们都知道了铅笔除能用来写字以外，在必要时还能用来替代尺子画线；能作为礼品送给朋友表达友情；能当作商品出售获得利润；铅笔的芯磨成粉后可以做润滑粉；削下的木屑可以做成装饰画；一支铅笔按照相等的比例锯成若干份，可以做成一副象棋；可以当作玩具的轮子；在野外缺水时，铅笔抽掉笔芯能当作吸管，用于喝石缝中的水；在遇到坏人时，削尖的铅笔能作为自卫的武器；等等。

圣·贝纳特学院让学生明白，有着眼睛、鼻子、耳朵、大脑和手脚的人更是有无数种用途，并且任何一种用途都足以使他们成功。

你能尽可能多地想出一支铅笔的用途吗?

{资料来源：倪旭生．一支铅笔有什么用［J］．作文与考试，2018（12）：34-35．有改动}

三、求同思维与求异思维

（一）求同思维

求同思维是指根据一定的知识或事实，求得某一问题的最佳或正确的答案的一种思维形式。求同思维是一种有方向、有范围、有条理的收敛性思维，与发散性思维相对。求同思维的特点是闭合性、方向同一、结果确定。这种思维使人的思维条理化、逻辑化、严密化。数学中的多种证明方法，如综合法、归纳法、反证法等，均属于求同思维的范畴。但求同思维训练过度在一定程度上也会阻碍创造能力的发展。

（二）求异思维

求异思维是指思维主体对某一问题求解时，不受已有信息或以往思路的限制，从不同方向、不同角度去寻求问题的不同答案的一种思维形式。求异思维通常包括发散求异、转换求异等思维方式。求异思维的内核是积极求异、灵活生异、多元创异，最后形成异彩纷呈的新思路、新见解。可以说，求异思维是孕育一切创新的源头。科学技术史上许多发现或发明就是运用求异思维的结果。在科学研究过程中，求异思维的主要任务是为解决问题而积极运用特殊的方法，建立起灵活的创新之道。

求同思维是提炼规律的基础，是发散性思维的原点，有助于提高归类和总结规律的能力。而在人的认识过程中，求异思维往往关注客观事物的差异性和特殊性，旨在发现和化解已知与未知之间的矛盾。求异思维的灵活性有利于自主创新，而多元性和试错性则有利于对创新成果的选择，所以求异思维贯穿整个创新活动过程。

四、正向思维与逆向思维

（一）正向思维

正向思维就是人们在创新思维活动中，沿袭某些常规去分析问题，按事物发展的进程进行思考、推测，它是一种从已知到未知，通过已知来揭示事物本质的思维方法。这种方法一般只适用于对一种事物的思考。坚持正向思维法，就应充分估计自己现有的工作、生活条件及自身所具备的能力，就应了解事物发展的内在逻辑、环境条件、规律等。这是获得预见能力和保证预测正确的前提条件，也是正向思维法的基本要求。

正向思维是依据事物是一个过程这一客观事实而建立的。任何事物都有产生、发展和灭亡的过程，都是从过去走到现在、由现在走向未来的。正向思维是在对事物的过去、现在做了充分分析，对事物的发展规律做了充分了解的基础上，推知事物的未知部分，提出解决方案，因此它是一种较深刻的方法。正向思维使我们的大脑处于开放的、积极的、激活的状态，使我们的情绪处于“兴奋”的状态。这种状态正是大脑指令的表达，并能调动身体各个系统和各个器官有效地、良好地朝指令方向“动作”，于是能力、创造力和潜力被挖掘出来。当有人问马克·吐温（Mark Twain）成功的秘诀时，他回答：“我终生满怀激情。”正向思维的人总处在激情、激活的状态，灵感、思想火花、绝妙的观点和宏伟的策略都会迸发而出，自觉地、一次又一次地反复调整和控制自己，长此以往，一种良好的思维方式就会变成自己的意识活动。

（二）逆向思维

逆向思维是指从事物的反面、从相反的方向考虑问题的思维方法。这种方法敢于“反其道而思之”，让思维向对立面的方向发展，从问题的相反面深入地进行探索，从而树立新思想，创立新形象。

逆向思维法的类型主要包括：① 反转型逆向思维法，指从已知事物的相反方向进行思考，产生发明构思的途径。常常从事物的功能、结构、因果关系三个方面做反向思考。比如，市场上出售的无烟煎鱼锅就是把原有煎鱼锅的热源由锅的下面安装到锅的上面。② 转换型逆向思维法，指由于解决问题的手段受阻，而转换成另一种手段，或转换思考角度，以使问题得到顺利解决的思维方法。历史上著名的司马光砸缸的故事就是一个典型的例子。③ 缺点逆向思维法，指利用事物的缺点，将缺点变为可利用的东西，化被动为主动，化不利为有利的思维方法。人们将金属腐蚀原理用于金属粉末的生产，或用于电镀等其他用途，就是缺点逆向思维法的应用。

正向思维与逆向思维的转换就是在人们的心理活动过程中形成一种可逆性，由只是向一个方向起作用的单向的 A→B 型思维模式转换为双向（可逆）的 A↔B 型思维模式。思维的可逆性是一种积极的心理活动，对创新思维的发展有着正向的影响。实践证明，逆向思维是可以在正向思维建立的同时形成的。

小故事　充气灯泡的发明

1879 年，世界著名发明家爱迪生发明了碳丝白炽灯。这种电灯与以往的电弧灯相比，无疑实用多了。它的出现标志着人类使用电灯的历史正式开始。然而，这种电灯的亮度不理想，灯丝的制作比较复杂，使用寿命也不是很长。因此，世界各国的科学家都在致力改进白炽灯。在碳丝白炽灯诞生 30 年后的 1909 年，美国通用电气公司的威廉·D. 库利奇（William D. Coolidge）发明了以钨丝做灯丝的白炽灯。这种电灯与碳丝白炽灯相比，又前进了一步，但由于通电后钨丝极易变脆，因此它的使用寿命也受到影响。

1909 年夏天，一位叫欧文·兰米尔（Irving Langmuir）的化学家来到美国通用电气公司工作。兰米尔刚进入公司时，公司研究实验室主任威利斯·R. 惠特尼（Willis R. Whitney）并没有立即给兰米尔分配什么工作，而是建议他花几天时间到各个实验室走一走，看一看是否有他感兴趣的课题。兰米尔来到研究钨丝电灯的实验室，研究人员告诉他，目前最佳的方案是把玻璃内的气体全部抽出。这种“真空灯泡”的研究引起了兰米尔的浓厚兴趣。他高兴地加入了该课题的研究。当时的灯泡有个致命的弱点，钨丝通电后很容易发暗，使用不久灯泡壁就会发黑。一般人按常规思维都认为要克服这个弱点必须进一步提高灯泡的真空度。但兰米尔的想法与众不同。他不是去提高灯泡的真空度，相反采用充气法，分别将氢气、氮气、氧气、二氧化碳等充入灯泡内，观察和研究它们在高温低压下与钨丝的作用。当他发现氮气有减少钨丝蒸发的作用时，他便断定钨丝在氮气中可以延长工作时间。1928 年，兰米尔因发明充气灯泡而荣获帕金奖章。1932 年，兰米尔因在化学上取得重大成就而获得诺贝尔化学奖。直到今天，我们仍在使用兰米尔发明的充气灯泡。

五、直觉思维与灵感思维

（一）直觉思维

直觉思维又称直观思维，是指人脑对客观世界及其关系的一种非常迅速的识别和猜测。它不是分析性的、按部就班的逻辑推理，而是从整体上做出的直接把握。“顿悟”很好地概括了它的特点。在直觉思维的情况下，人们不仅利用概念，而且利用模型和形象。大脑中长期储存的各种“潜知”都被调动起来，它们不一定按逻辑的通道进行组合，即用一种出乎意料的形式形成新的联系，用以补充事实和弥补逻辑链条中的不足。由于提供了缺环，人们往往可以创造性地解决问题。爱因斯坦对直觉给予极高的评价，他认为科学发现的道路首先是直觉的而不是逻辑的。他说：“要通向这些定律，并没有逻辑的道路；只有通过那种以对经验的共鸣的理解为依据的直觉，才能得到这些定律。”在科学发现中，下意识活动的主要形式是直觉，创造过程达到高潮时产生的特殊体验是灵感。直觉这种思维形式和灵感这种情绪体验常常相伴而生。与直觉思维相适应，灵感的产生常常是不期而然的。

虽然直觉是难以预期的，但是直觉思维需要一定的主客观条件。这些条件包括有一个能被解决的问题，问题的解决已经具备了相当的客观条件，研究者顽强地探求问题的答案，并且经历了一段紧张的思考过程。机遇常常在此基础上起着触媒的作用，使人们在探索中产生新的联想、打开新的思路，从而实现某种顿悟。由于直觉以凝缩的形式包含了以往社会的和个体的认识发展成果，因此它归根结底是实践的产物，是持久探索的结果。

小故事　苯环结构的发现

德国有机化学家弗里德里希·A. 凯库勒，主要研究有机化合物的结构理论。1865 年，他在梦中发现了苯的结构式，成为科学史上的一大美谈。

早年，凯库勒在前人工作的基础上发展了类型论，认为分子的性质主要由类型决定，并试图建立一个有机物的整体的类型学说。1857—1858年，他提出了有机化合物分子中碳原子为四价，而且可以互相结合成碳链的思想，为现代结构理论奠定了基础。他的另一重大贡献是在1865年发表了论文《论芳香族化合物的结构》，第一次提出了苯的环状结构理论。那时，有机化学理论已经兴起，正处于大发展的阶段，凯库勒本人思考苯的结构已有十多年之久。还有两件事值得注意：一是他在大学学习过建筑，建筑艺术中空间结构美的熏陶，对他研究分子结构产生影响；二是他年轻时当过法庭陪审员，曾经对一起刑事案件中出现的首尾相接的蛇形手镯有深刻印象。当时，蛇形手镯是作为有关炼金术案件的物证提出来的。可见，多年积淀下来的所有这些“潜知”，最终全部被调动起来，才形成梦中那个蛇状的环形，与苯的结构联系起来，实现顿悟式的突破。

{资料来源：陈琴．凯库勒发现苯环结构的故事［J］．科学启蒙，2007（12）：28-29. 有改动}

尽管直觉思维不同于逻辑思维，但在科学理论的创造和发展中，它们之间存在着一种互为补充的关系。在直觉产生以前，人们总是在前人铺就的逻辑大道上行走。一旦逻辑通道阻塞了，产生了已有知识难以解释的矛盾，在逻辑的中断中才会出现直觉的识别和猜测。由直觉得到的知识，还要进行逻辑的加工和整理。直觉的结果本身只是某种揣测，它们的正确性应当通过随后的研究来验证。验证包含两个方面：首先是从揣测引至逻辑结果；其次还要把逻辑结果与科学事实相对照，并把它纳入一个完整的理论体系之中。如果不进行逻辑处理，原封不动地把直觉思维产生的思想火花呈现于世，即使这是可能的，也不会有说服力。严密的科学要求人们把他们的成果用准确的语言、文字、公式、图形表示出来，构成系统知识，直觉的毛坯不能作为科学成品。就像前例中，凯库勒把他梦醒后那天晚上余下的时间全部用在了逻辑的加工和整理上。他报告于世的是苯的结构式，而不是梦中飞舞的咬住自己尾巴的蛇。

（二）灵感思维

灵感思维是指人们在科学研究、科学创造、产品开发或问题解决过程中突然涌现、瞬息即逝，使问题得到解决的思维过程。灵感思维有偶然性、突发性、创造性等特点。灵感是新东西，即过去从未有过的新思想、新念头、新主意、新方案、新答案。

由于直觉的非逻辑性，人们常常分析直觉的孪生兄弟——灵感，通过了解灵感，在科学活动中自觉地激发灵感，产生直觉，获取创造性成果。灵感思维是三维的，它产生于大脑对接收到的信息的再加工，储存在大脑中沉睡的潜意识被激发，即凭直觉领悟事物的本质。需要强调的是，灵感产生的前提条件就是科学家执着于创造性地解决问题。灵感是长期艰巨劳动的结果，正如俗话所说的，“得之在俄顷，积之在平日”。唯有如此，才有可能不失时机地抓住那些富有启发意义的东西，产生灵感，成为独具匠心的发现者。心理学研究表明，灵感属于无意识活动的范畴，而它要转化为意识活动，需要借助于一定的心理条件。如果长期循着一条单调的思路，精神特别容易疲惫，大脑这部机器就会失灵，难以找到问题的症结。法国数学家皮埃尔-西蒙·拉普拉斯（Pierre-Simon Laplace）曾经介绍过下述屡试不爽的经验：对于非常复杂的问题，搁置几天不去想它，一旦重新捡起来，你就会发现它突然变容易了。灵感是突发的、飞跃式的。对于瞬息即逝的灵感，必须设法及时抓住。许多科学家都养成了随身携带纸笔的好习惯，记下闪过脑际的每一个有独到见解的念头。科学发现有赖于灵感，是在无意识活动参与下进行的。那么，非常重要的就是对无意识活动形成的结果做出选择，抛弃不合适的方案，从而得到真正的科学发现。“十月怀胎，一朝分娩”就是对灵感思维的形象化描写。灵感来自信息的诱导、经验的积累、联想的升华、事业心的催化。

小故事　画家莫尔斯发明电报

塞缪尔·F. B. 莫尔斯（Samuel F. B. Morse），是一位享有盛誉的画家、“电报之父”。莫尔斯从耶鲁大学美术系毕业时，只有19岁。1832年秋天，已任美国国立图画院院长的莫尔斯从欧洲考察和旅游回国时，在一艘从法国勒阿弗尔港驶往美国纽约的“萨利”号邮轮上，认识了一位美国医师、化学家、电学博士查尔斯·T. 杰克逊（Charles T. Jackson）。当时杰克逊参加了在巴黎召开的电学讨论会后回国，谈到了新发现的电磁感应，引起了莫尔斯极大的兴趣。“杰克逊先生，电磁感应是怎么回事呢?”莫尔斯好奇地问。他利用在船上休闲的时间兴致勃勃地阅读了杰克逊借给他的有关论文和电学书本，画家的丰富想象力使他萌发了一个遐想：“铜线通电后，产生磁力；断电后，失去磁力。要是利用电流的断续，做出不同的动作，录成不同的符号，通过电流传到远方，不是可以创造出一种天方夜谭式的通信工具了吗?”他越想越入迷，觉得这个极妙的理想正是人类梦寐以求的愿望，一定要实现它。他毅然下决心去完成“用电通信”的发明。

莫尔斯回到国立图画院后，利用业余时间刻苦钻研电学。他把自己的画室改造成电报实验室。每到晚上和假日，莫尔斯经常独自一人在实验室里，集中精力边学习、边设计、边试验。经过4个春秋，他制造出了首台电报样机。可是，连续多次试机，磁铁都毫无反应。失败没有使莫尔斯气馁，经过反复思考，一个崭新的想法酝酿成熟了。莫尔斯的这个构思，是电报发明史上一项重大的突破。莫尔斯设想用点、划和空白的组合来表示字母，只要发出两种电符号，就能够传送消息。这就大大简化了设计和装置。莫尔斯规定了特定的点、划、空白组合，表示各个字母和数字，这就是著名的“莫尔斯电码”，也是电信史上最早的编码。

1844年5月24日，莫尔斯从华盛顿州向在64千米外的巴尔的摩拍发了人类历史上的第一份电报。在座无虚席的国会大厦里，莫尔斯用激动得有些颤抖的双手，操纵着他倾注了十余年心血研制成功的电报机。等在巴尔的摩的盖尔成功接收到了人类历史上的第一份电报：“上帝创造了何等的奇迹!”试验成功了，电报发明了，它拉开了电信时代的序幕，开创了人类利用电来传递信息的历史。1854年，美国最高法院正式确定莫尔斯的发明专利权。1858年，欧洲各国联合发给莫尔斯40万法郎奖金。这位画家成为电报发明家的故事传遍了世界!

案例分析

马斯克的创新和商业思维

埃隆·R. 马斯克（Elon R. Musk）1971年出生于南非的比勒陀利亚，本科毕业于宾夕法尼亚大学，获经济学和物理学双学位，现任太空探索技术公司（SpaceX）CEO兼CTO、特斯拉公司（Tesla）CEO、太阳城公司（Solar City）董事会主席。2012年5月31日，马斯克旗下公司SpaceX的“龙”太空舱成功与国际空间站对接后返回地球，开启了太空运载的私人运营时代。2021年12月，马斯克被《时代》杂志评为2021年度人物。

小时候，马斯克就觉得搞发明是一件很酷的事情，生活中出现的先进技术就像魔法一样，网络、飞行、远程通话等都引发了他的思考。马斯克总在思考生命的意义和万物存在的目的到底是什么，他也由此有了一种存在的危机感，想要做点什么以寻求更广泛的知识和更多、更强大的解决问题的对策。

马斯克想了解宇宙如何运转，人类社会的经济如何运作，因此选择了攻读物理和商业，同时也开始寻找厉害的人才、团队进行合作。其实，对于学业，他没有太多的计划，但他方向明确，那就是要接近技术的诞生地，于是他在17岁那年背起行囊只身去了北美。求学的过程对于马斯克来说并不困难，兴趣和努力使他在一年之内就完成了宾夕法尼亚大学沃顿商学院两年的商学课程。除商学外，他还学习电子商务、物理学、工程学和数学。他的择业范围非常广泛，但他最终选择了投身于科学事业。从那时候开始，马斯克就有了创业开公司研究电动汽车技术的想法。

说到创业经历，马斯克有很多感慨，在他最初创立特斯拉并期望将电动汽车概念引入美国市场时，遭受了太多的质疑、批驳和伤害。面对众多强大的竞争对手，他感受到了最初创业时的幸福指数在不断下降，但同时也意识到，想要在竞争中取胜，就必须拥有比对手多很多的优势，而不是仅仅多一点儿。因为消费者在购买同类商品时，一定会选择他们信赖的品牌。除商品的优势外，他还分享了创新思维的重要性，他的商业思维告诉他，在制造产品的过程中，不是要创造更好的同一性，而是要利用创新思维打造出产品的不可取代性，你的产品要非常有用且别具一格。

马斯克参与了PayPal的创立，他们最初向别人介绍这套系统时，大家并不感兴趣，但当他们再次介绍系统中有个电子邮件付款的小功能时，所有人感兴趣的程度陡然上升，他们由此决定把这个系统的开发重点放在电子邮件付款上，并最终获得了成功。在这次经历中，马斯克获得的最重要的经验是，收集反馈非常重要，当然，用反馈来修正先前的假设更加重要。PayPal成功后，他开始思考眼下有哪些问题最有可能影响人类的未来。马斯克的结论是，地球面临的最大问题是如何用可持续的方式生产和消费能源。而另一个可能影响人类生存的大问题是如何移居其他星球。这两个问题分别促成他创立了特斯拉和 SpaceX。特斯拉是为了开发电动汽车，而 SpaceX 则是为了解决太空运输问题。

在特斯拉被接纳之前、在 SpaceX 的火箭成功着陆之前，马斯克被媒体质疑，被政府打压，焦虑和压力伴随了他很长时间，但马斯克始终没有放弃，他从每一次失败中学习。在 SpaceX 经历三次发射失败后第四次终于发射成功时，他们已经用光了所有的资金。在那之后，SpaceX 开发出了系列运输火箭，从猎鹰 1 号到 9 号，再到能够与国际太空站连接并顺利返回地球的“龙”飞船，连马斯克自己都不敢相信他们真的做到了！马斯克认为，这是他为面对地球灾难可能性所做的“地球备份”，而即使地球面临这样危险的可能性只有 1%，这些应对策略也是有意义的。

对于他是如何成功地走到这一步的，马斯克说出了一个很重要的原因——科学的方法对于搞清真相是极有必要的。那就是当你想做一件事情的时候，你首先要提出一个问题，然后尽可能多地收集证据，接下来就是根据证据制定公理，并尝试为每个公理设定一个可能的概率值。通过这个概率值来推断这个公理是否正确，是否必然得出这个结论。在这之后，一个看似不寻常但很重要的步骤是试图推翻你的结论，甚至可以通过寻求别人的反驳来帮助你推翻自己的结论。如果没有人能够推翻你的结论，那么基本可以认定你的结论是有效的。

这就是马斯克所说的科学的方法，并且他一直是通过这样的方法来避免做一些无用的事或决定的。比起自己认为自己是对的，他更看重客观事实，他认为成功者需要这样的品质：要敢于直面挑战和客观事实，哪怕事实显示你做的某些事情是错的。因为这样你才能有改正的机会，而不是执拗地继续坚持错误的做法。除此之外，马斯克还分享了几个他的成功秘诀：努力工作、吸引顶尖人才与你共事、聚焦于信号而非杂音、不盲目跟随潮流。或许你或多或少听到过这些秘诀，但所谓的努力工作，也许你与成功者的见解并不相同。马斯克所具有的创造性、挑战性和前瞻性，都是值得敬佩和学习的。

{资料来源：① 李洪文．中外名人企业家传奇：创业能赢 40 堂白金课［M］. 北京：台海出版社，2017：271-275；② 王成军，徐雅琴，徐瑞贤，等．马斯克的创业叙事及其可能的创新管理启示［J］. 演化与创新经济学评论，2022（1）：136-157. 有改动}

案例思考：

1. 马斯克的创业经历体现了创新人才的哪些特征？
2. 你是如何理解创新思维的？

能力训练

【训练目的】提高运用创新思维解决问题的能力。

【训练要求】

（1）把握好发散思维和想象思维的关系。发散思维和想象思维是密不可分的，在向四面八方任意展开想象时，也就是在进行发散思维。因此，在进行发散思维训练时，应尽量摆脱逻辑思维的束缚，大胆想象，而不必担心其结果是否合理、是否具有实用价值。

（2）要注意流畅性、灵活性和独特性的要求。在训练中要尽量追求独特性，如果一开始产生不了独特的思维也不要着急，从流畅性到灵活性再到独特性，循序渐进，就可以进入较高水平的发散思维状态。

（3）在课堂上由教师统一掌握训练进度和时间，每道题以3—5分钟为宜。在课后自我训练时，时间可以长一些。

【训练内容】以下面八个方面为发散点，找到尽可能多的答案。

（1）材料发散。如“报纸”，有多少种用途？经过思考可知，它可以传播信息和知识、包东西、叠玩具、糊信封、擦桌椅、做道具等。

题目：牛奶、塑料袋、石头、旧牙膏皮、旧衣服、泡沫等各有多少种用途？

（2）功能发散。如“照明”，有多少种方法？我们可以想到油灯、电灯、蜡烛、手电筒、反射镜、火柴、火把、萤火虫等。

题目：为了达到取暖、降温、除尘、隔音、防震、健身等目的，可以有多少种方法？

（3）结构发散。如“半圆结构”，能列举出多少种？名称是什么？参考答案：拱形桥、房顶、降落伞、铁锅、灯罩等。

题目：“○”“△”结构有多少种？名称是什么？

（4）形态发散。如“红色”，可用来做什么？可做信号灯、旗、墨水、纸张、铅笔、领带、本子封面、衣服、五角星、印泥、指甲油、口红、油漆、灯笼等。

题目：“香味”“影子”“噪声”可用来做什么？

（5）组合发散。如“汽车”，可与喷药机、冷冻机、垃圾箱、集装箱、通信设备、油罐、X光机、手术室等组合。

题目：圆珠笔、木梳、温度计、水壶、书、灯等可与哪些东西组合？

（6）方法发散。如“吹”，可做哪些事或解决哪些问题？经过思考可知，利用“吹”的方法可以除尘、降温、演奏乐器、传递信息、制作产品、挑选废品等。

题目：利用敲、提、踩、压、拉、拔、翻、摇、摩擦、爆炸等方法可做哪些事或解决哪些问题？

（7）因果发散。如“玻璃板破碎”，有哪些原因？经过思考可知，原因有撞击、敲打、棒打、重压、震裂、炸裂等。

题目：桌子、灯、砖、碗、杯、楼房、机床、汽车、变压器、河堤被破坏的原因有哪些？

（8）关系发散。如“人与蛇”，有哪些关系？蛇皮可制成乐器，蛇肝、蛇毒可制成药，蛇肉可做成美食；蛇既可供观赏，也可灭鼠除害；毒蛇咬人可致伤，也可致死；等等。

题目：描述太阳、鸟粪、黄金、手机、蚊子等与人的关系。

自测题

1. 请用实例说明你对创新思维及其特征的理解。
2. 创新思维过程有哪几个阶段？
3. 形象思维有哪些特点？
4. 请举例概述发散思维的几种发散点。
5. 请结合自己的体验概述直觉思维与灵感思维的关系。
6. 下面是10个创新意识测试题，如果符合你的情况，回答“是”；如果不符合你的情况，回答“否”；如果拿不准，回答“不确定”。

(1) 你认为那些使用古怪和生僻词语的作家，纯粹是为了炫耀。

(2) 无论什么问题，要让你产生兴趣总比让别人产生兴趣困难得多。

(3) 对于那些经常做没把握事情的人，你不看好他们。

(4) 你常常凭直觉来判断问题的正确与错误。

(5) 你善于分析问题，但不擅长对分析结果进行综合、提炼。

(6) 你审美能力较强。

(7) 你的兴趣在于不断提出新的建议，而不在于说服别人去接受这些建议。

(8) 你喜欢那些一门心思埋头苦干的人。

(9) 你不喜欢提那些显得无知的问题。

(10) 你做事总是有的放矢，不盲目行事。

评分标准如表5-1所示。

表5-1 评分表

题号	1	2	3	4	5	6	7	8	9	10
是	−1	0	0	4	−1	3	2	0	0	0
不确定	0	1	1	0	0	0	1	1	1	1
否	2	4	2	−2	2	−1	0	2	3	2

测试结果评价：

得22分及以上，说明被测试者有较强的创新思维能力，适合从事环境较为自由、没有太多约束、对创新性有较高要求的职位，如美编、装潢设计、工程设计、软件编程等。

得11—21分，说明被测试者善于在创造性与习惯做法之间找到平衡，具有一定的创新意识，适合从事管理工作，也适合从事其他许多与人打交道的工作，如市场营销、公关策划等。

得10分及以下，说明被测试者缺乏创新思维能力，属于循规蹈矩的人，做人做事有板有眼、一丝不苟，适合从事对纪律性要求较高的职位，如会计、质量监督员等。

延伸阅读

腾讯公司用户研究与体验设计部. 在你身边为你设计Ⅲ：腾讯服务设计思维与实战［M］. 北京：电子工业出版社，2020.

第六章　掌握创新方法

学习目标

1. 掌握团体创新方法的内容和应用
2. 掌握 TRIZ 创造发明方法的基本原理
3. 掌握思维导图的绘制方法

能力目标

1. 能够将团体创新方法应用于工作实践
2. 能够举例说明 TRIZ 创造发明方法的应用
3. 能够绘制思维导图并分享心得

素质目标

1. 建立对创新方法的系统认知，明确其价值与适用范围
2. 熟练掌握核心创新方法的操作流程，提升应用熟练程度
3. 具备根据问题特性判断并选择适配方法的能力
4. 形成以恰当方法驱动创新落地的实践能力

思维导图

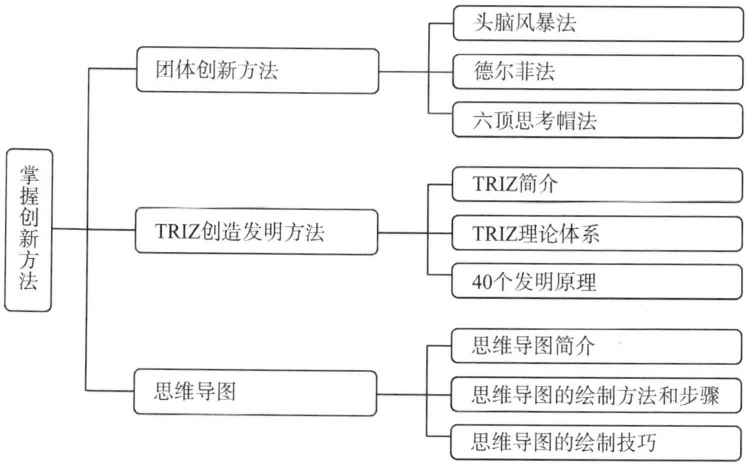

引导案例

小米产品开发路线

小米科技有限责任公司（以下简称“小米”）于2010年4月正式成立，是一家以智能手机、智能硬件和IoT（物联网）平台为核心的消费电子及智能制造公司。创业仅7年时间，小米的年收入就突破了千亿元。小米2024年度财报显示，2024年小米总营收达3 659亿元，同比增长35.0%；经调整净利润达272亿元，同比增长41.3%。小米“快速迭代、随做随发”的产品开发模式来源于软件“敏捷开发”模式。这种模式的基本假设是任何产品在推出时都不会是完美的，所以要迅速让产品接触到用户，从而找到其真实的需求。

小米采用社区众包与线下平台相结合的方式进行新产品开发。小米的产品开发流程如图6-1所示。具体来讲，小米通过互联网平台所搭建的论坛、微信、微博、QQ粉丝群、贴吧、社交软件米聊等虚拟形式，与用户进行沟通，实现信息的动态交互。小米设立了某产品的专门社区众包平台（一种分布式的解决方案和生产模式，是指企业利用互联网将工作分配出去，发现创意或解决技术问题），用户可将自己的创新成果发布在该平台上，然后由其他有更好方案的用户加以改进，以促使其进一步完善。小米还设立了专门的线下平台，通过论坛、微博等平台上众多关注小米的粉丝（简称“米粉”）的发帖量、有效意见、互动频率、在线时间等来识别和挖掘领先用户，邀请领先用户直接参与某产品的开发。用户的潜在需求和创意是小米的重要创新来源。在获得了小米的培训和技术引导及支持后，用户可以直接参与到小米手机的方案设计中，这样有助于用户明确地表达自己的需求，把他们的想法和要求转化为设计方案。

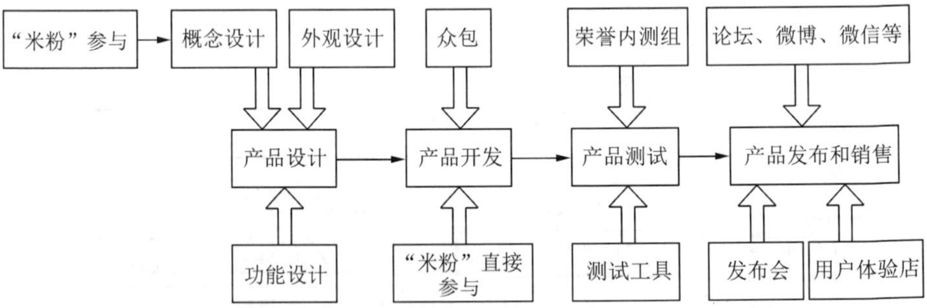

图6-1　小米的产品开发流程

小米创造了用互联网模式开发手机操作系统、“米粉”参与开发改进的模式。小米采用“‘米粉’参与→动力产生→产品形成”的“倒逼模式”推进产品创新。小米把做软件的思维用在了做硬件上。在每一代小米硬件产品正式发售之前，小米都会推出工程测试机，让荣誉内测组的资深发烧友试用。拿到工程测试机的用户必须按照小米的要求进行测试并写出报告。

在产品线方面，小米经过十多年的发展，形成了手机、电视、电脑、音箱、路由器、耳机等覆盖不同用户群体和价位的丰富的产品线系列。2011 年 8 月，小米发布了第一款小米手机；2013 年 7 月，小米发布了红米手机，作为小米的中低端机型，红米手机以较低的价格吸引了较多的新用户群体；2015 年 1 月，小米发布了 Note 系列，为小米手机产品线再添新成员，此时小米的手机产品矩阵初步形成；随着技术的不断进步，2016 年 5 月，小米发布了 Max 系列，主打大屏、大电量，紧接着同年 10 月，小米发布了全面屏概念手机 MIX 系列；2018 年 4 月，小米发布了游戏手机“黑鲨”。在这期间，除手机产品矩阵不断扩展外，小米还在智能家电、健康可穿戴、物联网嵌入式软件平台等领域不断深耕，整个小米产品生态矩阵已经形成，不同的产品线定位于不同的目标用户群体，为小米的快速发展奠定了坚实的基础。

小米对科技的探索永远在路上。十多年间，小米对软件的每项功能、手机的每个应用、硬件的设计组合等方面进行了持续优化，小米的工程师们以“创新、极简、高效、低成本”为准则，以“专注、极致、口碑、快”为七字原则，对产品的优化始终有着不懈的追求，总是在科技的前沿上为用户带来新奇的体验。

（资料来源：小米官网，有改动）

案例思考：

1. 小米的产品开发包括哪些部分？

2. 小米在其成长历程中采用了哪些创新方法？试运用 TRIZ 探索小米手机的创新方向。

第一节　团体创新方法

一、头脑风暴法

（一）头脑风暴法简介

头脑风暴法是最负盛名、最具实用性的团体创新方法之一，它是指以小组讨论会的形式，群策群力，互相启发，互相激励，使人们的大脑产生连锁反应，以引出更多的创意，获得更多的创造性解决问题的方案。精神病学中形容精神病人不合逻辑的胡思乱想、胡说八道的状态，叫“头脑风暴”。头脑风暴法就是借鉴了这个词，强调思维不受拘束，创意才能破壳而出。

头脑风暴法是由创造学和创造工程之父亚历克斯 · F. 奥斯本（Alex F. Osborn）创立的。奥斯本认为，社会压力对个体自由表达思想观点具有抑制作用。为了克服这种现象，应设置一些新型会议形式，在这样的会议上，每个人自由发表意见，不对任何人的观点做出评价，评价是各种想法表达完之后的事情。在头脑风暴会议上，一是大家思维开放、无拘无束。每个人都可以自由发表自己的任何想法，即使是听起来荒诞可笑的想法也不当场做出评判。这种气氛可以激发大家寻求异常设想的强烈兴趣，刺激新思路的开拓，特别是使人们易于接受和发展违反常规的新设想，最大限度地发挥创造力。二是信息激励、集思广益。当一个人独自思考一个问题时，其思路容易局限在一个方向上，而几个人对同一个问题进行思考时，就会从各自的经验、知识角度出发去考虑。由于形成了无拘无束的气氛，大家可以互相启发，互相刺激，引起联想反应，这样就可以诱发更多新颖独特的设想了。

头脑风暴法本质上是一种通过集思广益快速产生大量创意、灵感与构想，提升问题解决质量的工作方法，也是一种培养发散性创新思维、掌握创新技法与提升创造力的有效训练方法。

（二）头脑风暴法的原则

头脑风暴法是针对所要解决的问题召开 6—12 人的小型会议，与会者按照一定的步骤和要求，在轻松的氛围中展开想象，打开思想，各抒己见，互相激励和启发，使创造性的思想产生大量的新创意。为了达到这个目的，在运用头脑风暴法时必须遵循以下四个基本原则：

第一，自由畅想，鼓励新奇。要打开思路，不受传统逻辑和任何其他思想框框的束缚，使思想保持自由驰骋的状态；要尽力求新、求奇、求异，充分发挥联想和想象，从广阔的思维空间寻求新颖的解决问题的方案。

第二，禁止批判，延迟判断。这是为了克服“评判”对创造性思维的抑制作用，保证自由思考和良好的激励氛围。一个新设想听起来好像很荒诞，但它有可能是另一个好设想的“垫脚石”。贯彻这一原则，既要防止出现那些束缚人思考的扼杀句，如“这不可能”“这根本行不通”“真是异想天开”等，也要禁止溢美之词的出现，如“挺好”“不错”等，它们都会不同程度地起到扼杀设想的作用。

第三，谋求数量，以量求质。在有限的时间里，所提设想的数量越多越好。因为越是增加设想的数量，就越有可能获得有价值的创造性设想。通常，最初的设想往往不是最佳的，而一批设想的后半部分的价值要比前半部分的高 78%。此外，在追求数量且活跃、积极的氛围中，与会者为了尽可能地提出新设想，也就不会去做严格的自我评价了。至于设想的质量问题，可以在头脑风暴后的综合归纳与分析时再加以关注。

第四，互相启发，综合改善。尽量在别人所提设想的基础上进行改进和发展，然后提出新设想，或者提出综合改善的思路。因为创造往往就在于综合，在于头脑中已有思想之间、已有设想之间及已有设想和新获得的外来信息之间形成新的组合，产生新的思路。此外，会上提出的设想大多未经深思熟虑，很不完善，必须对其进行加工整理、综合改善，从而收到事半功倍的效果。

在实际运用中，这四个原则非常重要，特别是前两个，它们可以保证产生足够数量的创意，只有与会者严格遵循原则，不做批判，会议才能成为名副其实的头脑风暴会议。

（三）头脑风暴法的实施

头脑风暴法的实施可分为以下五个阶段。

1. 准备

会议应以专题为基础。会议的主题要提前传达给与会者，以便与会者为会议做准备。主持人应熟悉并掌握技术要点和操作要素，了解主题的现状和发展趋势，有一定的培训基础，了解会议倡导的原则和方法。在会议开始前，可以对缺乏创新锻炼的人进行弹性训练，即打破常规思维，改变思维角度，以减少思维惯性，使其从单调紧张的工作环境中解放出来，充分投入创造活动之中，激发想象力。

2. 热身

热身通常用来描述运动员在进入比赛前的几分钟进行训练，以适应即将到来的竞争激烈的过程。头脑风暴会议安排与会者“热身”。它的目的和作用类似于体育竞赛，是为了使与会者能够尽快进入“角色”。热身活动所需要的时间，可由主持人灵活确定。有很多方法可以用于热身，如观看有关发明的视频、讲述有关发明的故事、提出类似脑筋急转弯的问题等。

3. 明确问题

在这个阶段，主持人介绍所要讨论的问题。在提出问题时，主持人应注意简洁和启发的原则。简洁原则要求主持人只向与会者提供有关问题的最低限度的信息，不介绍太多的背景材料，特别是不陈述自己的初步想法。因为介绍的材料太多或陈述个人的初步想法，不但无助于激发与会者的创新思维，反而容易形成一个框架来约束与会者的创新思维。因此，主持人要给出的是对问题本质的简单解释。启发原则是指主持人在引入问题时使用有助于激发每个人的兴趣并启发他们的想法的语句。

4. 自由畅想

在与会者产生各种想法和问题的解决方法以后，不需要讨论、分析各种想法的优缺点。这是头脑风暴法最重要的环节，也是决定头脑风暴能否成功的关键要素。其主要目的是营造一种高度激励的氛围，使与会者能够突破各种思维障碍和心理制约，让思维自由驰骋，借助于相互之间的知识互补、信息互补和情感激励，提出大量有价值的想法。自由畅想阶段不需要与会者进行讨论，时间由主持人灵活掌握，一般不超过 1 小时。自由畅想阶段须遵守以下规定：不许私下交谈，始终保持会议只有一个中心。

5. 评价与发展

自由畅想结束后，主持人应组织专人对设想进行分类整理，并进行去粗取精的提炼工作。如果没有达到目的，就进一步开展头脑风暴。如果已经获得满意的答案，就达到了运用头脑风暴法解决既定问题的目的。倘若还有悬而未决的问题，则可以召开下一轮的头脑风暴会议。

小故事　福娃的诞生

2005 年 11 月 11 日，2008 年北京奥运会吉祥物揭晓，由 5 个拟人化的娃娃形象组成，统称“福娃”，分别叫“贝贝”“晶晶”“欢欢”“迎迎”“妮妮”。5 个字的读音组成谐音“北京欢迎你”。它们的造型融入了鲤鱼、大熊猫、藏羚羊、京燕和火之子形象，色彩与奥林匹克五环一一对应，具有极强的可视性和亲和力。

北京奥运会吉祥物方案的产生凝聚了众多艺术家和社会各界代表的心血，是集体智慧的结晶。在最初的设计中，福娃是长着人面鱼纹脸的娃娃，后来历经多次修改，才成了如今的福娃。“福娃”最初是清华大学美术学院信息艺术设计系教授吴冠英设计的“人面鱼纹”的“五彩娃娃”，又叫“喜娃”。2005 年 3 月 11 日，由韩美林担任组长，集中了国内工艺美术、三维动画设计、玩具制作等方面 9 位专家的吉祥物修改创作小组，驱车奔赴北京远郊的怀柔雁栖山庄，在这里进行了两个星期的封闭式修改和创作。在修改过程中，专家们感到以单一形象为基本点的创作思路难以承载有着 5 000 多年灿烂历史的中华文化，以及举世关注的北京奥运会主题。正因为如此，体现人与自然和谐相处的中国古代“五行”哲学思想和现代奥运会五环特色相结合的“中国福娃”创意浮现出来。

2005 年 4 月 29 日，在北京奥组委第 53 次执委会上，“中国福娃”（圣火、大熊猫、鱼、藏羚羊、龙）的理念被初步确定。考虑到不同国家对龙的形象理解存在分歧，建议用鸟的形象代替。韩美林根据各方提出的修改意见，提出了以北京传统风筝“京燕”造型代替“龙”造型的修改方案。至此，北京奥运会吉祥物形象定位基本完成。2005 年 6 月 9 日，北京奥组委第 54 次执委会一致审议通过了修改后的吉祥物方案。

二、德尔菲法

（一）德尔菲法的含义及特点

德尔菲法也称专家调查法，是指根据经过调查得到的情况，凭借专家的知识和经验，直接或经过简单推算，对研究对象进行综合分析研究，寻求其特性和发展规律，并进行预测的一种方法。德尔菲是古希腊传说中的一座城堡，城堡中有一座阿波罗神殿，传说众神每年都要来这里聚会，以占卜未来。德尔菲法由此得名。德尔菲法最初产生于科技领域，后来逐渐被应用于任何领域的预测，如军事预测、人口预测、医疗保健预测、经营和需求预测、教育预测等。此外，德尔菲法还被用于评价、决策、管理沟通和规划工作。

德尔菲法是在专家个人判断法和专家会议调查法的基础上发展起来的。专家个人判断法仅依靠专家个人的分析和判断进行预测，容易受到专家个人的经历、知识面、时间和所占有资料的限制，因此片面性和误差较大。专家会议调查法在某种程度上弥补了专家个人判断法的不足，但仍存在以下缺陷：召集的会议代表缺乏代表性；专家发表个人意见时易受心理因素的影响（如屈服于“权威”、受会议“气氛”和“潮流”的影响）；受自尊心的影响，专家不愿公开修正已发表的意见；专家缺乏足够的时间和资料来考虑与佐证自己的发言；等等。德尔菲法针对这些缺陷做了重大改进，它是一种按规定程序向专家进行调查的方法，能够比较精确地反映专家的主观判断能力。由此可见，德尔菲法是一个利用函询形式进行的集体匿名思想交流的过程。它有以下三个明显区别于其他专家预测方法的特点。

1. 匿名性

因为采用这种方法时所有专家组成员不直接见面，只通过函件交流，这样就可以消除权威的影响。匿名性是德尔菲法极其重要的特点，从事预测的专家并不知道还有哪些人参加预测，他们是在完全匿名的情况下交流思想的。后来改进的德尔菲法允许专家开会进行专题讨论。

2. 反馈性

该方法需要经过3—4轮的信息反馈，在每次反馈中调查组和专家组都可以进行深入研究，从而使最终结果基本能够反映专家的基本想法和对信息的认识，所以结果较为客观、可信。专家组成员的交流是通过回答组织者的问题来实现的，一般要经过若干轮反馈才能完成预测。

3. 统计性

最典型的小组预测结果是反映多数人的观点，少数派的观点至多概括地提及一下，但是这并没有表示出小组的不同意见的状况。而统计观点却不是这样的，它报告1个中位数和2个四分点，其中一半落在2个四分点之内，一半落在2个四分点之外。这样，每种观点都包括在这样的统计中，避免了专家会议调查法只反映多数人观点的缺点。

（二）德尔菲法的工作流程

在德尔菲法的实施过程中，始终有两类人在活动，一是预测活动的组织者，二是被选出来的专家。德尔菲法的工作流程大致可以分为四个步骤，在每一个步骤中，组织者与专家都有各自不同的任务。

1. 开放式的第一轮调研

（1）组织者发给专家的第一张调查表是开放式的，不带任何框框，只提出预测问题，请专家围绕预测问题提出预测事件。因为如果限制太多，会漏掉一些重要事件。

（2）组织者回收第一张调查表，归并同类事件，排除次要事件，用准确的术语制作一张预测事件一览表，并作为第二张调查表发给专家。

2. 评价式的第二轮调研

（1）专家对第二张调查表所列的每个事件做出评价。例如，说明事件发生的时间、争论点和或早或迟发生的理由。

（2）组织者回收第二张调查表，统计专家意见，整理出第三张调查表。第三张调查表包括事件、事件发生的中位数和上下四分点，以及事件发生时间在四分点外的理由。

3. 重审式的第三轮调研

（1）组织者发给专家第三张调查表，请专家做以下事情：重审争论；对上下四分点外的对立意见做一个评价；给出自己新的评价（尤其是在上下四分点外的专家，应重述自己的理由）；如果修正自己的观点，也应叙述改变的理由。

（2）组织者回收第三张调查表，对于专家们的新评论和新争论，与第二步类似，统计中位数和上下四分点；总结专家们的观点，重点是争论双方的意见，形成第四张调查表。

4. 复核式的第四轮调研

（1）组织者发给专家第四张调查表，专家再次评价和权衡，做出新的预测。是否要求做出新的论证与评价，取决于组织者的要求。

（2）组织者回收第四张调查表，计算每个事件的中位数和上下四分点，归纳总结各种意见的理由及争论点。

值得注意的是，并不是所有被预测的事件都要经过四轮。有的事件可能在第二轮就达到统一，而不必在第三轮中出现；有的事件可能在第四轮结束后还未达到统一，不统一也可以用中位数和上下四分点来得出结论。事实上，总会有许多事件的预测结果是不统一的。

（三）德尔菲法的实施步骤与注意事项

1. 德尔菲法的实施步骤

（1）确定调查课题，拟定调查提纲，准备好向专家提供的资料（包括预测目的、期限、调查表及其填写方法等）。

（2）组成专家组。按照课题所需要的知识范围，确定专家。专家人数的多少，可根据预测课题的大小和涉及面的宽窄而定，一般不超过 20 人。

（3）向所有专家提出所要预测的问题及有关要求，并附上有关问题的所有背景材料，同时请专家提出还需要什么材料。然后，由专家做书面答复。

（4）各位专家根据所收到的材料，提出自己的预测意见，并说明自己是怎样利用这些材料并提出预测值的。

（5）将各位专家第一轮的意见汇总，列成图表，进行对比，再分发给各位专家，让专家比较自己同他人的不同意见，修改自己的意见和判断。也可以将各位专家的意见整理好后，请身份更高的其他专家对其进行评论，然后把这些意见再分发给各位专家，以便他们参考后修改自己的意见。

（6）将所有专家的修改意见收集汇总后，再次分发给各位专家，以便专家做第二轮修改。逐轮收集意见并向专家反馈信息是德尔菲法的主要环节。收集意见和反馈信息一般要经过三四轮。在向专家反馈信息的时候，只给出各种意见，并不说明发表各种意见的专家的具体姓名。这一过程重复进行，直到每位专家不再改变自己的意见为止。

（7）对专家的意见进行综合处理。

2. 实施德尔菲法的注意事项

德尔菲法能充分发挥各位专家的作用，集思广益，准确性高；能把各位专家意见的分歧点表达出来，取各家之长，避各家之短。同时，德尔菲法又能避免专家会议调查法的缺点：权威人士的意见影响他人的意见；有些专家碍于情面而不愿意发表与他人不同的意见；有些专家出于自尊心而不愿意修改自己原来不全面的意见。德尔菲法的主要缺点是过程比较复杂，花费时间较多。在实施德尔菲法的过程中，需要注意以下事项：

（1）保证专家意见的独立性。专家组成员之间身份和地位上的差别及其他社会原因，有可能使其中一些人因不愿批评或否定他人的观点而放弃自己的合理主张。要防止这类问题的出现，就必须避免专家们面对面进行集体讨论，而是由专家单独提出意见。

（2）基于专家对企业的了解程度做出选择。对专家的挑选应基于其对企业内外部情况的了解程度。专家可以是企业一线管理人员，也可以是企业高层管理人员和外聘专家。例如，在评估企业未来的员工需求时，企业可以选择人事、计划、营销、生产、技术等部门的经理作为专家。

（3）其他注意事项。① 为专家提供充分的信息，使其有足够的根据做出判断。例如，为专家提供所收集的有关企业人员安排及经营趋势的历史资料、统计分析结果等。② 所提出的问题应是专家能够回答的问题。③ 允许专家粗略地估计数字，不要求精确，但可以要求专家说明预计数字的准确程度。④ 尽量简化流程，不要提出与预测无关的问题。⑤ 确保所有专家能够从同一角度去理解员工分类和其他有关定义。⑥ 向专家说明进行专题预测的意义，以赢得他们对德尔菲法的支持。

（四）德尔菲法的应用案例

某公司研制出一种新产品，市场上还没有相似产品出现，因此没有历史数据可以获得。该公司需要对可能的销售量做出预测，以决定产量。于是，该公司成立专家组，并聘请业务经理、市场专家、销售人员等 8 位专家，预测新产品全年可能的销售量。8 位专家做出个人判断，经过三轮反馈得到的结果如表 6-1 所示。

表 6-1　某公司聘请的 8 位专家预测的新产品销售量　　单位：万件

专家编号	第一轮			第二轮			第三轮		
	最低销售量	最可能销售量	最高销售量	最低销售量	最可能销售量	最高销售量	最低销售量	最可能销售量	最高销售量
1	500	750	900	600	750	900	550	750	900
2	200	450	600	300	500	650	400	500	650
3	400	600	800	500	700	800	500	700	800
4	750	900	1 500	600	750	1 500	500	600	1 250
5	100	200	350	220	400	500	300	500	600
6	300	500	750	300	500	750	300	600	750
7	250	300	400	250	400	500	400	500	600
8	260	300	500	350	400	600	370	410	610
平均数	345	500	725	390	550	775	415	570	770

三、六顶思考帽法

(一) 六顶思考帽法简介

六顶思考帽法是爱德华·德·博诺(Edward de Bono)开发的一种思维训练模式，或者说是一个全面思考问题的模型。它提供了“平行思维”的工具，避免将时间浪费在互相争执上。六顶思考帽法强调的是“能够成为什么”，而非“本身是什么”，是寻求一条向前发展的路，而不是争论谁对谁错。运用德·博诺的六顶思考帽法，将会使混乱的思考变得清晰，使团体中无意义的争论变成集思广益的创造，使每个人变得富有创造性。

六种不同颜色的思考帽代表六种不同的思维方式。① 白色思考帽：中立而客观，思考的是客观的事实和数据；② 绿色思考帽：创造力和想象力，创造性思考、头脑风暴、发散思维等；③ 黄色思考帽：价值与肯定，从正面考虑问题，表达乐观的、满怀希望的、建设性的观点；④ 黑色思考帽：否定、怀疑、质疑、悲观，合乎逻辑地进行批判，尽情发表负面的意见，找出逻辑上的错误；⑤ 红色思考帽：表现自己的情绪，表达直觉、感受、预感等方面的看法；⑥ 蓝色思考帽：负责控制和调节思维过程，负责控制各种思考帽的使用顺序，规划和管理整个思考过程，并负责得出结论。六顶思考帽的思维方式及其特点如图 6-2 所示。

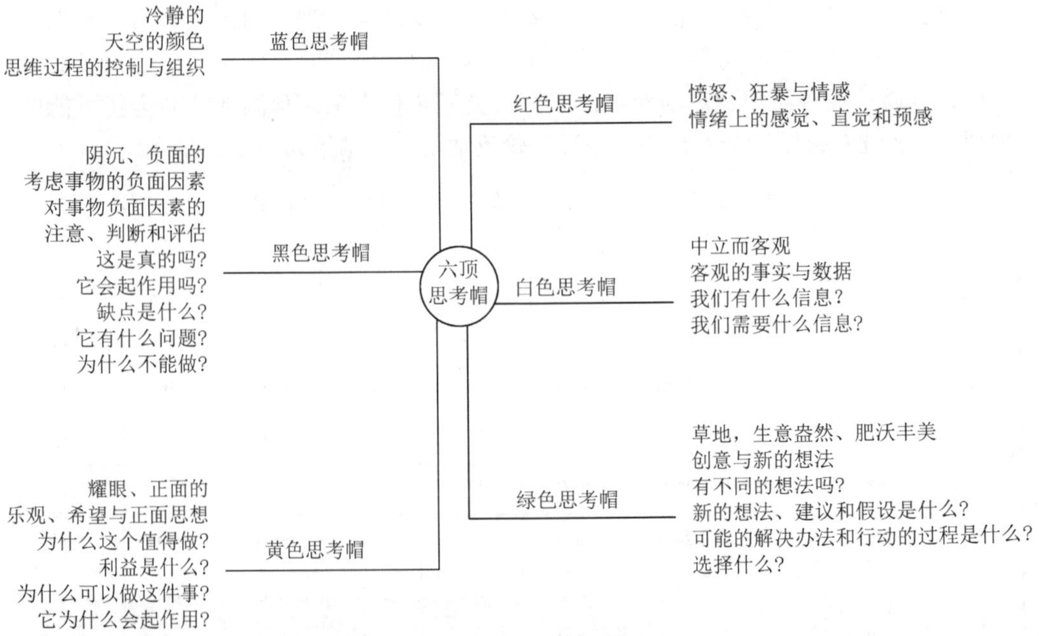

图 6-2　六顶思考帽的思维方式及其特点

在多数团队中，团队成员被迫接受团队既定的思维模式，这限制了个人和团队的配合，不能有效解决某些问题。运用六顶思考帽法，团队成员不再局限于单一思维模式，而且思考帽代表的是角色分类，是一种思考要求，而不是代表扮演者本人。六顶思考帽代表的六种思维角色几乎涵盖了思维的整个过程，既可以有效地支持个人的行为，也可以支持团体讨论中的互相激发。

（二）六顶思考帽法的应用场景和使用规则

对六顶思考帽法的应用关键在于使用者用何种方式去排列帽子的顺序，也就是如何组织思考的流程。只有掌握了组织思考的流程，才能说是真正掌握了六顶思考帽法的应用，不然往往会让人产生这个工具并不实用的感觉。

帽子的顺序非常重要，我们可以想象：一个人写文章的时候需要事先设计文章的结构提纲，以便自己不会写得混乱；一个程序员在编写大段程序之前需要事先设计整个程序的模块流程；进行思维活动也是这个道理。六顶思考帽不仅定义了思维的不同类型，而且定义了思维的流程结构对思考结果的影响。

在团队中，六顶思考帽法最广泛的应用场景是会议，特别是讨论性质的会议，因为这类会议是真正的思维和观点碰撞、对接的平台。这类会议难以达成一致，不是因为某些外在的技巧不足，而是与会者从根本上对他人观点的不认同。在这种情况下，六顶思考帽就成为特别有效的沟通框架。所有人要在蓝帽的指引下按照框架的体系组织思考和发言，这样不仅可以有效避免冲突，而且可以就一个话题讨论得更加充分和透彻。在会议中，运用六顶思考帽法不仅可以压缩会议时间，还可以拓展讨论的深度。

在运用六顶思考帽法进行思考和解决问题时，需要明确以下几个规则：

（1）没有绝对的使用组合及顺序，可根据待解决的问题和拟达成的目标灵活地安排使用顺序，可以单独、组合或多次使用各种颜色的帽子，也可以不使用某种颜色的帽子。

（2）尽量选择有助于解决问题和推进思考的某种颜色的帽子，尽量选择简单、少量帽子的组合，充分发挥某种颜色帽子的优势与特点，做到简洁、高效。

（3）六顶思考帽不是对思考者的分类，而是对思考方式的分类与暂时限定，每个思考者都应该掌握所有颜色帽子的使用规则和技巧，在具体使用时不再需要他人提醒该颜色帽子的功能和注意事项。

（4）尽量避免滥用、无限制地运用某一颜色的帽子，以避免思考和问题讨论偏离主题，防止陷入“思考极端”。

（三）六顶思考帽法的应用步骤

将思考过程分为六个重要的环节和角色。每一个角色与一顶特定颜色的思考帽相对应。在脑海中，想象把帽子戴上，然后一顶一顶地换上，很容易就能集中注意力，并对想法、对话、会议讨论进行重新定向。

一个典型的六顶思考帽团队在实际中的应用步骤如下：

（1）陈述问题事实（白色思考帽）。戴上“白色思考帽”，收集各环节的信息，收集各个部门存在的问题，找到基础数据。

（2）提出如何解决问题的建议（绿色思考帽）。戴上“绿色思考帽”，用创新思维去思考这些问题，不是一个人思考，而是各层次管理人员都用创新思维去思考，大家提出各自解决问题的好的建议、好的措施。也许这些方法不对，甚至无法实施。但是，用创新思维去思考就是要跳出一般的思维模式。

（3）评估建议的优缺点：列举优点（黄色思考帽），列举缺点（黑色思考帽）。

分别戴上“黄色思考帽”和“黑色思考帽”，对所有的想法从“光明面”和“良性面”逐个进行分析，对每个想法的危险性和隐患进行分析，找出最佳切合点。“黄色思考帽”和“黑色思考帽”这两种思考方法，就好像是孟子的性善论和性恶论，都能进行否决或都能进行肯定。

(4) 对各项方案进行直觉判断（红色思考帽）。戴上“红色思考帽”，从经验、直觉上，对已经过滤的问题进行分析、筛选，做出决定。

(5) 总结陈述，得出方案（蓝色思考帽）。在思考过程中，应随时运用“蓝色思考帽”，对思考的顺序进行调整和控制，甚至有时还要刹车。因为观点可能是正确的，也可能会走进死胡同。因此，在整个思考过程中，应随时调换思考帽，进行不同角度的分析和讨论。

（四）六顶思考帽法的系统应用

1. 思考或讨论形成初步的简单方案

一般按蓝色思考帽、白色思考帽、绿色思考帽的顺序组织思考或讨论，进行组合使用。步骤如下：

(1) 运用蓝色思考帽思考并讨论中心问题、任务和目标。

(2) 运用白色思考帽思考并列举出有关此问题或情况的客观事实与信息数据。

(3) 运用绿色思考帽思考并想出或引申出新的想法和建议。

2. 快速评估某个想法或方案

一般按黄色思考帽、黑色思考帽、蓝色思考帽的顺序组织思考与评价，进行组合使用。步骤如下：

(1) 运用黄色思考帽思考并评价，列举出该想法或方案的优点与价值。

(2) 运用黑色思考帽思考并评价，列举出该想法或方案的缺点、不足或负面影响。

(3) 运用蓝色思考帽思考并综合分析与总结以上优缺点，形成结论。

3. 研究改进现有方案或状况

一般按黑色思考帽、绿帽思考帽的顺序组织思考与分析讨论，进行组合使用。步骤如下：

(1) 运用黑色思考帽思考现有方案或状况存在的缺点与问题。

(2) 运用绿色思考帽思考并分析改进或克服以上缺点或不足的新思路。

4. 设计研发新产品或新方案

一般按蓝色思考帽、绿色思考帽、红色思考帽的顺序组织思考与设计，进行组合使用。步骤如下：

(1) 运用蓝色思考帽思考并分析研究，明确设计研发的任务目标与具体需求。

(2) 运用绿色思考帽思考并分析研究满足需求的可能设计方案。

(3) 运用红色思考帽思考并给出直觉判断，对以上各种设计方案进行感性思考。

5. 探索机会与发展方向

一般按白色思考帽、黄色思考帽的顺序组织思考与分析讨论，进行组合使用。步骤如下：

（1）运用白色思考帽思考并分析有关当前状况的事实信息和数据资料。

（2）运用黄色思考帽思考并分析当前状况的有利条件、可产生的积极价值或影响。

6. 预防风险与保持谨慎

一般按白色思考帽、黑色思考帽、蓝色思考帽的顺序组织思考与分析，进行组合使用。步骤如下：

（1）运用白色思考帽思考并分析研究有关当前状况或方案的事实信息和数据资料。

（2）运用黑色思考帽思考并分析研究当前状况或方案的风险、不足和不利影响。

（3）运用蓝色思考帽思考并综合分析以上信息，形成结论。

7. 做出选择与决策

一般按黄色思考帽、黑色思考帽、红色思考帽的顺序组织思考与分析，进行组合使用。步骤如下：

（1）运用黄色思考帽思考并分析，列举出当前选项与方案的优点、价值和有利方面。

（2）运用黑色思考帽思考并分析，列举出当前选项与方案的缺点、不足和不良后果。

（3）运用红色思考帽思考并对以上优缺点进行感性思考，给出个人直觉判断与选择。

名人名片

“创新思维之父”——爱德华·德·博诺

爱德华·德·博诺，英国心理学家，牛津大学心理学学士，剑桥大学医学博士，欧洲创新协会将他列为历史上对人类贡献最大的250人之一。德·博诺在20世纪60年代末期提出“水平思考法（Lateral Thinking）”，规避了人们日常采用“垂直思考法（Vertical Thinking）”容易出现的问题。他在20世纪80年代中期提出“六顶思考帽法（Six Thinking Hats）”。德·博诺揭示创新是有规律可遵循的，每个普通人通过自我训练都会成为灵感的宠儿。那些所谓的“天才”能够创新，正是无意中暗合了德·博诺思维。诺贝尔物理学奖得主布赖恩·D. 约瑟夫森（Brian D. Josephson）对此一语中的，他认为有许多杰出人才会灵活自如地运用“水平思考法”“六顶思考帽法”技巧。谁最早掌握德·博诺思维，就意味着在迈向成功的道路上先行了一步。

德·博诺的“水平思考法”“六顶思考帽法”，在许多著名跨国公司得到了成功的应用。英国最大的上市人寿保险公司保诚（Prudential）长期使用“六顶思考帽法”，其总部的地毯就使用了彩色的“六顶思考帽”图案。

第二节 TRIZ 创造发明方法

一、TRIZ 简介

TRIZ，直译为“发明问题解决理论”，国内也将它形象地翻译为“萃智”或“萃思”，取“萃取智慧”或“萃取思考”之义。它是由苏联发明家、教育家根里奇·S. 阿奇舒勒（Genrich S. Altshuller）和他的研究团队，通过分析大量专利和创新案例总结出来的系统化创新方法。阿奇舒勒坚信发明问题的基本原理是客观存在的，这些原理既能被确认也能被整理成一种理论，掌握该理论的人不仅能提高发明的成功率、缩短发明的周期，还能使发明问题具有可预见性。

TRIZ 正成为许多现代企业创新的“独门暗器”，它可以轻易解决那些“看似不可能解决的问题”并形成专利，增强企业的核心竞争力，使企业从“跟随者”快速成长为行业的技术“领跑者”，让创新就像做算术题一样轻松简单。

TRIZ 的核心是技术系统进化原理。按照这一原理，技术系统一直处于进化之中，解决矛盾是其进化的推动力。它们大致可以分为三类：TRIZ 的理论基础、分析工具和知识数据库。其中，TRIZ 的理论基础对于产品的创新具有重要的指导作用；分析工具是 TRIZ 用来解决矛盾的具体方法或模式，它们使 TRIZ 得以在实际中应用，包括矛盾矩阵、物-场模型分析、ARIZ 算法等；而知识数据库则是 TRIZ 解决矛盾的精髓，包括矛盾矩阵（39 个工程参数和 40 个发明原理）、76 个标准解法。

小资料

TRIZ 的传播

阿齐舒勒一生共写了 14 本专著，并与学生合著了几本，但只有《发明者的突然出现》和《创造性科学》两本被译成英文。1970 年，阿齐舒勒开设了一所 TRIZ 学校并招收了几十名学生继续研究和传授 TRIZ。一些优秀的学生后来成为他的助手，如现在就职于美国 IEG（Innovation Excellence Growth）集团的 TRIZ 专家鲍里斯·兹洛廷（Boris Zlotin）和阿拉·祖斯曼（Alla Zusman）等。冷战结束后，一批 TRIZ 专家分别移民到欧洲、美国，西方国家开始学习 TRIZ。1993 年，TRIZ 正式进入美国，美国一些公司开始了 TRIZ 的咨询和软件开发工作。1997 年，TRIZ 被正式引入日本，东京大学专门成立了 TRIZ 研究团队。自 1997 年起，日本著名的“思想库”——三菱综合研究所开始向日本企业及亚太地区的其他企业提供 TRIZ 的培训和软件产品，目前它已拥有 100 多个公司用户，数以千计的工程师和研究人员接受了它提供的 TRIZ 方法培训。三洋管理研究所也成立了 TRIZ 小组，专门负责向制造企业、大学和研究机构开办学术讲座、TRIZ 培训与咨询。2000 年，欧洲 TRIZ 协会（ETRIZA）成立，旨在推进 TRIZ 在欧洲的研究和发展。在中国，萃智（北京）工业技术研究院成立于

2008 年，是国内首家完成 TRIZ 本土化研究的专业机构，开展 TRIZ 创新理论与方法的培训和咨询工作，对 TRIZ 在中国的推广起到了重要作用。

二、TRIZ 理论体系

（一）理论框架：基本原理与分析和求解工具

阿奇舒勒通过研究获得了以下三条重要发现：第一，类似的问题与解决办法在不同的工程及科学领域交替出现，即创新存在规律性；第二，技术系统进化的模式在不同的工程及科学领域交替出现，即“他山之石，可以攻玉”；第三，创新所依据的科学原理往往属于其他领域，即“拓宽思路，打破思维定式”。这三条发现构成了经典 TRIZ 的核心思想。

TRIZ 包含许多系统、科学而又富有可操作性的创造性思维方法和发明问题的分析方法及解决工具。TRIZ 主要由三部分组成：一是 TRIZ 基本原理；二是 TRIZ 问题分析体系；三是 TRIZ 问题求解体系（图 6-3）。

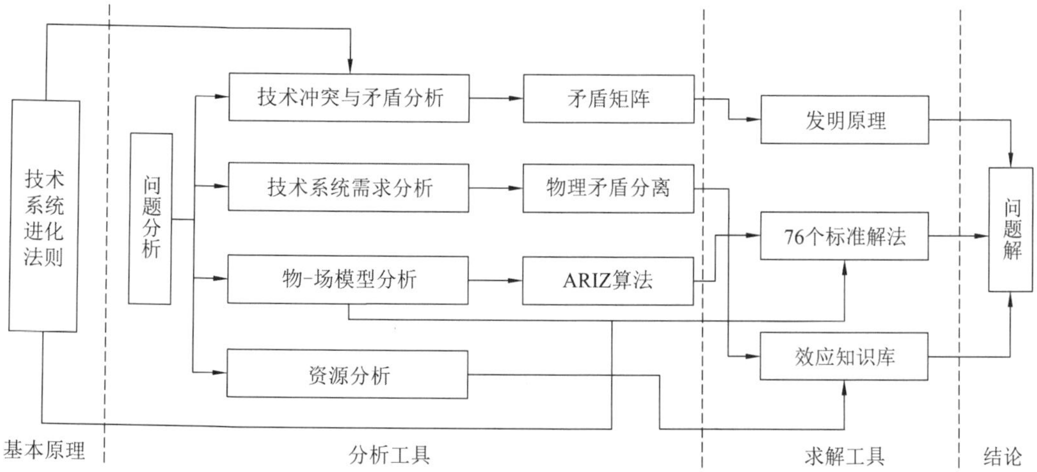

图 6-3　TRIZ 理论框架

TRIZ 强调技术系统一直处于进化之中，技术进步受到客观规律的支配，解决矛盾就是解决阻碍技术系统进化的深层次冲突、实现技术系统从低级到高级演进的过程。技术系统进化是 TRIZ 的理论基础。

TRIZ 主要提供了以下四种分析工具：

一是技术冲突与矛盾分析，将待解决的具体问题转化为矛盾矩阵，进而查找到相应的发明原理，以得到问题的解决办法。在对专利的研究中，阿奇舒勒发现，仅有 39 个工程参数在彼此相对改善和恶化，而所研究的这些专利都是在不同领域解决这些工程参数的冲突与矛盾。这些冲突与矛盾不断地出现，又不断地被解决。由此，他总结出了解决冲突与矛盾的 40 个发明原理。之后，将这些冲突与矛盾和发明原理组成一个由 39 个改善参数与 39 个恶化参数构成的矩阵，矩阵的横轴表示希望得到改善的参数，纵轴表示某技术特性改善引起恶化的参数，横、纵轴各参数交叉处的数字表示用来解决系统矛盾时所使用发明原理的编号。这就是著名的矛盾矩阵。矛盾矩阵为问题解决者提供了一种可以根据系统中产生矛盾的两个工程参数，从矩阵表中直接查找解决该矛盾的发明原理的方法。

二是技术系统需求分析，运用分离原理将矛盾分离后，通过分离法解决技术系统的功能需求。当一个技术系统的工程参数具有相反的需求时，就出现了物理矛盾。比如，要求系统的某个参数既出现又不出现，或既要高又要低，或既要大又要小，等等。相对于技术矛盾，物理矛盾是一种更尖锐的矛盾，需要在创新中加以解决。物理矛盾所存在的子系统就是系统的关键子系统，系统或关键子系统应该具有满足某个需求的参数特性，但另一个需求要求系统或关键子系统又不能具有这样的参数特性。分离原理是阿奇舒勒针对物理矛盾的解决而提出的，分离方法共有 11 种，可归纳为四大分离原理：空间分离、时间分离、基于条件的分离和整体与部分的分离。

三是物-场模型分析，将待解决的具体问题转化为利用“物质”和“场”描述的标准物-场模型，分析物-场模型中不足、过度、有害的作用，查找与之对应的 76 个标准解法以得到解决方案模型。每一个技术系统都可由许多功能不同的子系统组成，因此每一个系统都有它的子系统，而每一个子系统都可进一步细分，直到分子、原子、质子、电子等微观层次。无论是大系统、子系统，还是微观层次，都具有功能，所有的功能都可分解为 2 种物质和 1 种场。在物-场模型的定义中，物质是指某种物体或过程，可以是整个系统，也可以是系统内的子系统或单个的物体，甚至可以是环境，这取决于实际情况。场是指实现某种功能所需要的手法或手段，通常是一些能量形式，如磁场、重力场、电能、热能、化学能、机械能、声能、光能等。物-场模型分析是 TRIZ 中的一种分析工具，用于建立与已存在的系统或新技术系统问题相联系的功能模型。

根据物-场模型分析，可将技术系统中的物理矛盾或技术矛盾归纳为四种类型：① 有效模型。这是一种理想的状态，也是设计者追求的状态。功能的 3 个元素都存在，且相互之间的作用充分。② 不充分模型。功能的 3 个元素齐全，但设计者追求或预期的相互作用未能实现或只是部分实现。③ 缺失模型。功能的 3 个元素不齐全，可能缺少物质，也可能缺少场。④ 有害模型。虽然功能的 3 个元素齐全，但是产生的相互作用是一种与预期相反的作用，设计者不得不想办法消除这些有害的相互作用。如果属于第一种模型，系统一般不存在问题；而如果属于后三种模型中的任何一种，系统就会出现各种问题，因此后三种模型自然就是 TRIZ 重点关注的情况。

四是资源分析，通过分析待解决问题系统中组件及组件间的相互作用关系，建立功能模型，运用效应知识库，产生解决方案模型。与之相对应，TRIZ 问题求解方法主要有发明原理、标准解法、效应知识库。

（二）问题解决流程：标准问题和非标准问题

TRIZ 将发明问题分为两大类：标准问题和非标准问题。TRIZ 问题解决流程如下：首先将待解决的问题转化为通用问题，提取实际问题中的技术矛盾或物理矛盾；其次利用 TRIZ 工具对问题进行分析，得到 TRIZ 的解决方案模型；最后根据发明原理得到解决方案。（图 6-4）

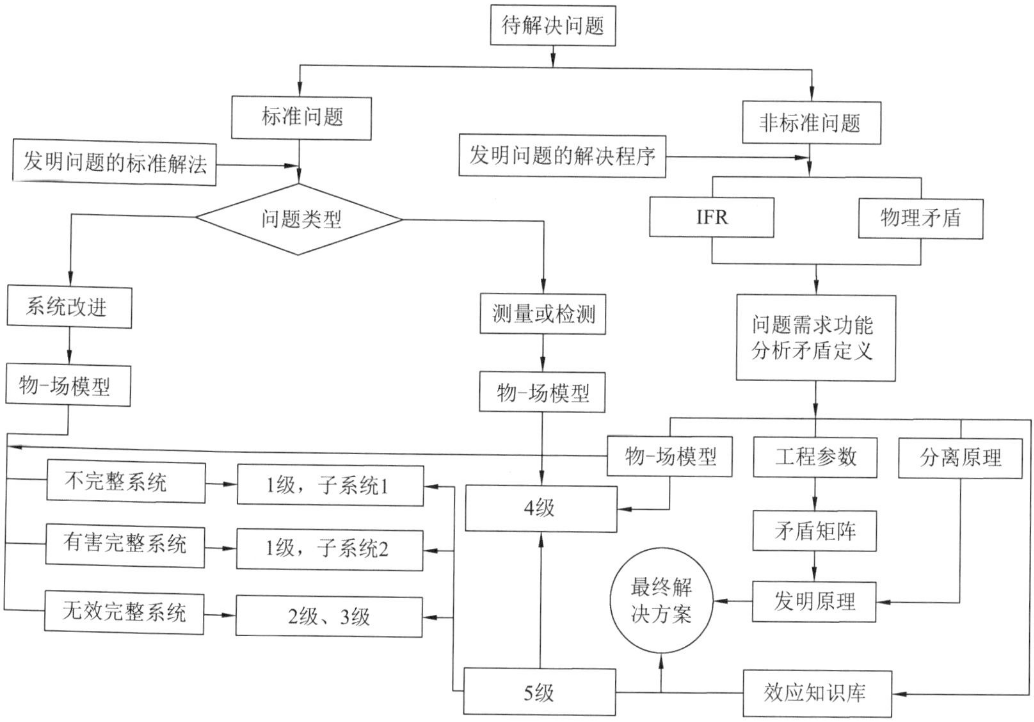

图 6-4　TRIZ 问题解决流程

对于标准问题，可以依据技术系统进化法则确定问题的改进方向和解决方法。标准问题的解决方法被称为发明问题的标准解法。发明问题的标准解法是阿奇舒勒于 1985 年创立的，分为 5 级、18 个子级、76 个标准解法（表 6-2），各级中解法的先后顺序反映了技术系统必然的进化过程和进化方向，标准解法可以将标准问题在一两步中快速解决。标准解法是阿奇舒勒后期进行 TRIZ 理论研究的最重要的课题，同时也是 TRIZ 高级理论的精华。

表 6-2　标准解法分级表　　单位：个

级别	名称	子系统数量	标准解法数量
1	构建或完善物-场模型的标准解法系统	2	13
2	对效应不足的物-场模型进行改善	4	23
3	向超系统或微观系统进化	2	6
4	测量或检测的标准解法系统	5	17
5	标准解法的应用方法和准则	5	17

凡属 TRIZ 标准问题，通过对问题类型进行判别，并确立标准模型，就能快速获得问题的解决方法。标准解法是针对标准问题的解决而提出的，通过标准解法解决问题，可以按照以下步骤进行：① 确定问题类型，找出问题所在区域，划分相关因素；② 如果是针对系统进行改进，那么建立问题解决的物-场模型；③ 如果是对

某问题的测量或检测，那么运用标准解法中4级17个标准解法；④ 通过获得标准解法和解决方案，对问题进行简化，简化原则基于5级17个标准解法。

非标准问题主要运用ARIZ来解决，ARIZ是发明问题解决过程中应遵循的理论方法和步骤，是基于技术系统进化法则的一套完整的问题解决程序，主要是将非标准问题转化为标准问题，然后通过标准解法获得解决方案。阿奇舒勒的ARIZ共有9个关键步骤：① 分析问题；② 构建存在问题部分的物-场模型；③ 定义理想状态和理想解；④ 列出技术系统的可用资源；⑤ 利用效应知识库寻求类似的解决方法；⑥ 根据发明原理解决技术矛盾或物理矛盾；⑦ 从物-场模型出发，标准解法和效应知识库工具产生多个解决方法；⑧ 选择只采用系统可用资源的方法；⑨ 对修正完毕的系统进行分析，防止出现新的缺陷。每个步骤中含有数量不等的多个子步骤。在一个具体问题的解决过程中，如在某个步骤中获得了问题解决方案，可跳过中间其他几个无关步骤，直接进入后续相关步骤来完成问题的解决。ARIZ的特点是使用流程化的步骤来解决复杂工程问题，能够快速接近最优解；可以在系统改变最小或没有系统参数恶化的情况下消除问题。

TRIZ在解决问题之初，会抛开各种客观限制条件，通过理想化来定义问题的最终理想解（Ideal Final Result，IFR），以明确理想解所在的方向和位置，保证在问题解决过程中沿着此目标前进并获得最终理想解，从而避免了传统创新设计方法中缺乏目标的弊端，提高了创新设计的效率。如果将创造性解决问题的方法比作通向胜利的桥梁，那么最终理想解就是这座桥梁下面的墩子。

最终理想解是从理想度和理想系统延伸出来的一个概念，是用于问题定义阶段的一种心理学工具，是一种用于确定系统发展方向的方法。它描述了一种超越了原有问题的机制或约束的解决方案，指出了在使用TRIZ工具解决实际技术问题时应该努力的方向。这种解决方案可以看成是与当前所面临的问题没有任何关联的、理想的最终状态。例如，高层建筑物玻璃窗的外表面需要定期清洁。目前，清洁工作需要在高层建筑物的外面进行，这是一种高危险、高成本的工作，只有那些经过特殊培训和认证的“蜘蛛人”才能胜任。能不能在高层建筑物的内部对玻璃窗外表面进行清洁呢？针对该问题，其最终理想解可以定义为：在不提高玻璃窗设计复杂度的情况下，在实现玻璃现有功能且不引入新的有害功能的前提下，玻璃窗能够自己清洁外表面。通过这个例子可以看出，最终理想解是针对一个已经被明确定义的问题所给出的一种最理想的解决方案。通过将问题的求解方向聚焦于一个清晰可见的理想结果，最终理想解为后续使用其他TRIZ工具来解决问题创造了条件。

最终理想解的确定和实现可以按下面提出的问题分六个步骤进行：

（1）设计的最终目的是什么？

（2）IFR是什么？

（3）达到IFR的障碍是什么？

（4）出现这种障碍的结果是什么？

（5）不出现这种障碍的条件是什么？

（6）创造这些条件时可用的资源是什么？

上述问题一旦被正确地理解并描述出来，问题也就得到了解决。确定创新产品或技术系统的最终理想解后，检查其是否符合最终理想解的特点，并进行系统优化，直到确认达到或接近最终理想解为止。最终理想解同时具有以下四个特点：① 保持了原系统的优点；② 消除了原系统的不足；③ 没有使系统变得更复杂；④ 没有引入新的缺陷。因此，设定了最终理想解，就是设定了技术系统改进的方向。最终理想解是解决问题的最终目标，即使理想的解决方案不能100%获得，但它也会引导你获得最巧妙和最有效的解决方案。

三、40个发明原理

（一）40个发明原理的由来

阿奇舒勒对大量专利进行研究后发现，只有20%左右的专利称得上是真正的创新，许多宣称为专利的技术，其实早已在其他产业中出现并被应用过。因此，阿奇舒勒认为，如果跨产业的技术能够更充分地交流，一定可以更早开发出优化的技术。同时，阿奇舒勒也坚信发明问题的原理一定是客观存在的，如果掌握了这些原理，不仅可以提高发明的效率、缩短发明的周期，而且能使发明问题更具有可预见性。如果一个发明原理融合了物理、化学等科学，相应此原理将超越领域的限制，可应用到其他行业中。为此，阿奇舒勒对大量的专利进行了研究、分析和总结，提炼出了TRIZ中最重要的、具有普遍用途的40个发明原理。

40个发明原理打开了解决发明问题的天窗，将发明从“魔术”推向科学，让那些似乎只有天才才可以从事的发明工作成为一种人人都可以从事的职业，使原来认为不可能解决的问题取得突破性的进展。

（二）40个发明原理的内容

40个发明原理的具体名称和对应序号如表6-3所示，此序号与阿奇舒勒矛盾矩阵中的编号是相互对应的。

表6-3　40个发明原理的具体名称和对应序号

序号	名称	序号	名称
1	分割	10	预先作用
2	抽取	11	事先防范
3	局部质量	12	等势
4	增加不对称性	13	逆向作用
5	组合	14	曲面化
6	多用性	15	动态特性
7	嵌套	16	不足或过度的作用
8	重力补偿	17	多维化
9	预先反作用	18	机械振动

续表

序号	名称	序号	名称
19	周期性动作	30	柔性壳体或薄膜
20	有效作用的连续性	31	多孔材料
21	减少有害作用时间	32	改变颜色
22	变害为利	33	同质性
23	反馈	34	抛弃或再生
24	借助中介物	35	物理或化学参数变化
25	自服务	36	相变
26	复制	37	热膨胀
27	廉价替代品	38	加速氧化
28	机械系统替代	39	惰性或真空环境
29	气压或液压结构	40	复合材料

1. 原理 1：分割

（1）将物体分割成独立的部分。如用卡车加拖车代替大卡车、用烽火传递信息（分割信息传递的距离）、将大项目根据工作流程分解为子项目等。

（2）使物体成为可组合的部件（易于拆卸和组装）。如组合式家具、利用快速拆卸接头将橡胶软管连接成所需的长度等。

（3）提高物体被分割的程度。如用软的百叶窗代替整幅大窗帘等。

2. 原理 2：抽取

（1）将物体中“干扰”的部分或特征抽取出来。如由于压缩机用于压缩空气会产生噪声，所以将嘈杂的压缩机放在室外。

（2）只从物体中抽取必要的部分或特征。如用狗叫声作为报警器的警报声；用录音机录制使鸟飞离机场的声音，而录制的声音是从鹰的叫声中分离出来的。

3. 原理 3：局部质量

（1）将物体、环境或外部作用的均匀结构变为不均匀结构。如用梯度变化的温度、密度或压力，而不用恒定的温度、密度或压力。

（2）让物体的不同部分具有不同功能。如带橡皮擦的铅笔、带起钉器的榔头、多功能的工具（瑞士军刀）。

（3）让物体的各部分处于完成各自功能的最佳状态。如快餐饭盒中设置不同的区域存放冷、热食物和汤。

4. 原理 4：增加不对称性

（1）将物体的对称外形变为不对称外形。如引入一个几何特性来防止元件被不正确地使用（U 盘插口、电插头的接地棒）；非对称容器或对称容器中非对称的搅拌叶片可提高混合的效率（工程搅拌机）；模具设计中，两边采用不同直径的定位销，以免混淆；非对称衣襟的衣服。

（2）如果物体已经是非对称的，那么提高其非对称的程度。如为增强防水保温性能，建筑采用多重坡屋顶。

5. 原理5：组合

（1）合并空间上的同类或相邻的物体或操作。如网络中的个人计算机、并行处理计算机中的多个微处理器、水陆两用汽车、组合音响设备等。

（2）合并时间上的同类或相邻的物体或操作。如摄影机在拍摄影像的同时录音、冷热水混合龙头、同时分析多项血液指标的医疗诊断仪器等。

6. 原理6：多用性

使物体具有复合功能，以代替多个物体的功能。如牙刷的把柄内含牙膏、可移动的儿童安全椅、门铃和烟雾报警器组合、带电击器的手电筒、便携式水壶的盖子同时也是水杯。

7. 原理7：嵌套

（1）把一个物体嵌入另一个物体内，然后将这两个物体再嵌入第三个物体内，依此类推。如俄罗斯套娃，嵌套量规、量具，可伸缩式物品（电视天线、相机镜头、钓鱼竿），等等。

（2）让一个物体穿过另一个物体的空腔。如可堆叠的塑胶椅、可伸缩刀、汽车安全带卷收器等。

8. 原理8：重力补偿

（1）将一个物体与另一个能提供升力的物体组合，以补偿其重力。如救生圈、用氢气球悬挂广告横幅等。

（2）通过与环境（利用空气动力、流体动力或其他力）的相互作用实现对物体重力的补偿。如直升机的螺旋桨（利用空气动力）、赛车上安装阻流板以增加轮胎与地面的摩擦力等。

9. 原理9：预先反作用

（1）预先给物体施加反作用，以消除事后可能的不利影响。如在做核试验之前，工作人员穿戴防护装置，以免受射线损伤；为了让司机看到路面上比例合适的交通提示文字，路面文字的书写都是“横粗竖细”的；等等。

（2）如果一个物体处于或将处于拉伸状态，应预先施加压力。如在步枪射击中必须预先用肩膀抵紧枪托，以此化解射击的后坐力；在灌注混凝土之前对钢筋预加应力；给畸形的牙戴上矫正牙套；等等。

10. 原理10：预先作用

（1）预置必要的动作、机能。如易拉罐的开口、邮票打孔等。

（2）在确定的位置预先安置物体，使其在最适当的时机发挥作用而不浪费时间。如在道路转弯处或出口处预先设置好提示牌、手机预先设置好单键拨号功能等。

11. 原理11：事先防范

以事先准备好的应急措施补偿物体相对较低的可靠性。如胶卷底片上的磁性条

(可以弥补曝光度不足)、降落伞的备用伞包、图书中的防盗磁卡、应急楼梯、防火通道、汽车安全气囊等。

12. 原理12：等势

改变物体的动作、作业情况，使物体不需要经常升降。如换汽车轮胎时，要用千斤顶把汽车一侧顶起到与车轴水平的位置，以方便装卸轮胎；汽车制造厂的自动生产线和与之配套的工具；训练有素的骆驼自动跪下，方便人骑乘；工厂中与操作台同高的传送带；方便轮椅通行的无障碍通道；为方便汽车维修设置的地槽；等等。

13. 原理13：逆向作用

(1) 用相反的动作代替要求指定的动作。如采用将内层物体冷冻的方法使两个套紧的物体分离，而不是采用传统的将外层物体加热的方法。

(2) 把物体（过程）倒过来。如把杯子倒置从下方喷水进行清洗、用“倒计时”的方法制订应对时间紧的工作计划等。

(3) 让物体可动部分不可动，不可动部分可动。如加工时将工具旋转变为工件旋转、大型商场中的助步扶梯、健身房中的跑步机等。

14. 原理14：曲面化

(1) 将直线、平面用曲线、曲面代替，将立方体变成球体或椭圆体。如用拱形和圆形结构来提高建筑的强度、在两个表面之间引入圆倒角以减少应力集中等。

(2) 使用滚筒状、球状、螺旋状的物体。如千斤顶中的螺旋机构可产生很大的升举力、圆珠笔和钢笔的球形笔尖使书写流畅、在家具底部安装球形轮以利于移动、古代用圆木运输重物等。

(3) 改直线运动为旋转运动，利用离心力。如洗衣机利用高速旋转产生的离心力甩干衣物等。

15. 原理15：动态特性

(1) 自动调节物体的特性，使其在每个阶段都能提供最佳性能。如飞机中的自动导航系统、形状记忆合金、自调节海绵床垫等。

(2) 将物体分割成彼此可相对移动的数个组成部分。如装卸货物的铲车（装卸货物时铲斗张开、移动时铲斗闭合)、折叠椅、笔记本电脑等。

(3) 使不动的物体变得可动或可自适应。如在医疗检查中使用的胃镜和结肠镜、可弯曲的饮料吸管等。

16. 原理16：不足或过度的作用

如果所期望的效果难以百分之百达到，稍微高于或低于期望效果，会使问题大大简化。如大型船只在制造时往往先不安装船体上部的结构，以避免船只从船厂驶往港口的过程中受制于途中的桥梁高度，待船只到达港口后再安装船体上部的结构。

17. 原理17：多维化

(1) 将一维直线运动变为二维平面或三维空间运动。如螺旋楼梯可以减少占地面积等。

(2) 将单层结构变为多层结构。如多碟CD机、立体停车库、高层建筑等。

（3）将物体倾斜或侧向放置。如垃圾自动卸载车等。

（4）利用给定面的反面。如在集成电路板的两面都安装电子元件等。

18. 原理 18：机械振动

（1）使物体处于振动状态。如振动式电动剃须刀等。

（2）如果物体已经在振动，那么提高它振动的频率。如磁振送料机、拉胡琴时的滑弦（琴弦振动频率变高，声音变尖）等。

（3）利用共振频率。如音叉（呈“Y”形的钢质或铝合金发声器）、超声波碎石机粉碎胆结石、利用共鸣腔加热氢燃料实现火箭自动点火等。

（4）用压电振动代替机械振动。如高精度时钟使用石英晶体振动机。

（5）超声波振动和电磁场共用。如在电熔炉中混合金属，利用超声波使金属混合均匀；超声波加湿器采用超声波高频振荡，将水雾化为 1~5 微米的超微水珠。

19. 原理 19：周期性动作

（1）用周期性动作或脉冲代替连续性动作。如特种车辆使用的闪烁警示灯、汽车发动机内的排气门、警车将警笛改为周期性鸣叫以避免产生刺耳的声音等。

（2）如果动作已是周期性的，那么改变其频率。如用频率调音代替莫尔斯电码、可任意调节频率的电动按摩椅、使用 AM（调幅）或 FM（调频）或 PWM（脉冲宽度调制）来传输信息等。

（3）利用脉冲的间歇完成另一动作。如每五次胸廓运动进行一次心肺呼吸、打鼓的鼓点和套路等。

20. 原理 20：有效作用的连续性

（1）持续工作（使物体的所有部分都一直处于满负荷工作状态）。如汽车在路口暂停时，飞轮或液压蓄能器储存能量，发动机在适当的功率下工作，以便汽车随时运动。

（2）消除空闲或停止间歇性动作。如工厂里的“倒班制”，建筑或桥梁的某些关键部位必须连续浇筑混凝土。

21. 原理 21：减少有害作用时间

减少危险或有害作业的时间。如为避免塑料受热变形而高速切割、用 X 射线拍片、拍照用的闪光灯、医学上的冷冻治疗等。

22. 原理 22：变害为利

（1）利用有害的因素获得有益的结果。如化工厂利用废热发电、回收物品二次利用、处理垃圾得到沼气或电能、各种疫苗利用细菌或病毒所产生的毒素来刺激人体产生免疫力等。

（2）将有害因素进行组合消除有害因素。如潜水氧气瓶中用氮氧混合气体，以避免只使用纯氧造成昏迷或中毒。

（3）加强有害因素直至有害性消失。如森林灭火时用逆火灭火，即在森林灭火中，为熄灭或控制即将到来的野火，燃起另一堆火将即将到来的野火的通道区域烧光。

23. 原理 23：反馈

（1）引入反馈，提高性能。如声控喷泉、自动导航系统、声控灯等。

（2）若已引入反馈，将反馈反方向进行，或者改变其大小或作用。如根据环境的亮度自行控制路灯照明系统；电饭煲根据食物的生熟度自动加温或断电；为使顾客满意，认真听取顾客的意见，改变商场管理模式。

24. 原理 24：借助中介物

（1）借助于中间物体来传递或执行一个动作。如弹琴指套（拨子）。

（2）把一个物体与另一个容易去除的物体暂时结合在一起。如饭店上菜的托盘、捆扎物品的包装绳等。

25. 原理 25：自服务

（1）让物体具有自补充、自恢复功能。如自补充饮水机、不倒翁玩具、太阳能电器能给自己提供能量等。

（2）灵活运用废弃的材料、能量与物质。如自动喷灌喷头的摆动或回转利用了水流的冲力、用食物和草等有机废物做肥料等。

26. 原理 26：复制

（1）用简单、廉价的物体代替复杂、昂贵、易损、不易获得的物体。如虚拟现实系统等。

（2）用图像代替实物，可以按一定比例放大或缩小图像。如用卫星照片测绘代替实地考察、由图片测量实物尺寸、用 B 超观察胚胎的发育状况等。

27. 原理 27：廉价替代品

用廉价、易耗的物体代替昂贵、耐用的物体，实现同样的功能。如用废钢炼钢，以减少原材料用量、降低成本；用废纸、破布或旧渔网等作为造纸原料；使用一次性的物品，如一次性餐具。

28. 原理 28：机械系统替代

（1）用光学或视觉、听觉、味觉、嗅觉系统代替机械系统。如洗手间的红外感应开关、用声音栅栏代替实物栅栏（光电传感器控制小动物进出房间）、用在天然气中掺入难闻的气体（给用户泄漏警告）代替机械或电子传感器等。

（2）使用与物体相互作用的电场、磁场、电磁场。如为混合两种粉末，用电磁场代替机械振动使粉末混合均匀。

（3）用可变场代替恒定场、用随时间变化的可动场代替固定场、用随机场代替结构化的场。如早期的通信系统用全方位检测，而现在用特定发射方式的天线可以获得更加详细的信息。

（4）把场与场作用粒子组合使用。如磁性催化剂，用感应的磁场加热含磁粒子的物质，当温度超过居里点时，物质变成顺磁，不再吸收热量，达到恒温的目的。

29. 原理 29：气压或液压结构

将物体的固体部分用气体或液体代替，利用液体静压、流体动压产生缓冲功能。

如气垫运动鞋可减少运动过程中对足底的冲击；减缓玻璃门开关速度的缓冲阻尼器；运输易损物品时常用的发泡保护材料；等等。

30. 原理30：柔性壳体或薄膜

（1）使用有柔性的膜片或薄膜构造改变已有的结构。如在运动场地采用充气薄膜结构作为冬季保护措施、农业上使用塑料大棚种菜、医生使用薄膜手套防止感染等。

（2）使用柔性壳体或薄膜使物体与环境隔离。如用薄膜将水和油分别储藏、超市里包裹蔬菜和副食品的保鲜膜、野营时使用的帐篷等。

31. 原理31：多孔材料

（1）将物体变为多孔的或加入多孔性的物体。如泡沫金属、蜂窝煤、非承重墙所用的空心砖等。

（2）如果物体是多孔结构，利用多孔结构引入有用的物质或功能。如用海绵储存液态氮、用竹炭清洁室内空气、将氢储存在多孔的纳米管中等。

32. 原理32：改变颜色

（1）改变物体或其周围环境的颜色。如在暗室中使用安全灯做警戒色、使用随温度改变颜色的示温涂料等。

（2）改变物体或其周围环境的透明度或可视性。如在半导体制造过程中加入有色材料的同时将不透明的物体变成透明的，使技术人员可以容易地控制制造过程；随光线改变透明度的感光玻璃；确定溶液酸碱度的化学试纸；等等。

（3）在难以看清的物体或过程中使用有色添加剂或发光物质。如充电电池的充电标示、利用紫外线识别伪钞、道路上施工人员的外衣可以在夜间发光等。

（4）通过辐射加热改变物体的热辐射性。如在太阳能电池板上使用抛物面镜来提高其能量收集性能等。

33. 原理33：同质性

用同一材料或特性相近的材料制成主要物体及与其相互作用的其他物体。如为了减少化学反应，尽量使物体与其包装材料一致；将金刚石粉粒作为切割金刚石的工具，切割产生的粉末可以回收利用；用汽油去除衣物上的油渍；将泥土混合肥料做成花盆；等等。

34. 原理34：抛弃或再生

（1）利用溶解、蒸发等手段废弃已完成其功能的零部件，或者改造其功能。如胶囊药物的可溶性外壳、火箭助推器在完成其作用后被逐级分离抛弃等。

（2）在工作过程中迅速补充消耗或减少的部分，或者恢复其功能、形状。如剪草机的自锐系统、汽车发动机的自调节系统、自动铅笔等。

35. 原理35：物理或化学参数变化

（1）改变物体的物理状态。如制作酒心巧克力时，先将酒心冷冻，然后将其在热巧克力中蘸一下；运输石油气时，不用气态而是将气体液化，以减小体积便于运输；等等。

（2）改变物体的浓度或密度。如用液态的洗手液代替固体肥皂，可以定量控制使用，减少浪费等。

（3）改变物体的柔韧度。如衣物柔顺剂可以让洗涤过的衣物更加柔软和蓬松，也可以消除静电；橡胶硫化可以改变其弹性和耐用性；等等。

（4）改变物体的温度或体积。如降低保存医用标本的温度，以备后期用来化验或研究等。

36. 原理36：相变

利用物质相变时产生的某种效应。如相变储能，即利用低峰谷电能加热相变物质，使其吸收能量发生相变（从固态变为液态），把电能储存起来，在没有电的时间里，使相变物质从液态恢复到固态，并释放出热能；利用相变材料吸热特性做成降温服，即选择合适的相变材料加入衣料中，将这些材料包裹在直径平均500纳米的微型胶囊内放到衣物上，天气炎热时将热能吸收，转冷时放热，实现冬暖夏凉；等等。

37. 原理37：热膨胀

（1）使用热膨胀材料。如医用温度计就是利用水银的热胀冷缩特性进行温度提示的；当办公楼内起火时，自动喷淋系统顶端装有热敏溶液的玻璃泡就会因受热而胀裂，使水自动喷出。

（2）组合使用不同热膨胀系数的材料。如热敏开关。

38. 原理38：加速氧化

（1）用富氧（浓缩）空气代替普通空气。如为了延长在水下呼吸的时间，水中呼吸器内储存浓缩空气等。

（2）用纯氧代替空气。如用纯氧-乙炔法进行更高温度的金属切割、用高压纯氧杀灭伤口的（厌氧）细菌、用高压氧舱治疗煤气中毒等。

（3）用臭氧代替离子化氧气。如将臭氧溶于水中去除有机污染物等。

39. 原理39：惰性或真空环境

（1）用惰性环境代替通常的环境。如在灯泡中充入氩气等惰性气体，以延长灯丝的使用寿命；在汽车轮胎中充入氮气，以提高轮胎在行驶过程中的稳定性。

（2）在物体中添加惰性或中性添加剂。如添加泡沫吸收声振动。

（3）使用真空环境。如白炽灯泡、真空包装食品、利用抽真空原理的吸尘器、利用太空的高真空及强辐射来实现生物变异和基因变异等。

40. 原理40：复合材料

（1）用复合材料代替均质材料。如混纺地毯有良好的阻燃性能、将铝塑复合管作为暖气管道、用石英玻璃纤维制作耐热防火材料（防火服、隔热材料）等。

（2）加入某种材料形成复合材料特性。如浇筑混凝土时加入钢筋形成钢筋混凝土、用植物纤维与废塑料制成的复合材料可代替木制产品做托盘和包装箱等。

经过多年的实践与应用，这40个发明原理的优点得到了充分的体现：通俗易懂，启发解题概念，引导常人完成具有发明水平的工作，具有一定的实用性。但我们也需要看到这40个发明原理的缺点：知识粒度较粗，问题的针对性差；某些发明原理的诠释不是很严谨，理解上容易产生歧义；多个发明原理在实施细则上有少量内容的重叠（如分割与组合、多用性与组合、预先反作用与逆向作用、复制与廉价替代品、复合材料与组合等），使用上容易混淆。

小资料

防弹衣的研制

纤维织成的防弹衣用于保护人员免于遭受手枪子弹的袭击。纤维织成的防弹衣由于有多层纤维结构层，具有层叠式结构。纤维在结构层内相互以适当的角度定向排列。结构层连接好后，所有的纤维都以相互垂直的方向定向排列。

纤维织成的防弹衣要具有足够的防护能力，就必须具有足够的厚度，但是增加防弹衣的厚度会使其质量增加、灵活性降低。此外，这种厚厚的防弹衣透气性也比较差。换句话说，较厚的防弹衣穿着时不太方便，也不舒适。

1. 确定工程参数

需要改善的参数是防弹衣的厚度，即通用工程参数3：运动物体的长度；而恶化的参数是防弹衣的舒适性，即通用工程参数33：可操作性。以通用工程参数的描述来定义技术矛盾，即运动物体的长度与可操作性之间的矛盾。

2. 查找阿奇舒勒矛盾矩阵

通过查找阿奇舒勒矛盾矩阵，得到（15）（29）（35）（4）四个发明原理：

（15）动态特性原理；

（29）气压或液压结构原理；

（35）物理或化学参数变化原理；

（4）增加不对称性原理。

3. 分析发明原理

通过分析增加防弹衣厚度与降低防弹衣穿着舒适性的技术矛盾，可选择应用发明原理（4），将对称物体变为不对称物体，提高不对称物体的不对称程度；改变物体结构的平衡，减少部分材料用量，消除冗余部分，从而提高物体性能。

4. 应用发明原理

应用发明原理，使防弹衣的纤维呈不对称定向排列。每层纤维相对于前一层做20°～70°不同角度的旋转，使各层纤维间形成定向转动的排列形式。

沿子弹飞行方向排列的大部分纤维可以确保防弹衣在受子弹冲击的方向上具有更高的强度。防弹衣的厚度变薄了，质量减轻了。通过降低防弹衣的厚度提高了其舒适性，同时不会降低防弹衣的保护效果。

图 6-5 所示为一种不对称纤维排列结构的防弹衣。不对称纤维排列结构的防弹衣相对于纤维定向排列的防弹衣来讲，有很大一部分纤维沿子弹飞行的方向定向，以保证防弹衣在受子弹冲击的方向上具有更高的强度。在具有同等保护效果的情况下，防弹衣的厚度变薄了，质量减轻了，舒适性得到了提高。

图 6-5　不对称纤维排列结构的防弹衣

第三节　思维导图

一、思维导图简介

思维导图是世界著名心理学家东尼·博赞（Tony Buzan）发明的一种图解思维法，用于描述或建构针对某一问题各个方面的思考，以帮助人们记忆、理解或拓展思路。这种图解思维法从思考的中心出发，绘制所要解决问题的不同方面，运用图文并重的技巧，把各级主题的关系用相互隶属的层级图表现出来，将主题关键词与相关的层级图联系起来，使主题关键词与图像、颜色等建立记忆链接（图 6-6）。其核心思想是把形象思维与抽象思维有机地结合起来，让左、右脑同时工作，并将思维痕迹用图画和线条呈发散状显现出来，从而极大地激发创新思维的活力。

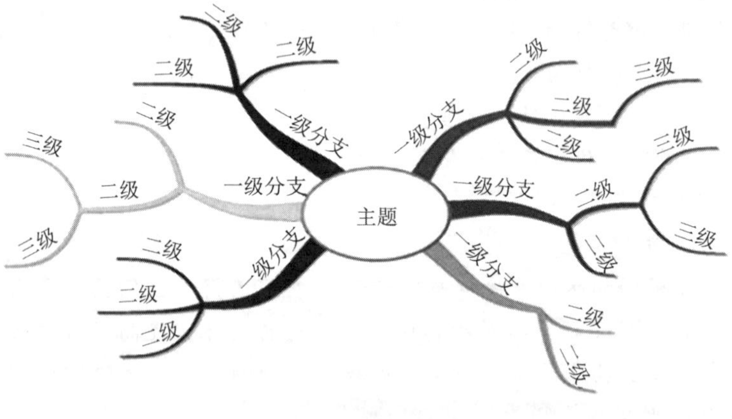

图 6-6　思维导图结构

最初，博赞的思维导图只是作为一种非线性笔记工具展现在世人面前。思维导图是放射性思维的表达，因此也是人类思维的自然功能。思维导图有五个基本特征：① 焦点集中，即注意的焦点清晰地集中在中央图像上；② 主干发散，即主题的主干作为分支从中央图像向四周发散；③ 层次分明，即分支由一个关键图像或写在相关线条上的关键词构成，比较不重要的话题也以分支形式表现出来，附在较高层次的分支上；④节点相连，即各分支形成相互连接的节点结构；⑤使用颜色、形状、代码等。

思维导图是整理思维的极佳工具，类似于计算机的磁盘碎片整理程序，经过整理，计算机的运转速度会有较大程度的提高。坚持用思维导图整理思维，假以时日，大脑里的信息存储会变得越来越有序，提取和利用也会越来越迅速，如同对大脑更新了硬件。思维导图是针对线性笔记的不足而发明的一种新型非线性笔记工具。其主要目的是激发和整理思维，可视化又可以帮助人们传播思维的结果。思维导图的绘制过程需要借助于图形、图像、颜色、线条和布局的手段，以帮助人们更好地达到目的。从理论上讲，思维导图可以应用于生活、学习和工作的任何领域。思维导图应用最广泛的领域是厘清思路、策划活动、准备演讲或演示、做学习笔记、分析解决问题、管理工作计划与任务、做决策、管理知识信息、开发新产品、管理项目、创意写作等。对于个人来说，思维导图可用于厘清思路、做好项目管理、提高沟通效率、改进组织工作、分析解决问题等方面。对于学习者来说，思维导图可用于记忆学习内容、做笔记、撰写报告和论文、准备演讲、思考分析问题、集中注意力等方面。职场人士在制订工作计划、管理项目、举行会议、实施培训、参与谈判、评估工作、组织头脑风暴等工作中运用思维导图，可以提高工作效率。

二、思维导图的绘制方法和步骤

（一）思维导图的绘制方法

绘制思维导图有两种方法：一是利用 PC 端或手机端的专门思维导图工具软件来绘制；二是在纸张上用笔绘制。

在绘制思维导图的过程中，我们需要运用图像、线条、关键词等，并借助于不同的颜色将大量枯燥无味的信息变成丰富多彩、便于记忆、有高度组织性的图画，使之接近于大脑平时处理信息的方式。思维导图的基本元素如表 6-4 所示。

表 6-4 思维导图的基本元素

元素	使用部分	重要价值
图像	中心图、小插图	增进理解、增强记忆
线条	关联、连接信息	突出逻辑、层次关系
关键词	线条上、方框内	紧抓要点、提纲挈领
颜色	图像、线条	方便识别、刺激右脑
布局	逻辑顺序、视觉效果	方便记忆、娱悦感官

目前，绘制思维导图的工具软件有很多，如百度脑图、MindManager、Xmind、iMindMap、FreeMind、MindMapper、GitMind 等。工具软件的选择主要依个人习惯和运行平台而定。利用工具软件绘制思维导图，软件本身就有使用帮助，网上也有相关教程，比较容易上手。这些工具软件除能够提供放射性思维导图以外，还能够提供树状分析图、鱼骨图、气泡图等。

无论是利用工具软件绘制，还是采用手绘方式，其绘制的基本步骤、规则和方法是相通的。图 6-7 是手绘思维导图的基本工具、要点和技巧。

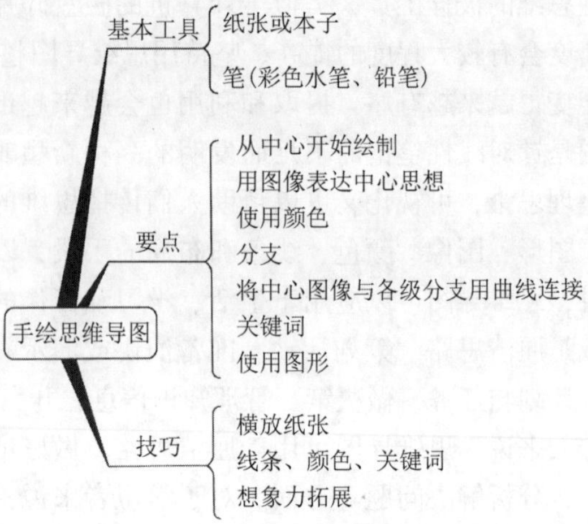

图 6-7　手绘思维导图的基本工具、要点和技巧

（二）思维导图的绘制步骤

绘制思维导图一般有以下七个步骤。

1. 明确主题（中心关键词）并画出中心图

无论绘制什么样的思维导图，也不管用什么工具来绘制，第一步都是明确绘制的主题，这是思考问题和绘制思维导图的原点。明确主题之后，需要思考用什么样的关键词可以表达出主题的核心要点，还可以考虑结合关键词用什么样的图像或图形做直观、具体的形象化展示。需要注意的是，中心图不一定要特别漂亮，能够简洁地表达出主题即可。

2. 围绕主题收集信息或深入思考

确定主题和中心图之后，绘制者需要围绕主题收集相关信息，或者通过发散思维全方位、系统地思考与主题相关的想法。这个步骤是最为重要的，因为必须有足够丰富的信息或想法才能达成目的，而后才能绘制出令人满意、有价值的思维导图，切忌仓促略过。因此，这个步骤应多花时间和精力，尽可能做到位。如有必要，可借助于互联网搜索引擎或运用头脑风暴法等，提高信息或想法的准确性和丰富性。

3. 对信息或想法进行梳理和归类

收集到足够多的信息或产生足够多的想法之后，绘制者需要对这些信息或想法进行系统梳理，按一定的逻辑层次对其进行分层和排序。此处的分层和排序不一定按严格意义上的标准进行。绘制者可根据自己的经验或想法，设定好维度和依据，做简单的分层和排序。如果有不适合归类的信息或某些分类信息过多，绘制者也可自行设定层次和顺序，适当调整分类层次和排序标准。在此过程中，如果有了新的信息或想法，可以直接在各层各级中添加。

4. 绘制主干线条及其分支线条

完成信息或想法归类之后，按照分类的层级从中心图出发绘制主干线条及其分支线条。一级分类为主干线条，二级分类为主干线条后的分支线条，依此类推。需要注意的是，在绘制线条时可根据各级分类信息的多少，合理分配空间，以给分支多的线条留出足够的空间。一般来说，主干线条要粗于分支线条，线条多采用曲线而非直线，线条的长度主要根据分类关键词或图形、图像的实际需要而定。

5. 为线条添加关键词和颜色

前面的步骤完成之后，这一步按照既定的思路和分层排列的信息，斟酌每条线上的关键词，力求简洁、精练而准确。关键词的提炼需要绘制者具有较强的概括、探求本质和表达的能力。关键词一般写在线条的上面，不宜超出线条的长度，且最好留出后期绘制图形、图像的空间。绘制者可根据信息的类别为线条添加不同的颜色，以做醒目区分，同时也可提升思维导图的美观度。

6. 图形化（图像化）润色

通过前面五个步骤，思维导图已经被初步绘制出来了。为了打开我们的想象力，提升思维导图的视觉效果和降低记忆、理解的难度，绘制者还可以对上述呈现出来的思维导图进行图形化（图像化）润色，以便更好地发挥思维导图的作用。根据个人需求和能力，绘制者可在每条线上的关键词旁边绘制能够反映并丰富其含义的小幅的图形、图像。一般来说，思维导图中的图形、图像并不要求达到专业的绘画水平，用一些简图也是可行的。

7. 梳理和完善内容与思路并补绘

为了使绘制的思维导图更加完善、思路或解决方案更加合理，有必要对初步绘制的思维导图进行重新梳理和检查。看看图中哪些层次可以更合理，哪些信息内容需要调整和补充，哪些细节需要进一步思考和修改。这个重新梳理和完善的步骤，可以在前面步骤完成后立即进行，也可以搁置一段时间，或者在实践检验后再来进行。把这些调整、优化和完善的内容补绘到思维导图中，就可以得到一幅相对完美的思维导图了。

三、思维导图的绘制技巧

掌握了思维导图的绘制方法后，需要进一步掌握思维导图的绘制技巧。

（一）突出重点

思维导图的绘制首先要做到重点突出。为了便于记忆，思维导图要以核心主题（中心图）为中心，通过线条的粗细及其填涂的颜色，清晰地标示出关键词（图形、图像）的层次等级和重要程度。一般来说，距离核心主题（中心图）越近，线条越粗，颜色越深，重要性越大，层次也越高。

思维导图的主干线条由粗到细，所以用双线条画出来。主干与中心图连接的地方是粗的，到与二级分支连接的地方就变细了，到末端就变成了一个点；粗的主干是主要部分，细的分支是细节部分，所以通过粗细也能看出主辅及重点和细节，同时也很美观。

（二）运用联想

在运用思维导图产生创意或解决问题时，需要运用联想进行发散思维，以产生较多、较好的设想。联想通常可以采用接近联想、类比联想、对比联想、相似联想、相关联想、因果联想等方式，建立与核心主题及各级关键词的联系，以达到迅速拓展思路的效果。在绘制思维导图的过程中，色彩描绘、关键词提炼等操作，也会激发绘制者的思维灵感，进而引发系列联想。多训练并充分发挥联想的作用，是绘制思维导图的关键技巧之一。画主干时，要尽量用多种颜色，最好超过三种。颜色的选择以鲜艳、亮丽为主，此外，颜色也可以跟这部分的内容联系起来。

（三）清晰简要

思维导图切忌混乱而复杂。各级线条要节点清楚，不能交叉；每条线上只能有一个关键词，而不是描述性的句子。图形、图像也要与线条和关键词对应，不能太多、太乱。绘制者可使用层次结构和数字顺序，以绘制出清晰简要的思维导图。总之，用简要的文字和图形、图像直观而清晰地表达出内容的核心信息及层次与逻辑，也是绘制思维导图的关键技巧之一。

一般来说，人的机械记忆的广度是 7 个左右，通常是“7±2”个，也就是 5—9 个，再多就很难记住了。思维导图的分支一般不超过 7 条，否则不利于记忆，也不美观。如果分支太多，我们可以考虑分类，把上级分支变成 2 条；实在不能分类的话，我们就要注意空间布局，利用好曲线。

（四）形成个人风格

思维导图会因绘制者的思维方式、行为习惯和使用目的的不同而有不同的表现形式。不同风格、不同表现形式的思维导图，并无高低、好坏之分。绘制者应通过不断实践，结合个人特质与需求，逐渐形成个人风格，这有助于提高思维导图的绘制效率和使用效果。

总之，思维导图是一种革命性的思维、学习、管理工具，已被应用于学习、工作、生活的各个方面。许多跨国公司如微软、IBM、波音等都将思维导图作为工作工具。哈佛大学、剑桥大学、伦敦政治经济学院等著名学府也都使用和教授“思维导图”。

名人名片

“世界记忆之父”——东尼·博赞

东尼·博赞，思维导图的发明者，世界记忆锦标赛的创始人，英国伦敦人，毕业于美国哥伦比亚大学，拥有心理学、语言学、数学等多种学位，是大脑和记忆方面的超级专家。他是全球的公众媒体人物，在英国和国际电视台出现的累计时间超过 1 000 小时，拥有超过 3 亿观众和听众，被全世界的学生称为“世界记忆之父”和“记忆大师”。

博赞一直在全球各大洲游历，出席关于大脑、思维、学习的讲座。世界顶尖学府和全球500强企业，包括微软、IBM、迪士尼、大英百科全书、英国电信等著名企业，都曾请他做过讲座。他讲座的题目包括创造力和创新、领导力、知识管理、多种智能开发、学习、思考、记忆和研究方法，以及社会心理学方面的内容。博赞担任英国、新加坡、墨西哥、澳大利亚等国家政府机构的顾问，同时还在微软、IBM、索尼、三星、甲骨文、摩根大通等知名跨国企业担任商务顾问。除此之外，作为国际心理学家委员会委员，他还身兼国际奥运会教练与运动员的顾问及英国奥运会划船队和国际象棋队的顾问。"思维导图"如今已经成为一个耳熟能详的名字，事实上，它已经成为一种全球现象："思维导图"系列图书迄今已被翻译成35种语言，风靡200多个国家和地区，包括《思维导图》《超级记忆》《启动大脑》《快速阅读》《博赞学习技巧》等。

案例分析

手机的发明

世界上第一部手机的诞生，非常具有故事性。

著名发明家马丁·L. 库帕（Martin L. Cooper）当时是美国摩托罗拉公司的工程技术人员。1973年4月3日，库帕迎来了人生中值得铭记的"高光时刻"：这一天，他走上了曼哈顿街头，向众人展示了一部真正的手提电话，即世界上第一部手机，一个像砖块一样并不精美的方盒子，看起来很奇怪，却令在场的人难以置信。和今天我们使用的手机相比，它显得非常笨重，内部电路板多达30个，通话时间只有35分钟，充满电需要10小时之久，仅有拨打和接听电话两种功能。但是，这部手机的诞生有着重要的意义，它意味着一个新时代的开始，即无线通信的诞生，库帕也因此被称为"移动电话之父"。

库帕当时手上拿的，正是世界上第一部推向民用的手机Dyna TAC的原型机。这部手机的诞生意味着一个新时代的开始——人类已经可以实现跨区域的、即时无线的通信了。库帕说，他发明手机的灵感来自电视剧《星际迷航》，"当我看到剧中的考克船长在使用一部无线电话时，我立刻意识到，这就是我想要发明的东西"。库帕1928年出生于美国芝加哥，1950年获得伊利诺伊理工学院的硕士学位。毕业以后，库帕参加了美国海军。退役以后，29岁的库帕开始在摩托罗拉公司个人通信事业部门工作，这一干就是15年。1973年，美国电话电报公司（AT&T）提出了一个新概念，叫"蜂窝通信"（Cellular Communications）。所谓蜂窝通信，就是采用蜂窝无线组网方式，将终端和网络设备之间通过无线通道连接起来，进而实现用户在活动中相互通信。

库帕觉得这是个非常好的想法。"可是后来，AT&T认为人们需要的蜂窝通信只是‘车载通信’，我们非常质疑这个结论。我们知道，人们并不希望和汽车、房子、办公室说话，而是希望和人说话。为了证明这一点，我们打算发明一部蜂窝电话，向世人证明，个人通信的想法是正确的。我们相信，电话号码对应的应该是人而非地点。”库帕说。那时正在播放电视剧《星际迷航》，考克船长的那部无线电话，就成为库帕和他的团队发明手机的原型。任务急迫，摩托罗拉公司要求他们在六个星期内制作出手机模型。因为当时美国联邦通信委员会正在考虑是否允许 AT&T 在美国市场建立移动网络，并提供无线服务；此外，AT&T 自己也有开发移动电话的计划。摩托罗拉公司不愿意让大好商机溜走。

于是，库帕带着他的团队在实验室里待了三个月之久，研制出了世界上第一部手机模型。库帕讲了一段发生在手机发明过程中的趣事：“第一部手机的外形其实是 5 个工业设计小组相互竞争的结果，我们选择了其中最简单的一个方案（它的基础设计流行了差不多 15 年）。原本的设计很小巧，只不过电子系统工程师要把上百个零部件塞进去，最后的手机是原本设计的 5 倍大，也重得多。”

世界上第一部手机模型的诞生让人们看到了无线通信的希望，可是手机真正投入市场，却是在 10 年以后。从 1973 年到 1983 年，库帕带领着他的团队对第一部手机进行了 5 次技术革新，每一次都成功地让手机变得更小、更轻。“到 1983 年，我设计的手机已经只有 450 克了。”库帕对此颇感自豪。

如今，手机已经成为人们日常生活中不可缺少的通信工具，而库帕也被人们熟知。

{资料来源：党鹏，罗辑．手机简史［M］．北京：中国经济出版社，2020：2-7．有改动}

案例思考：

1．库帕发明手机用了什么创新方法？

2．你知道的创新方法有哪些？

能力训练

【训练内容】 绘制一幅“如何维护保养大脑”的思维导图。

【训练目的】 通过思维导图了解并掌握大脑的工作原理，借助于文字将自己的想法“画”出来，以便于记忆。

【训练步骤】

（1）准备一张 A4 大小的白纸（横放），在白纸的中心画出你的这幅思维导图的主题。主题可以用关键词和图形、图像（如可以在这张纸的中心画上你的大脑）表示。同时准备彩笔、铅笔等绘图工具。

（2）用图形或图像表达你的中心思想（如可以把你的大脑想象成蜘蛛网）。使用多种颜色（如用绿色表示营养部分，用红色表示激励部分）。

（3）先连接中心图和主干，然后再连接主干和二级分支，接着连接二级分支和三级分支，依此类推（如“锻炼”是主干，“晨练”“听觉”“视觉”等是二级分支，“散步”“太极拳”“健身操”等是三级分支）。

（4）用曲线连接。每条线上注明一个关键词（如“阅读”“锻炼”“睡眠”等）。

（5）梳理并改进你的思维导图。

自测题

1. 头脑风暴法的实施分为哪几个阶段?
2. 简述德尔菲法的工作流程。
3. 概述六顶思考帽法的应用步骤。
4. TRIZ 分析工具有哪四种？概述 TRIZ 理论框架。
5. 简述 TRIZ 问题解决流程。
6. 绘制思维导图的步骤和技巧有哪些?

延伸阅读

孙永伟，伊克万科 . TRIZ：打开创新之门的金钥匙 Ⅰ ［M］. 北京：科学出版社，2015.

第七章　巧用创造技法

学习目标

1. 掌握设问创造法的内容和应用
2. 掌握列举分析法的内容和应用
3. 掌握类比联想法的内容和应用
4. 掌握组合创造法的内容和应用

能力目标

1. 能够学会运用设问创造法
2. 能够学会运用列举分析法
3. 能够学会运用类比联想法
4. 能够学会运用组合创造法

素质目标

1. 培养“技法为我所用”的灵活思维，打破机械套用的惯性
2. 提升“多技法组合联动”的能力，强化创意的叠加效应
3. 树立“技法落地”的务实意识，避免创意停留在空想阶段
4. 养成“日常化用技法”的自觉，让创造成为生活常态

思维导图

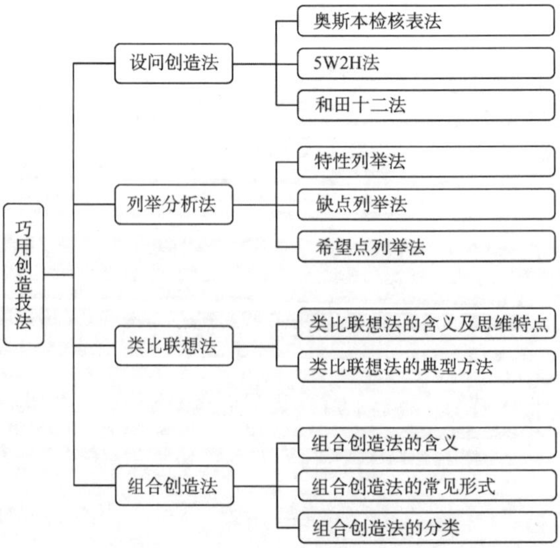

引导案例

故宫博物院文创产品的文化符号提取策略

博物馆文创产品是文化产业与创意产业相结合的产物，在博物馆未来发展中将扮演越来越重要的角色。提取博物馆馆藏文化中具有代表性的特色文化符号，成为做好文创产品设计的第一步。文创产品只有精准地传达这些文化符号，才能真正发挥传播与弘扬中华文化的重要作用，从而引起大众的共鸣，引发观者潜在的购买欲。故宫博物院的文创产品深受消费者的喜爱，这离不开故宫博物院藏品本身所具有的优势，但更为重要的是其对故宫博物院文化符号的精准挖掘。

故宫博物院文创产品的数量庞大且类型繁多，每一件进入市场的文创产品都经历了严谨的和长期的研发过程，其中包括文化符号的选择、产品载体的挑选、外包装的呈现、整体风格的敲定等，文化符号的选择直接影响着后续文创产品的设计步骤和设计成果。故宫博物院的文创产品对文化符号进行了巧妙的提取，大多是文化性、实用性和审美性相结合。其文化符号提取策略包括直接套用法、元素提取法、色系提取法、器型提取法和符号戏仿法。

一、直接套用法

故宫博物院馆藏文物资源丰富，有着极具特色的文化元素，不少故宫博物院文创产品的设计对其中部分元素采用了直接套用的方式。

以《千里江山图》为基础研发了一系列文创产品，其中相当一部分都运用了直接套用法。“千里江山”便签纸砖的设计取用图中一座巍峨耸立、直入云霄的奇峰，利用特殊工艺将这一山峰印于便签纸砖的侧面，四面画境相连，每一侧的画面都峰峦叠嶂，错落有致，各不相同。此便签纸砖高 16 厘米，放置在桌案上，顿生气势磅礴、雄浑壮阔之感。“千里江山”手提袋设计的亮点是将完整的千里江山壮阔之景呈现在一条织带上，衬于整体为黑色或白色的帆布包上，更突显其曼妙优美的色彩，精巧而别致。此外，还有此系列的笔筒、屏风、手表、水晶镇尺套装、小方巾、折扇、手机壳、软木杯垫、艺术桌垫等文创产品，皆是直接套用《千里江山图》的局部画面。

二、元素提取法

故宫博物院文创产品的设计中有相当一部分不只是对文化元素的直接套用，而是准确精妙地提取经典文化元素和符号，进行再加工和再设计，使其更符合文创产品的气质。

明成化青花中有一件标志性作品《青花梵文杯》，此杯杯身较浅，从上至下由宽变窄。外部口沿处和底部分别饰有两道带状纹样，腹部饰有青料书写的两周梵文。此杯胎薄，釉色莹润，青花呈色淡雅，形制小巧别致。“莲语禅心”和田玉吊坠就是以青花梵文杯为灵感，提取了此杯局部梵文，采用珐琅彩的浮雕工艺装饰于平安扣的中心，以莲花环绕其周围，典雅素净。

《清明上河图》系列文创产品的设计也运用了元素提取法，其中“清明上河图·

尺子/书签”通体为金色，采用了镂刻的方式，提取了《清明上河图》中经典的“虹桥”图案，并将画面与尺子的外形相融合，使其兼具实用性和审美性。“清明上河图·眼镜盒”是提取画面中的行人和车马，在原作底色的基础上，为图中的各色人物和车马交通添加了明亮活泼的色彩，增添趣味性，加强画面感，内部的眼镜布则展现原图风貌，与外部的眼镜盒互成呼应又形成对比。

三、色系提取法

故宫博物院所藏文物有其独特的色彩，不论是优美的画卷、华贵的器物还是流光溢彩的服饰，都有文创产品设计中可提取的颜色。

《千里江山图》是青绿山水画的名作之一，画面主要色彩为青绿色。游戏《绘真·妙笔千山》的设计师就是通过对大量青绿山水画作尤其是《千里江山图》的细节、色彩、构图和层次的深入研究，最终通过颜色将名作的意境和效果蕴藏到游戏画面中，实现了文化与游戏的巧妙结合。

四、器型提取法

故宫博物院所藏器物造型千变万化，陶瓷、青铜器、珐琅器、漆器、金银锡器、玉石器等各有其不同的造型，且每种类型的器物造型十分多变。中国古代器物造型设计积淀了我国悠久的传统文化，故宫博物院的文创产品学习和借鉴了其中蕴含的丰富设计美学思想。

“风花雪月香膏”容器的设计采用清光绪年间的绿地粉彩藤萝花鸟纹圆盒之外形，整体圆润，撷清宫旧藏器型之美。此香膏容器由瓷都景德镇烧造，釉分两色，乌金高古典雅，甜白秀丽莹润，有着“花从御苑出，香自宸芳来”的雅趣。

清代，欧洲玻璃镜传入中国，极大地丰富了我国镜子的形制和装饰，其中把镜更是独具特色，其将圆形或椭圆形的镜面加上了长手柄，使用方便。“花木同鉴·手柄镜”便是仿清代铜胎画珐琅洋人图椭圆把镜外形而制，并装饰有花卉卷草纹样，使用时颇有一种“花与面，交相映”的意趣。

五、符号戏仿法

故宫博物院的文创产品中有许多是将文化符号提取出来，将其进行可爱化、卡通化或幽默化的处理，使文创产品在保留历史底蕴的基础上增加一层风趣幽默之感，以抓住观者的注意力，迎合当下人们的审美心理。

“浴马图摆件”的设计灵感来源于元代赵孟頫所作的《浴马图》。图中马倌或洗或刷，神态各不相同，骏马或侧或卧，悠然自得。设计师依据图卷中马倌和骏马的形象，通过简约、卡通、立体化的处理，以树脂为原材料制作成创意摆件，创作出的形象怡人可爱、活泼幽默、诙谐有趣，将中国传统书画艺术与现代生活时尚相融合，赋予传统书画中的形象以现代感。

总之，故宫博物院的文创产品通过精准提取故宫文化符号，用现代方式巧妙地演绎故宫文化，唤醒了故宫博物院藏品的魅力，极具美学价值，同时也满足了人们日渐增加的文化消费需求，深受消费者的喜爱。故宫博物院文创产品的设计在文化符号提取上，有着成熟的设计思维和设计经验，设计出的文创产品不仅蕴含着深厚的历史底蕴，传播了丰富的故宫文化，还展现了设计的艺术之美，对其他文创设计具有十分重要的借鉴意义。

{资料来源：张瑞芳，胡玲玲. 挖掘博物馆的文化符号：以故宫博物院藏品的文创产品为例[J]. 艺术研究，2021（3）：166-169. 有改动}

案例思考：

1. 故宫博物院文创产品的文化符号提取策略有哪些？
2. 故宫博物院文创产品的文化符号提取策略有何借鉴意义？

第一节　设问创造法

爱因斯坦曾说过，提出一个问题往往比解决一个问题更重要，因为解决一个问题也许仅是一个数学上或实验上的技能而已。而提出新的问题、新的可能性，从新的角度去看旧的问题，却需要有创造性的想象力，而且标志着科学的真正进步。创造就是从问题开始的，提出问题是创造发明的第一步，创造力开发得较好的人一般都具有善于提出问题的能力。有时，能够提出一个好的问题，也就意味着成功了一半。但是，如何提出问题、如何通过提出问题来达到创造发明的目的呢？为了使创造者准确把握创造发明的目标与方向，并能够提出问题，创造学家发明了一种简单易行的创造技法——设问创造法。设问创造法就是通过提问的形式去发现事物的症结所在，继而进行创造发明的一类技法。这类技法几乎适用于任何类型与场合的创造活动，运用这类技法能够获得大量创造性设想，因此其深受人们欢迎。目前，创造学家已创造出多种各具特色的设问创造法，主要有奥斯本检核表法、5W2H 法、和田十二法等。

一、奥斯本检核表法

（一）奥斯本检核表法的含义

奥斯本检核表法又称思路提示法，是美国创造学家亚历克斯 · F. 奥斯本提出的。它是根据需要创造发明的对象和社会发展中需要解决的问题，列出按项分类的提纲式表格，然后有条理地逐项进行核对、讨论和研究，从而得到创造发明设想和解决问题的方法。奥斯本检核表法能够大量地开发创造性设想，有效地为创造性思考提供合理的步骤。它几乎适用于任何类型与场合的创造活动，因此有“创造技法之母”之称。

（二）奥斯本检核表法的内容

奥斯本检核表法通常分为两类：一类是项目检核问题表法；另一类是普通检核问题表法。

项目检核问题表法的特点是，表中罗列一系列问题和注意事项，以给人指出解决一般性问题的方向；普通检核问题表法的特点是，表中罗列一系列具有共性和普遍意义的问题，以给人指出创造性解决问题的方向。

美国麻省理工学院创造工程研究室的学者从奥斯本所著的《创造性想象》一书

中选择了75个激励思维的思考角度，并将它们分成9个方面，编制出“新创意检核用表”，以此作为提示人们进行创造性设想的工具。这种建立在奥斯本创意检核表基础上的检核表，被称为奥斯本检核表。奥斯本检核表由以下九类提问构成，如表7-1所示。

表7-1 奥斯本检核表

序号	检核项目	具体提问内容
1	有无其他用途	现有的东西（如发明、材料、方法等）有无其他用途？保持原状能否扩大用途？稍加改变，有无别的用途？……
2	能否借用	能否从别处得到启发？能否借用别处的经验或发明？外界有无相似的想法？能否借鉴？过去有无类似的东西？有什么东西可供模仿？谁的东西可供模仿？……
3	能否改变	现有的东西是否可以做某些改变？改变一下会怎么样？可否改变一下形状、颜色、音响、味道？可否改变一下意义、型号、模具、运动形式？改变之后，效果又将如何？……
4	能否扩大（增加）	现有的东西能否扩大使用范围？能不能增加一些东西？能否添加部件、拉长时间、增加长度、提高强度、延长使用寿命、提高价值、加快转速？……
5	能否缩小（省略）	缩小一些会怎么样？现在的东西能否缩小体积、减轻质量、降低高度、压缩、变薄？能否省略？能否进一步细分？……
6	能否代用	可否由别的东西代替？可否由别人代替？可否用别的材料、零件代替？可否用别的方法、工艺代替？可否用别的能源代替？可否选取其他地点？……
7	能否调整	从调换的角度思考问题。能否更换一下先后顺序？可否调换元件、部件？可否使用其他型号？可否改成另一种安排方式？原因与结果能否对换位置？能否变换一下日程？更换一下会怎么样？……
8	能否颠倒	从相反方向思考问题。倒过来会怎么样？上下是否可以倒过来？左右、前后是否可以对换位置？里外可否调换？正反是否可以调换？可否用否定代替肯定？……
9	能否组合	从综合、系统的角度分析问题。组合起来怎么样？能否装配成一个系统？能否把几个目的组合起来？能否将各种想法进行综合？能否把几个部件组合起来？……

奥斯本检核表法的特点之一是多向思维，用多条提示引导人们去发散思考。奥斯本检核表法中有九个问题，就好像有九个人从九个角度帮助你思考。你可以把九个思考点都试一试，也可以从中挑选一两个集中精力深思。另外，检核思考提供了创新活动最基本的思路，可以使创新者尽快集中精力，朝提示的目标和方向去构想，去创造、创新。

运用奥斯本检核表法可以启发思维，产生大量的原始思路和原始创意。但运用此技法时，要注意以下几个方面：首先，不能机械呆板，应根据具体的课题，结合改进对象（方案或产品），灵活地思考和运用，还要与具体的知识和经验相结合。

奥斯本检核表只是提示了思考的一般角度和思路，具体的创新思路及方案的完善还要依赖人们的具体思考。其次，使用者还可以自行设计大量的问题来提问，以补充这个检核表。最后，奥斯本检核表法更多的是产生改进型的创意，使用时必须先选定一个有待改进的对象，然后在此基础上设法加以改进。当然有的时候，用这种方法也能产生原创型的创意。比如，把一个产品的原理引入另一个领域，就可能产生原创型的创意。

小资料

奥斯本与创造学的诞生

亚历克斯·F. 奥斯本，创造学和创造工程之父，头脑风暴法的发明人，美国 BBDO（Batten，Barton，Durstine and Osborn）广告公司的创始人。奥斯本在 1941 年出版的《思考的方法》一书中提出了世界上第一个创造发明技法“智力激励法”。同年，他出版了世界上第一部创造学专著《创造性想象》，提出了奥斯本检核表法。《创造性想象》的销量一度超过《圣经》的销量。“智力激励法”是一种集思广益的群体思维方法，是最基本、最重要的创造技法之一。为了普及这种创造技法，奥斯本在纽约州立大学布法罗学院创立了“想象夜校”，并亲自深入学校、工厂、社团推广和传授创造技法，使群众性的创造发明活动形成热潮。自那以后，创造学便以极快的速度发展并在全世界广泛传播。

1953 年，奥斯本和西德尼·J. 帕内斯（Sidney J. Parnes）在纽约州立大学布法罗学院创办了世界上第一个创造学系，开始招收创造学专业的本科生和硕士研究生。1954 年，奥斯本作为纽约州立大学布法罗学院的董事会成员，促成该校成立“创造教育基金会”，旨在推动创造教育的开展和创造性人才的培养。

（三）奥斯本检核表法的应用

1. 检核表第一项：有无其他用途

现有的东西（如发明、材料、方法等）有无其他用途？保持原状能否扩大用途？稍加改变，有无别的用途？

人们从事创造活动时，往往沿着这样两条途径：一条是在确定了某个目标以后，沿着从目标到方法的途径，找出达到目标的方法；另一条则与此相反，首先发现一个事实，然后想象这一事实能起什么作用，即从方法入手将思维引向目标。后一种方法是人们较常用的，而且随着科学技术的发展，这种方法将得到越来越广泛的应用。

某个东西，“还能有其他什么用途？”“还能有其他什么使用方法？”……这类提问能使我们的想象活跃起来。电灯一开始只用于照明，后来人们通过利用不同波长的光，发明了紫外线杀菌灯、红外线加热灯等。橡胶有什么用处？有一家公司提出了成千上万种设想，如用它制成床毯、浴盆、人行道边饰、衣夹、鸟笼、门扶手、棺材、墓碑等。炉渣有什么用处？废料有什么用处？边角料有什么用处？……人们让自己的想象飞驶在这条广阔的“高速公路”上时，就会以丰富的想象力产生更多好的设想。

玩具的目标市场历来是儿童，许多人认为只有儿童才玩玩具。殊不知随着物质生活水平的提高，人们要求精神生活更加丰富，玩具在成年人、老年人中也有吸引力。不少老年人把玩玩具当作健身娱乐、陶冶情趣的活动。于是，一些玩具商在儿童玩具设计的基础上，提高智力水平和情趣，成批地生产成年人玩具，如魔方、猜谜球、智力纸牌等。

2. 检核表第二项：能否借用

能否从别处得到启发？能否借用别处的经验或发明？外界有无相似的想法？能否借鉴？过去有无类似的东西？有什么东西可供模仿？谁的东西可供模仿？能否将现有的发明引入其他的创造性设想之中？

他山之石，可以攻玉。在创造发明中存在着大量的借鉴和移植，这已经成为创新最重要的手段之一。世间的事物总是存在相似性，其他事物的原理、结构、功能、方法、思路等都可以被借鉴和移植，这样不仅会大量地产生创新性设想，而且这些设想还很新颖、独特。例如，导弹通过制导手段可以自动跟踪、追击目标，将目标击毁。科学家将导弹的工作原理引入临床治疗，研制出“药物导弹”，使药物能像那些“长着眼睛”的导弹一样，进入人体后直奔病灶。又如，胃镜是医学领域的发明，它是将带小镜的光纤送入人的胃部，在人体外进行观察的装置。搞树木种植的技术人员把这一手段借鉴到自己的工作中，用于探查树木的病虫害。

3. 检核表第三项：能否改变

现有的东西是否可以做某些改变？改变一下会怎么样？可否改变一下形状、颜色、音响、味道？可否改变一下意义、型号、模具、运动形式？改变之后，效果又将如何？

例如，日本最大的化妆品公司资生堂经过研究证明，柠檬能振奋精神，茉莉花能消除疲劳，薄荷能减少睡意，薰衣草和玫瑰花有镇静作用。香味还能降低计算机操作人员操作键盘的差错率：茉莉花香可降低30%的差错率，柠檬味可降低50%的差错率。由此，香味电话、香味闹钟、香味领带、香味袜子、香味皮鞋等产品应运而生，甚至还有人创造了香味管理法——在不同的时间，通过空调让不同的香味弥散，以提高工作效率。

产品不仅要讲质量，还要讲美感，技术美学就是从产品的颜色、外观、包装上着眼来吸引顾客的眼球。例如，为传统的白色家电披上“彩色盛装”；彩色钢板、彩色棉花、彩色大米等“漂亮产品”都受到了欢迎。相关研究发现，在房屋装潢设计中，调整室内色彩，改善周围的环境色彩，有利于身心健康，并且可以提高学习、工作效率。

比香味更早应用于人类生活的是音乐，科学已经证实了音乐的魅力。悦耳的音乐能使人心旷神怡，激发创造力；轻松的音乐能提高人的学习效率，甚至能使乳牛多产奶、番茄多结果。与此相反，噪声则会使人心烦意乱、血压升高，引起多种疾病，因此法律禁止噪声污染。实验证明，合理强度和节奏的音乐不仅可以调节人的情绪，而且可以使乳牛多产奶、鸡多生蛋、番茄多结果等。

4. 检核表第四项：能否扩大（增加）

针对某一现有事物，想一想能否扩大其使用范围，能否增加一些元素（如时间、长度、寿命、价值、强度、速度、数量、高度等）使其成为新产品。巧妙运用“加法”“乘法”等，能带来大量的构思设想，大大拓宽探索领域。

例如，在两块玻璃中间加入某些材料，可制成防碎、防震、防弹的新型玻璃；在食盐中加入碘、铁、锌等微量元素，可制成健康食盐；在牙膏中掺入一些药物，可制成防酸、脱敏、止血、抗龋齿等治疗保健牙膏。

5. 检核表第五项：能否缩小（省略）

缩小一些会怎么样？现在的东西能否缩小体积、减轻质量、降低高度、压缩、变薄？能否省略？能否进一步细分？

上一项沿着“借助于扩大”“借助于增加”的方向来寻找新设想，这一项则沿着“借助于缩小”“借助于省略或分解”的方向来寻找新设想。缩小和省略的办法同样能形成创造发明。在这方面，最具代表性的创造发明是手表。世界上最早的时钟出现于11世纪至12世纪，主要用于教堂提醒修道士祷告的时间。后来德国一位聪明的锁匠将时钟变小，造出了世界上第一只怀表，瑞士人将怀表变得更小，造出了手表。最初发明的收音机、电视机、电脑、收录机、移动电话等体积都很庞大，结构也都非常复杂，现在它们都出现了由大变小、由重变轻的趋势，其结构也在不减少功能的基础上力求简化。目前，人们造出了许多小型、微型机器，如最小的收音机可以放到耳道里；最小的电视机可以戴在手上；最小的电脑只有阿司匹林药片那么大，居然还可以上网；最小的直升机可以停在手上；项链数码相机、戒指状手指手机等都是以缩小体积为目标进行创造发明的产物。随着纳米技术的发展，超小型产品将成为创造发明的重要方向。

6. 检核表第六项：能否代用

“能否代用”就是考虑现有事物有无代用品。能否用其他产品、材料或生产工艺、加工方法、动力、设备等取而代之？

由于世界上某些资源相当紧缺或其成本昂贵而不易得到，人们不得不寻找其他的代用品，这也是一种创造发明。例如，用天然气、生物乙醇代替汽油作为汽车燃料；用陶瓷代替金属制造砂浆泵，砂浆泵的耐磨度提高了好几倍。通过取代和替换途径，可为想象提供广阔的探索空间。

有科学家认为，海洋将成为21世纪人类的第二粮仓。实验证明，只要繁殖1公顷①水面的海藻，加工后就可获得20吨蛋白质、多种维生素及人体所需的矿物质，

① 1公顷＝10 000平方米。

相当于40公顷耕地一年产的大豆。位于近海水域自然生长的海藻，其年产量相当于目前世界年产小麦总量的15倍以上。而海洋的“可耕”面积约为陆地的15倍。昆虫也是人类的重要食物之一，研究表明，昆虫体内的多种营养成分的含量结构比畜、禽肉类的更为合理，其脂肪与胆固醇的含量也较低。

小故事　云南“十八怪”，虫子做成菜

云南一大怪：虫子做成菜。云南流行“十八怪”，其中两怪就是“三个蚊子一盘菜”和“蚂蚱能做下酒菜”。

早在2 000多年前，《尔雅》《周礼》《礼记》中就有蚁、蝉和蜂3种昆虫加工后供皇帝祭祀和宴饮之用的记载，今天云南依然保存着此饮食习惯。从菜谱里得知，云南的昆虫菜肴基本属于南部傣族菜系。虽然地处滇西北的丽江也吃虫子，但当地厨师说，这是近年来见到中泰边境居民油炸水蟑螂和竹虫后学习的结果。其实不仅是傣族，白族、哈尼族、仫佬族等云南少数民族都有吃昆虫的习惯，云南各个地方都会举行各自不同的“吃虫节”。

蜂蛹一般为胡蜂、黄蜂、黑蜂、土蜂等野蜂的幼虫和蛹。在云南，蜂蛹最常见的吃法是油炸。蝉蛹一般指蚱蝉的幼虫，民间也泛指破茧的昆虫类，如金丝蛹等蚕蛹类。

蚂蚱即蝗虫，肉质松软，味美如虾，油炸蚂蚱深受消费者的喜爱。外地人到云南，见人们吃蚂蚱，误把蚂蚱当成蚊子，“三个蚊子一盘菜”其实应是“三个蚂蚱一盘菜”。

竹虫又名竹蜂，寄生在竹筒内，以食嫩竹为主，藏于根部筒内，营养丰富。油炸竹虫又香又脆，口感酥嫩，是云南傣族的特色美食，自古就是傣族人待客的上品珍肴。

蚂蚁蛋就是蚂蚁的卵，凉拌蚂蚁蛋在傣家是一道传统昆虫名菜，不仅味道鲜美，而且还具有很高的营养价值。

油炸水蜻蜓这道菜最早是在茶马古道上的马帮中盛行并流传开的，是丽江比较有特色的昆虫美食。

7. 检核表第七项：能否调整

重新调整或安排通常会带来很多创造性设想。可以思考：有无可互换的成分？可否变换模式？能否更换顺序？可否变换工作规范？

例如，汽车喇叭按钮从方向盘轴心移装到方向盘下半个圆周上，使手指按起来更加方便；冰箱冷藏室和冷冻室位置的调整；房间内家具的重新布置；商店柜台的重新安排；营业时间的合理调整；电视节目顺序的变动；车间机器设备布局的调整；等等。这些调整都有可能带来更好的创新效果。

8. 检核表第八项：能否颠倒

想一想能否从相反方向思考现有事物，进行正反、上下、左右、前后、主次的调换。从相反方向进行对比思考是一种逆向思维方法，也是创造活动中颇为常见和相当有效的创造技法。

“事物是这样的，现在变成对立面的形式如何？”这是关于颠倒的基本提问形式。对立、相反的事物形成强烈的对比，包含强烈对比的形式和内容，所以从对立面、相反方向思考问题，如果可行的话，往往会得到意想不到、令人称奇的创造发明成果。例如，汽车的引擎装在前头，现在把它装在后头如何？歌舞厅的彩灯装在天花板上，现在把它装在地板下面怎么样？时钟、手表顺时针转动，现在变成逆时针转动如何？在动物园里，动物被关在笼子里，人在外面自由活动，现在让动物在外面自由活动，把人关在笼子里，怎么样？煎鱼时，锅放在火上面，即火在下面，现在倒过来，火在上面怎么样？化妆品的瓶口在上面，现在把它放在底部，情况又会如何？自行车的驱动轮是后轮，现在改为前轮如何？这些都是颠倒。

9. 检核表第九项：能否组合

组合就是从综合、系统的角度分析问题。组合起来怎么样？能否装配成一个系统？能否把几个目的组合起来？能否将各种想法进行综合？能否把几个部件组合起来？

将现有的几种发明组合在一起，进行材料、零部件、形状、功能、方法、目标、方案等的组合，就会得到新的创造发明成果。例如，X 光技术和计算机技术组合，便是 CT 机；铅笔和橡皮组合成带橡皮铅笔；几种部件组合成组合机床；几种材料组合成复合材料；几个企业组合在一起，构成横向联合；等等。

综上所述，奥斯本检核表法是一种行之有效的创造技法。在运用该技法时，可根据需要，由一人检核或多人操作。多人操作一般以 3—8 人为宜，既可以利用检核表产生新的创造性设想，又可以相互激励产生更多新的设想。

小知识

智能手机的构成

智能手机可以被看作袖珍的电子计算机。它有处理器、存储器、输入和输出设备等。智能手机通过空中接口协议（如 GSM、CDMA、PHS 等）和基站通信，既可以传输语音，也可以传输数据。智能手机的主要组成部件如下：

（1）处理器（芯片），是智能手机最重要的组成部件，智能手机专用芯片包括射频芯片、射频功放芯片、处理器芯片、电源管理芯片、存储芯片、触摸屏控制芯片等。

（2）存储器（内存），智能手机的内存分为运行内存和非运行内存两种。运行内存相当于电子计算机的内存，运行内存越大，智能手机在运行程序时就越流畅，后台就能够同时进行多个程序的运行。非运行内存也就是常说的内存，相当于电子计算机的硬盘，可以进行各种软件或文件的存储，非运行内存越大，我们就能存储越多的东西。

(3) 输入和输出设备，包括USB接口、耳机接口、摄像头及I/O通道等。

(4) 屏幕，是智能手机中体积最大的部件，智能手机的显示屏是一种将一定的电子文件通过特定的传输设备显示到屏幕上再反射到人眼中的显示工具。

(5) 电池，是为智能手机提供电力的储能工具，由电芯、保护电路和外壳三部分组成，智能手机的电池一般为锂电池和镍氢电池。

二、5W2H 法

5W2H 法由美国陆军最早提出和使用。美国陆军最初提出的是 5W1H 法，它是一种从六个方面（Why、What、Where、When、Who 和 How）的设问中获得创造性设想或方案的创造技法。因这六个方面的设问的英文首字母是 5 个“W”和 1 个“H”，故得名“5W1H 法”。后来经过改进和发展，5W1H 法中的 How 又被进一步分为“How to”和“How much”两个方面，由此形成今天广泛使用的“5W2H 法”。

（一）5W2H 法的实施步骤

（1）对创造目标或问题从七个方面进行提问，即为什么（Why）、做什么（What）、何地（Where）、何时（When）、何人（Who）、怎样（How to）、多少（How much）。

（2）对七个方面的提问进行审核，将发现的难点、疑问列出来。

（3）分析研究，寻找改进措施。经七个方面的审核，所提出的方法或方案无懈可击，说明这一方法或方案可取。如果有不能令人满意的方面，表明还应加以改进。如果某个方面的解答有其独到之处，那么可扩大其效用。

（二）5W2H 法的七类设问

5W2H 法的七类设问要抓住事物的主要特征，视问题性质的不同，确定不同的设问检查内容。

（1）Why（为什么）可以提问：为什么要搞这个项目？为什么别人没有搞或搞失败了？原事物为什么用这个原理？为什么必须有这些功能？为什么要设计这样的造型、结构？为什么要这样做？

（2）What（做什么）可以提问：目的是什么？目标是什么？重点是什么？条件是什么？达到什么样的质量标准？与什么有关系？功能是什么？规范是什么？

（3）Where（何地）可以提问：从什么地方入手？地点选在什么地方？什么部位需要改造？什么部位可以改造？何地做最经济、最有效？安装在什么地方最适宜？首先在什么地方销售？

（4）When（何时）可以提问：该项创新何时进行最合适？何时可以或应该完成？何时启动？需要几天才算合理？

（5）Who（何人）可以提问：谁是该对象的使用者？谁会喜欢它？谁不会喜欢它？谁适合承担该任务？要与谁打交道？谁被忽略了？谁是决策人？

（6）How to（怎样）可以提问：怎样实施？怎样进行？怎样解决可能发生的问

题？怎样做才能减少失败？怎样少费料？怎样少费工？怎样少费时？怎样少费钱？怎样使产品更美观大方？怎样让它使用起来更方便？怎样防止非法仿造？怎样突破旧框框？

（7）How much（多少）可以提问：要多少人才能完成？数量是多少？功能如何？指标如何？产量是多少？新的成本、利润是多少？能维持多长时间？

三、和田十二法

（一）和田十二法的定义

和田十二法又称和田创新法则、聪明十二法，是人们在观察、认识事物时可以采用的十二种创新技法。和田十二法是我国学者许立言、张福奎对奥斯本检核表法进行提炼、改造之后，结合我国创造发明特别是上海和田路小学创造教学的实际，与和田路小学一起提出来的。1991 年，上海市创造学会正式将其命名为“和田十二法”。和田十二法已被日本创造学会和美国创造教育基金会承认，并被译成日文、英文在世界各国流传和使用。

和田十二法共有 12 句话 36 个字，它将奥斯本检核表的九类问题进行了高度浓缩，提炼出了方便记忆和使用的“十二个一”，即“加一加、减一减、扩一扩、缩一缩、变一变、改一改、联一联、学一学、代一代、搬一搬、反一反、定一定”。同时，和田十二法进行了具有中国特色的优化和简化，可以将使用者直接带入思考问题阶段，节省了许多中间环节，提高了思维效率。由于和田十二法既保有奥斯本检核表法的高效率和能把问题具体化等长处，又具有记忆方便、使用便捷等优点，因此这一思维技法得以广泛流传，成为创造技法中的又一经典。

（二）和田十二法的具体内容

和田十二法通过运用“加、减、扩、缩、变、改、联、学、代、搬、反、定”十二个方面的创新技法进行思路提示，通俗易懂，实用性强。和田十二法的具体内容如表 7-2 所示。

表 7-2　和田十二法的具体内容

序号	动词	提示	含义
1	加	加一加	可否在现有事物的基础上添加什么？可否加高、加长、加宽、加厚？可否增加新的功能？可否增加其他物品形成新的组合？这样做会产生什么效果？
2	减	减一减	可否在现有事物的基础上减少什么？可否减薄、减短、减轻、减速？可否减少次数？可否减少一些功能？这样做会产生什么效果？
3	扩	扩一扩	能否对现有事物进行扩大、扩展？能否扩大面积、扩大容量、扩大声音、扩展功能、扩大规模？
4	缩	缩一缩	能否对现有事物进行缩小、压缩、折叠？这样做会产生什么效果？它的用途、功能是否会发生变化？

续表

序号	动词	提示	含义
5	变	变一变	能否通过改变现有事物的颜色、形状、气味、尺寸等产生新事物？
6	改	改一改	能否通过改变现有事物的缺点或不足，使其更加安全、便利、实用？
7	联	联一联	将两个或多个不相关的事物联系起来会发生什么变化？事物的原因和结果有何联系？它们是如何产生关联的？
8	学	学一学	能否通过模仿、借鉴现有事物的原理、性能、技术、结构、形状、方法等产生新构想，创造出新产品或新事物？
9	代	代一代	能否用另一种东西代替现有事物？这样做会产生什么效果？能否从材料、功能、方法等方面找到代替物，以此来提高效率、降低成本、改良缺点、完善功能等？
10	搬	搬一搬	能否通过挪动现有事物产生新的效用？把现有事物的一些构成部分、功能、技术、原理等搬到其他事物或场所，还能发挥效用吗？能否产生新的用途或效果？
11	反	反一反	能否将现有事物进行空间上的颠倒，如前后、左右、内外、上下、横竖、正反等互换，从而产生新的效果？
12	定	定一定	能否通过给予一些规定对现有事物进行一定程度的改良，如通过限定标准、型号、顺序、方法等提高效率、防止危险、改良缺点？

小贴士　灵活运用和田十二法

在运用和田十二法时，并不需要把 12 种技法全部使用一遍，可以根据创新活动的对象进行自由选择和灵活运用，有时仅选用 1—2 种技法就可以获得较为理想的创造发明成果。

第二节　列举分析法

列举分析法是以列举的方式把问题展开，用强制性的分析寻找创造发明的目标和途径的一种创造技法。列举分析法是在罗伯特·克劳福德（Robert Crawford）创造的属性列举法基础上形成的，它具体运用发散思维来克服思维定式，人为地按某种规律列举出研究对象的要素并分别加以分析研究，以探求创新的落脚点和方案。列举分析法的主要作用是帮助人们克服感知不足和因思想被束缚而引起的障碍，迫使人们带着一种新奇感将事物的细节统统列举出来，时时处处去想某一熟悉事物的各种缺陷，尽量想到所要达到的具体目的和指标。这样做比较容易捕捉到所需要的目标，从而进行创造发明。

列举分析法的要点是将研究对象的特性、缺陷、希望点罗列出来，提出改进措施，形成有独创性的设想。例如，将一个熟悉的老产品的细节（包括缺陷）统统列举出来，强制性地分析、配对、组合，试着用别的东西代替，创造发明也就由此产生了。

一、特性列举法

（一）特性列举法的原理及特点

特性列举法又称属性列举法或分部改变法，是通过列举事物的各种特性以便引发新思维来寻求问题解决途径的一种创造技法。它由克劳福德在其1954年出版的《创造性思维方法》一书中提出。克劳福德提出该技法的理论依据主要来自他的一个基本观点：世界上一切新事物都出自旧事物，只有对旧事物的某些特性进行继承和改造，才能有所创造。因此，列举特性的过程就是通过分解分析把问题分成局部小问题予以解决的过程。

特性列举法主要应用于产品研制活动。产品属性是指产品本身的性能特征，或者组合成产品的部分的性能特征。产品有各种各样的属性，一般可分成三类：名词属性、形容词属性和动词属性。

名词属性是指能够用名词表示产品的整体、组成部分和要素的属性，包括产品整体和组成部分的名称、产品所用材料的名称、制造方法等属性。

形容词属性是指表示产品的质量、形状、大小、颜色、舒适度、强度、状态等性质的属性，如能够用“重的”“大的”“红的”“圆的”等形容词表示的属性。

动词属性是指说明产品的整体、组成部分的功能的属性，主要用于说明产品的功能、功用，一般用动词表示，如“打开”“发出光线”“报时”“书写”等。

除名词属性、形容词属性和动词属性外，在实际应用中，也可按需要重新分类列举，如物理属性、化学属性等。

特性列举法一般应用于简单产品，因为复杂产品特性多而杂，运用此技法比较困难。要解决的问题越小、越简单，特性列举法就越容易获得成功。如果问题较大，最好将问题分解成几个小问题，再分别进行分析研究。对事物进行分解，可以缩小列举对象，容易实现一个部件或一个功能的创新。例如，汽车由发动机、传动装置、轮胎、刹车、转向系统、变速箱、外壳、安全系统等各种部件组成。因此，分解可理解为把物体分解成不同的部件。分析就是主体将客体的特征从它存在的“背景”中区分出来。例如，汽车有载人（物）位移、快速安全、驾驶方便、经济低耗等功能，它们与汽车的各部件有关。几种属性是同一时间存在于同一部件的，除功能以外，还有特征、优缺点、希望点等。因此，分析可理解为物体是由各种功能组成的。

（二）特性列举法的实施步骤

（1）选择一个比较明确的课题，课题宜小不宜大。如果课题较大，那么应将其分解成若干个小课题。

（2）根据创造发明对象的现状，列举其属性。一般从名词属性、形容词属性和动词属性三个方面列举。

（3）针对所列举的每个属性分别进行提问，思考改进之处，提出创造性设想和方案。此时，可参考奥斯本检核表法进行提问。

(4) 对方案进行评价和讨论，使产品能符合人们的需要和目的。

小资料

新颖水壶的构思

使用特性列举法构思新颖水壶，可以先把水壶的构造及其性能按要求列出，然后通过提问、对比和代替的方式逐一检查每一属性，这样便能打开思路。

1. 名词属性

整体：水壶。

组成部分：壶嘴、壶把手、壶盖、壶体、壶底、蒸汽孔。

材料：铝、铁、搪瓷、铜等。

制造方法：冲压、焊接、浇铸。

根据所列属性，可做如下提问：壶嘴长度是否合适？壶把手材料可否改成塑料，以免烫手？壶体可否一次成型？冒出的蒸汽是否会烫手？蒸汽孔可否改个位置？制作材料有无更适用的？等等。

2. 形容词属性

质量：轻、重。

状态：美观、清洁、高低、大小等。

颜色：黄色、白色等。

形状：圆形、椭圆形等。

根据所列属性，可做如下提问：怎样便于清洁？颜色该做何变化？怎样使造型更美观？怎样使水壶的质量变轻？底部用什么形状才更利于吸热、传热？在什么情况下，多大型号的水壶烧水最经济？等等。

3. 动词属性

功能：烧水、装水、倒水、保温等。

根据所列属性，可做如下提问：怎样倒水更方便？能否在壶体外加保温材料，以提高热效率并有保温性能？怎样烧水节省能源？是否在壶嘴上加一汽笛，以便水开时水壶可鸣笛发信号？等等。

{资料来源：张汝山. 创新与创业思维 [M]. 北京：国家行政学院出版社，2017：231. 有改动}

二、缺点列举法

(一) 缺点列举法的原理及特点

缺点列举法就是发现事物已有的缺点，并将其一一列举出来，通过分析、选择，确定创新目标，制订革新方案，从而进行创造发明的一种创造技法。

缺点列举法是抓住事物的缺点，以确定创造发明的目标的创造技法。此技法与特性列举法相比，有其独到之处。特性列举法列举出的属性很多，逐个分析需要很长时间。缺点列举法是直接从社会需要的功能、审美、经济价值等角度出发，研究对象的缺点，提出改进方案，简便易行。此技法主要围绕原事物的缺点进行改进，一般不改变原事物的本质与总体，属于被动型的技法。它可用于老产品的改造，也可用于对不成熟的新设想、新产品的完善，还可用于企业经营管理的改善等方面。

缺点列举法有以下几个特点：

（1）由于这种技法直接强调了问题意识，所以它有益于打破定式。

（2）由于这种技法直接涉及产品的问题，所以它简捷、高效。

（3）这种技法适用于产品改造，也适用于对各种问题的分析。

（4）这种技法的功能在于提出问题，对寻找创造发明的目标非常有用。若想深入地分析问题并解决问题，必须将它与其他技法结合使用。

（二）缺点列举法的实施步骤

运用缺点列举法时，一般可按以下步骤进行：

第一步：确定某一改进对象。

第二步：尽量列举这一对象的缺点，需要时可召开智力激励会议，也可进行广泛的调查研究、对比分析或意见征求。

第三步：对缺点进行归纳整理。可将缺点整理成卡片，以便于归类。

第四步：针对每一缺点逐条分析，挑出对改进对象影响大的主要缺点，并将缺点排序。

第五步：分析形成主要缺点的原因，尽量揭示深层次矛盾。

第六步：针对主要缺点，运用缺点改造法研究其改进方案或采用缺点逆用法发明新的产品。

一般来说，操作到第三步，改进对象的缺点已列举清楚，缺点列举法的使用就完成了。

（三）列举缺点的方法

列举缺点的方法主要有用户意见法、对比分析法和会议列举法。

（1）用户意见法。如果需要列举现有产品的缺点，最好将产品投放市场，请用户找毛病、提意见，通过这样的方式获知的产品缺点最有参考价值。

（2）对比分析法。没有比较就没有鉴别，通过对比分析，可以更清楚地看到事物间存在的差距，从而列举出事物的缺点。

（3）会议列举法。通过组织缺点列举会议，可以充分汇集群体的意见，较系统、深刻地揭示现有事物存在的缺点。

将所列举的缺点进行仔细分析和鉴别，找出有改进价值的主要缺点作为创造发明的目标。在分析和鉴别主要缺点时，首先要从产品的标准、性能、功能、质量、安全等影响重大的方面出发，进行仔细筛选，使提出的新设想、新方案更有实用价值。在事物存在的缺点中，既有显露性缺点，又有潜藏性缺点，在某些情况下，发现潜藏性缺点比发现显露性缺点更有创造价值。

经上述方法明确了需要克服的缺点之后，进行有目的、有针对性的创造性思考，并通过改进性设计来获得更为完善和理想的方案，从而创造发明出更为合理和先进的产品。

小资料

雨伞的改进创新

运用缺点列举法对平时用的普通曲柄雨伞做改进创新。

先列举普通曲柄雨伞的缺点：伞尖容易刺伤人；拿伞的人不便再拿其他东西；乘公共汽车时，雨伞上的水会弄湿别人的衣服；开收不方便；伞骨容易折断；伞布透水；式样单调、不美观、不易区别；不能兼顾晴雨两用；收纳、携带不方便；等等。为此，人们研制出了种类繁多的新品种，如可折叠伸缩的雨伞、伞布经防雨处理的雨伞、各种花型色彩的雨伞、伞顶加装集水器的雨伞（上车收伞时雨水便不会滴在车内）、伞骨不用铁制的雨伞（避免生锈）、开收自如的自动伞、两人共用的椭圆形情侣伞、可兼做手杖的手杖伞、有照明功能的夜行伞、伞面为透明塑料布的雨伞（不挡住视线）、伞面可拆卸的雨伞（易于洗涤）等。

下面介绍几种奇特的伞：

（1）煮饭伞。它是美国、荷兰、南斯拉夫等国家的一些旅游者使用的一种伞，不仅能遮阳避雨，还能煮食物。伞由镀铬的条形物制成，中间有一根金属轴棒（伞把）指向太阳，在焦点上能产生500 ℃的高温，可以煮饭、烧水、烤肉等。

（2）发光伞。在雨天，特别是晚上持伞，汽车司机不易发现，往往会造成交通事故。为此，美国有人在伞顶装上一个灯泡。灯泡导线与电池相连，开关安装在伞把上。撑伞人只要打开雨伞，伞顶上的灯泡便会发亮。

（3）散香伞。这种伞由含有增塑剂的聚氯乙烯薄膜制成。伞的香型可以自行选择，香料用完后，可按规定方法自行添加继续使用。

（4）催泪伞。英国有位发明家制作了一种“催泪伞”，如遇暴徒，只要按下伞柄上的微型开关，伞尖便会即刻喷出阵阵催泪瓦斯。

（5）收音伞。美国制伞工业中有一种新颖的能收听广播的伞，它是将微型收音设备安装在伞柄里，人们只要转动旋钮，就能收听广播。

（6）背后伞。国外有位发明家为两手都忙着干活的采茶人、摘棉人等劳动者设计制造了一种不用手擎的雨伞。这种伞可用橡皮带固定在背后，人们可以任意地将它调整到理想的倾斜度和高度。

（7）空气伞。它是一种无支架、可充气、可折叠的伞，由双层聚氯乙烯薄膜制成。伞柄具有伸缩性，用伞时，只要向伞罩内吹入空气，它就会立即膨胀为直径约65厘米的伞，足以挡住小雨和中雨。伞罩的送气嘴装有特殊阀门，空气不会漏掉。用后只要将送气嘴向内部压入，空气即可排出。这种伞能放入衣袋，甚至能夹入书中，携带十分方便。

三、希望点列举法

（一）希望点列举法的原理及特点

希望点列举法是从人们的愿望和需要出发，通过列举希望来形成创新目标和构思，进而产生具有价值的创造发明的一种创造技法。

与缺点列举法不同，希望点列举法是从正面、积极的因素出发考虑问题，凭借丰富的想象力、美好的愿望，大胆地提出希望点。实际上，许多产品正是根据人们的希望研制出来的。例如，人们希望走路时也能听音乐，于是就发明了随身听；人们希望打电话时能看到对方的形象，于是就发明了可视电话；人们希望洗手后不用毛巾擦也能干手，于是就发明了电热干手机；人们希望冬暖夏凉，于是就发明了空调；人们希望茶杯在冬天能保暖，在夏天能隔热，于是就发明了保温杯；人们希望洗衣机更省心、更便捷，于是就发明了全自动智能洗衣机；人们希望上高楼时不用爬楼梯，于是就发明了电梯；人们希望像鸟儿一样在天空翱翔，于是就发明了热气球和飞机；人们希望像鱼儿一样在大海里遨游，于是就发明了潜水艇；人们希望快速计算，于是就发明了计算器；等等。古今中外的许多创造发明，都是在人们的希望驱使下产生的科学结晶。

希望点列举法的主要作用在于克服人类感性知觉的不足，采用发散思维的方法，促使人们全面感知事物，对希望点进行合理的分类。在重视内在希望的同时，应区别对待现实希望与潜在希望、一般希望与特殊希望，以做出科学的决策。如果仅以表面希望来构思创造发明，很容易出现失误。例如，有位假肢厂的工程师设计了一种功能颇多、能伸到几米以外的假肢，却不能得到残疾人的认同，因为残疾人的内心希望是能够像正常人一样生活。希望点列举法的不足之处是不适用于较复杂的项目，不能解决较复杂的问题，因此应将希望点列举法与智力激励法等其他创造技法结合起来使用。希望点列举法是一种主动型的创造技法，通常用于新产品的开发。

（二）希望点列举法的实施步骤

希望点列举法的实施步骤如下：

（1）对现有的某个事物提出希望。这个希望一般来源于两个方面：一方面是该事物存在的不足；另一方面是人们对该事物提出更高的要求，必须增加该事物的功能，以满足人们新的要求。

（2）评价所提出的希望。

（3）实施具有可行性的希望，以期创造性结果的出现。例如，人们日常穿的衣服一般都不防雨，遇到下雨天，往往会被淋湿，给人们带来许多不便。基于此种原因，人们便产生了许多希望：① 生产一种既能平时穿，又能下雨时穿的衣服；② 让雨下到田里去，不要下到人们经常活动的马路上等处；③ 把马路的一部分遮起来，即使下大雨，人们也不会被淋湿；④ 在人们休息以后，如在晚间零点以后才下雨，白天不要下雨；等等。

提出这些希望以后，就要逐个加以研究，分析在现有的科技水平下，哪个希望更容易实现。从对上面四点的分析不难看出，①和③容易实现。现在市场上已有多种式样的晴雨衣出售，穿着舒适，晴天透气性良好，雨天又可以防雨，不会打湿内衣；针对③，特别是南方多雨的城市，在商业闹市区段，把人行道遮起来的情况不乏其例，这样既可以遮雨又可以挡阳光。至于②和④，经过功能的转化，也可以实施，而且都有实现的例证。例如，为了减少冰雹给农业带来的灾害，用驱云弹把冰雹云驱散；为了缓解旱情，在需要降雨的地方进行人工降雨。

小资料

希望中的灯具

运用希望点列举法围绕研究的问题提出各种各样美好的愿望：

(1) 天黑时，当我走进卧室时，灯会自动亮起。

(2) 我说“开灯”，灯就自动亮起；我说“关灯”，灯就自动灭掉。

(3) 当我迷迷糊糊睡过去时，灯能自动关掉。

(4) 我想灯照这里，灯只照这里；我想灯照那里，灯只照那里。

(5) 当我半夜起来时，灯能自动亮起。

(6) 灯泡要是能像萤火虫一样不发热，夏天房间里会凉快些。

(7) 制造一种不用电的灯具。例如，白天收集并储存太阳光，晚上再将其释放出来，就可以不用电了。

这些看似荒谬、类似梦呓的愿望实际上都是很好的创造课题。在这些愿望的启发和指引下，人类创造出了富有新意的事物。

第三节　类比联想法

一、类比联想法的含义及思维特点

培根有一句名言：“类比联想支配发明。”他把类比联想思维和创造发明紧密相连，认为只有有了类比联想，才能有新的创造发明，不论是寻找创造目标，还是寻找解决办法，都离不开类比联想的作用。所谓类比联想法，是指由某一事物触发而对在性质或形态上与其相似的事物产生联想的一种创造技法。类比联想法是人们经常用到的创造性思维方法，是一种由某一事物的表象、动作或特征联想到其他事物的表象、动作或特征的思维活动。人们常说的“由此及彼”“由表及里”“举一反三”等就是类比联想思维活动的表现。

类比联想是从一种事物想到另一种事物的心理活动，它既可以是概念与概念之间的类比联想，也可以是方法与方法之间的类比联想，还可以是形象与形象之间的类比联想。由鸟儿想到飞机，由鱼儿想到潜水艇，由蝙蝠想到雷达……都是类比联想。类比联想的本质是发现原本认为没有联系的两个事物（现象）之间的联系。类比联想法是创新者在思考时经常使用的创造技法，也是比较容易见到成效的创新思维方法，有助于人们利用自己已有的经验或别人的创造发明进行创新。任何事物之间都存在一定的联系，类比联想最主要的方法就是积极寻找事物之间的一一对应关系。这个方法源远流长，应用广泛，其优点有：帮助实现知识迁移，是快速学习、高效记忆的利器；促进沟通，提供达成共识的基础模型；启发思路，激发创意，提供进一步研究的线索。当然，如果使用不当，忽略其从特殊到特殊并不必然正确的特点，也有可能导致故步自封，丧失敏锐性。

类比联想离不开人类的实践活动，人们获得知识、积累经验、理解事物都是通过类比联想进行的。而类比联想能力不是先验的，作为一种创造能力，它是人们在后天的实践中锻炼和培养起来的。类比联想能力越强，创造性思维就越活跃，就越容易产生创造性成果；反之，创造性思维越活跃，类比联想能力就越强，就越能把意义上差距很大的两个事物或概念联系起来，生成新知识、新见解。作为探索未知的一种创造性思维活动，类比联想是对事物之间存在普遍联系观点的具体体现和实际运用。没有存在于事物之间的客观联系，类比联想就很难发生，离开了事物之间客观联系的类比联想只能是幻想。因此，要想提高类比联想能力，就要广泛地参与实践。

类比联想法的思维特点如下：

（1）连续性。类比联想思维的主要特点是由此及彼、连续不断地进行，它既可以是直接的，也可以是迂回曲折地形成联想链，而联想链的首尾两端往往是风马牛不相及的。

（2）形象性。由于类比联想思维是形象思维的具体化，其基本操作单元是表象，是一幅幅画面，因此类比联想思维和想象思维一样十分生动，具有鲜明的形象性。

（3）概括性。类比联想思维可以很快把联想到的结果呈现在联想者的眼前，而不顾及其细节如何，是一种整体把握的思维操作活动，因此具有很强的概括性。

小故事　莱特兄弟发明飞机

莱特兄弟（Wright Brothers）是美国著名的发明家，哥哥是威尔伯·莱特（Wilbur Wright），弟弟是奥维尔·莱特（Orville Wright），他们的父亲是一位牧师，母亲是一位音乐教师。

1878 年，他们全家从俄亥俄州的代顿市搬到了艾奥瓦州的锡达拉皮兹市，住在该市的亚当街。圣诞节那天，莱特兄弟的父亲给他们带回一个“蝴蝶”玩具，并告诉他们，这是飞螺旋，能向空中高高地飞去。“鸟才能飞呢！它怎么也会飞？”哥哥威尔伯·莱特有点怀疑。父亲当场做了表演，只见他先把上面的橡皮筋扭好，一松手，玩具就发出呜呜的声音，向空中高高地飞去。兄弟俩这才相信，除鸟、蝴蝶以外，人工制造的东西也可以飞上天。于是，他们便把它拆开，想从中探索一下这个“蝴蝶”玩具为何能飞上天。

从这以后，他们幼小的心灵就萌发了将来一定要制造出一种能飞上高高蓝天的东西的愿望。这个愿望一直影响着他们。莱特兄弟不仅努力掌握前人的研究成果，而且十分注意直接向活生生的飞行物——鸟类学习。他们常常仰面朝天躺在地上，一连几小时仔细观察鹰在空中的飞行，研究与思索它们的起飞、升降和盘旋的机理。

1903年12月17日，莱特兄弟首次试飞了完全受控、依靠自身动力、机身比空气重、持续滞空不落地的飞机，也就是“世界上第一架飞机”。奥维尔·莱特爬上“飞行者一号”的下机翼，俯卧于操纵杆后面的位置上，手中紧紧握着木制操纵杆，威尔伯·莱特则开动发动机并推动它滑行。飞机在发动机的作用下先是剧烈震动，几秒钟后便在自身动力的推动下缓缓滑行，在飞机达到一定速度后，威尔伯·莱特松开手，飞机像小鸟一样离地飞上了天空。虽然“飞行者一号”飞得很不平稳，甚至有点跌跌撞撞，但是它毕竟在空中飞行了12秒共36.5米后，才落在沙滩上。接着，兄弟俩又轮换着进行了3次飞行。在当天的最后一次飞行中，威尔伯·莱特在30千米/时的风速下，用59秒飞行了260米。人类梦寐以求的载人空中持续动力飞行终于成功了！不幸的是，几分钟后，一阵突然刮来的狂风把“飞行者一号”掀翻了，飞机严重损坏，但它已经完成了历史使命。人类动力航空史就此拉开了帷幕。

飞机是历史上最伟大的发明之一，有人将它与电视和电脑并列为20世纪对人类影响最大的三大发明。莱特兄弟从鸟类飞行的原理类比联想到飞行器的制造原理，首创了让飞机能受控飞行的飞行控制系统，从而为飞机的实用化奠定了基础，此项技术至今仍被应用在所有的飞机上。莱特兄弟的伟大发明改变了人类的交通、经济、生产和日常生活，同时也改变了军事史。

二、类比联想法的典型方法

类比联想法的典型方法有综摄法、模拟法等。

（一）综摄法

1. 综摄法的含义和基本原则

综摄法又称提喻法、类比法、集思法等，由美国创造学家威廉·J. 戈登（William J. Gordon）创立，旨在通过与已知的东西类比，将表面上看似毫无关联的、不同的知识要素结合起来，以获得启示或创造性设想，开发人的创造潜力。戈登认为，不管什么领域的专家，无论是艺术家还是科学家，他们的创造活动都有共同的基础，表现出共同的本质特征，通过对各种创造案例的分析，可揭示具有普遍意义的创造技巧和过程的本质特征，有助于创造效率的提高。在这一思想的指导下，戈登收集了物理、机械、生物、地质、化学、市场等领域专家的许多创造发明，将它们分类编组，进行仔细的研究。他发现，在课题研究中取得创造性成果的人往往采用了一种特殊的技巧，那就是把表面上乍看起来互不相关的事物联系起来。因此，戈登认为，所谓创造，就是将看起来毫无关联的事物联系起来，组成新的结构，创造出有新功能的事物。以此为基础，戈登提出了综摄法，“综摄”一词来自希腊语，原意是把表面上互不相关的不同事物结合在一起。那么，怎样把表面上互不相关的不同事物联系起来、结合起来呢？为了实现这种联系和结合，戈登认为，必须采用类比方法，通过同质异化和异质同化两个基本创造过程，越过它们表面上的无关，将未知事物的各种因素与已知事物的各种因素联系和结合起来，以求得到富有新意的创造性构思。

综摄法通过已知的东西做媒介，将毫无关联的、不同的知识要素结合起来，打开“未知世界的门扉”，激起人们的创造欲望，使潜在的创造力发挥出来，产生众多的创造性设想。

综摄法有以下两个基本原则：

（1）异质同化，即变陌生为熟悉。简单地说，异质同化是指把陌生的事物当成早已习惯的熟悉事物。在发明没有成功前或问题没有解决前，我们对它们都是陌生的，异质同化就是要求我们在遇到一个完全陌生的问题时，用现有的全部经验、知识来分析、比较，并根据这些结果理解这个完全陌生的问题，然后再思考用现有的方案去解决这个完全陌生的问题。

（2）同质异化，即变熟悉为陌生。所谓同质异化，是指对某些早已熟悉的事物，根据人们的需要，从新的角度或运用新的知识进行观察和研究，以摆脱陈旧、固定看法的桎梏，产生新的创造性构想。把熟悉的事物变成陌生的事物看待，是一种更具创新性的视角。戈登认为，陌生和熟悉与两个连接着的创造过程有关，一个是学习过程，一个是创新过程。

2. 综摄法的实施步骤

综摄法的实施步骤如下：

步骤一：组成综摄法小组。在集体创造活动中，需要一个专业小组来实施综摄法。这个小组一般由 5—7 人组成，要有一名主持人、一名专家，其余为各学科领域的专业人员。

步骤二：提出问题。由主持人向小组成员宣布预定的、想要解决的问题。此前，小组成员并不知晓该问题。

步骤三：分析问题。由小组中的专家对主持人提出的问题进行解释和陈述，使小组成员了解该问题的背景等信息，使非专业人员对该问题有一个大致的理解。

步骤四：净化问题。小组成员围绕这一问题进行讨论，运用直接类比、拟人类比、幻想类比、符号类比等技巧展开联想，尽可能多地提出问题的解决方案。小组中的专家从较专业的角度说出每个设想的不足之处，从中选择两三个比较有利于问题解决的设想，达到净化问题的目的。

步骤五：理解问题，确定解决问题的目标。从所选择的设想中的某一部分开始分析，让小组成员从新的问题出发，展开联想，陈述观点，从而使小组成员理解解决问题的关键环节，并提出解决问题的目标。

步骤六：灵活运用类比方法。确定了解决问题的关键环节之后，主持人要有意识地抛开原来的问题，把问题从熟悉的领域转到远离问题的领域，让小组成员发挥类比设想的作用。从小组成员的类比中选出可以用于解决问题的类比，并对其进行分析研究，找到更详细的启示。

步骤七：适应目标。把从小组成员灵活运用类比思维过程中得到的启示，与在现实中能使用的设想结合起来，使之更好地适应目标，从而形成一种新颖独特的解决方案。

步骤八：确定与改进方案。专家对形成的方案进行反复论证，并对其中的缺陷进行改进，直到获得满意的结果。

在运用综摄法时，不一定要完全按照以上八个步骤进行，关键是要灵活运用类比方法。

小故事 “水立方”的设计

“水立方”（国家游泳中心）是2008年北京奥运会的精品场馆和2022年北京冬奥会的经典改造场馆，也是唯一由港澳台同胞、海外华侨华人捐资建设的奥运场馆，曾被评为“中国十大新建筑奇迹”。“水立方”由中建国际（深圳）设计顾问有限公司、来自澳大利亚的奥雅纳工程顾问有限公司和PTW建筑设计事务所组成的联合体设计。这个看似简单的“方盒子”是由中国传统文化和现代科技共同“搭建”而成的。在中国文化里，水是一种重要的自然元素，能激发人们欢乐的情绪。设计者针对各个年龄层次的人，探寻水可以提供的各种娱乐方式，开发出水的各种不同的用途，他们将这种设计理念称作“水立方”，希望它能激发人们的灵感和热情，丰富人们的生活，并为人们提供一个记忆的载体。

为了达到这一目的，设计者将水的概念深化，不仅利用水的装饰作用，而且利用其独特的微观结构。基于“泡沫”理论的设计灵感，他们为“方盒子”包裹上了一层建筑外皮，上面布满了酷似水分子结构的几何形状，表面覆盖的ETFE（乙烯-四氟乙烯共聚物）膜又赋予了建筑冰晶状的外貌，使其具有独特的视觉效果，轮廓和外观变得柔和，水的神韵在建筑中得到了完美的体现。

小故事 “鸟巢”的设计

“鸟巢”（国家体育场）位于北京奥林匹克公园中心区，是2008年北京奥运会主场馆、2022年北京冬奥会和冬残奥会开闭幕式场馆，也是全球首个“双奥开闭幕式场馆”，占地20.4公顷，建筑面积25.8万平方米，可容纳观众9.1万人。作为代表国家形象的标志性建筑，“鸟巢”超越了纯粹的体育或建筑概念，承载着深远的社会意义，已经成为国际交往的平台和展示中国形象的重要窗口。

“鸟巢”由2001年普利兹克奖获得者雅克·赫尔佐格（Jacques

Herzog)、皮埃尔·德·梅隆（Pierre de Meuron）与中国建筑师李兴钢合作设计，它的形态如同孕育生命的“巢”和摇篮，寄托着人类对未来的希望。设计者没有对它做任何多余的处理，把结构暴露在外，因此自然形成了建筑外观。

“鸟巢”中间稍稍凹进去，这种设计增强了它的立体感，巢穴的上面比下面的底座大一些，倾斜下来，加上凹进去的设计，让“鸟巢”充满了时尚气息。高低起伏的波动的基座缓和了容器的体量，而且给了它戏剧化的弧形外观，汇聚成网格状——就如同一个由树枝编织成的鸟巢。“鸟巢”和它的名字一样，外观像鸟筑成的巢穴，一丝一丝地缠绕在一起，体现出凌乱的美感。整个建筑通过巨型网状结构连接，内部没有一根立柱，看台是一个完整的没有任何遮挡的碗状造型，如同一个巨大的容器，赋予体育场以不可思议的戏剧性和无与伦比的震撼力。“鸟巢”的设计中体现了绿色理念、科技理念、人文理念，它被誉为“第四代体育馆”的伟大建筑作品。

小知识

“图灵测试”与“图灵结构”

艾伦·M. 图灵，英国数学家、逻辑学家，被称为“计算机科学之父”“人工智能之父”。图灵 1931 年考入剑桥大学国王学院；1936 年应邀到美国普林斯顿高等研究院学习；1938 年在普林斯顿大学获博士学位；1939 年进入布莱奇利庄园（Bletchley Park），参与德国密码机 Enigma（恩格码）的破译工作；1945 年在泰丁顿（Teddington）国家物理研究所开始通用计算机的研制工作。1950 年，图灵发表了一篇划时代的论文《计算机与智能》，提出了著名的“图灵测试”（The Turing Test）构想，即如果一台机器能够与人类展开对话（通过电传设备）而不被辨别出其机器身份，那么称这台机器具有智能；随后，图灵又发表了论文《机器能思考吗?》。两篇划时代的论文及后来的图灵测试，强有力地证明了一个判断，那就是机器具有智能的可能性。

作为一名数学家，图灵对自然界中那些规律性重复图案的形成产生了兴趣，他于 1952 年发表了《形态发生的化学基础》，提出自然界的许多生物如斑马、猎豹、老虎身上自然形成的斑纹图像，可能是由两种特定的物质（可以是分子层次、染色体层次或细胞层次）相互“反应”和“扩散”交替作用产生的，也就是按照一个被称为“反应-扩张”的模型，这两种组分将会自发地、自组织地形成条纹、环纹、螺旋的斑点等结构，此被称为“图灵结构”。

（二）模拟法

模拟是一种直接类比，有时把原来极不相关的一些事物联系在一起，运用其中的一点进行模仿。首先，模拟不是简单的模仿，而是通过洞察事物内在的规律，打破原来的旧框框，以一种全新的角度去看待旧事物；其次，它带来了解决问题的思路，我们可以借用被模拟事物的特点去解决眼前的问题。模拟过程中的前半段是相似联想，后半段是类推，两者结合，构成了模拟法。

运用模拟法，主要通过描述与创造对象相类似的事物，形成富有启发性的创造性设想。运用模拟法，首先要对事物进行比较，比如人类从动植物身上获得灵感，通过研究生物系统的结构和性质为工程技术提供新的设计思想及工作原理，形成仿生学。雷达、飞机、电子警犬、潜水艇等科技产品都是模仿生物体的形态、结构和功能发明的。因此，模拟法主要有形态模拟法、结构模拟法和功能模拟法。

1. 形态模拟法

形态模拟法是通过对事物外在形态的模拟，在造型设计中启发灵感和拓展思路的方法。形态模拟仅仅是对事物的外在形态进行模仿，而不考虑其内部组成成分和构成方式，因此形态模拟具有直观性和形象化的特点。形态模拟的基础是模拟的事物与被模拟的事物在形态上相似。

自然界中的形概括起来可分为几何形和有机形。几何形具有一定的数理结构，容易分类、整理与确定，像正方形、长方形、三角形、圆形、椭圆形、球体、锥体等，这些图形都可以用固定的数学公式反映出来，而且可以通过作图表现出来，是一种非常理性的形。而自然界中大量存在的是有机形，有机形则不具有数理规则性，图形不易界定，如自然界中河流的曲线、花瓣的形状、山脉的轮廓线、种子的形状等。随着人们对复杂形态认识的深入和计算机辅助绘图的应用，有机形在设计中的应用越来越广泛。

2. 结构模拟法

结构模拟法是发现相距甚远的事物之间的问题结构同型，然后通过联想和类比进行结构移植、结构仿生，以达到开辟新的解题思路的方法。例如，电话机与人耳的结构相似；模仿人眼的构造设计的照相机，在主要结构上与人眼相似。形态模拟是对事物外部特征的模仿，结构模拟则深入事物的内部结构。一般来说，结构模拟的结果是产生相似的功能，也有的结构模拟自然伴随着形态上的相似。

3. 功能模拟法

功能模拟法是以模型之间的功能相似为基础，通过从功能到功能的方式，模拟原型功能的方法。它不受原型外部形态的制约，不受原型内部结构的制约，不受原型材质的制约，只对功能进行模拟。所谓功能，是指事物的功效和作用。

功能模拟和结构模拟都是通过模型来模拟原型功能的，但是由于它们所依据的客观基础不同，因此它们再现原型功能的方式也不同。结构模拟以模型与原型之间的结构相似为基础，是在明确原型内部结构的条件下，通过模拟原型内部结构的方式来再现原型功能的。而像人脑这样复杂的功能系统，其内部结构难以明确、难以复制，显然难以运用结构模拟的方法来再现人脑的功能。运用功能模拟的方法，则可以在未明确人脑内部结构的条件下，用模型来模拟人脑的某些功能。目前，常用的电子计算机就是通过功能模拟的方法承担了人脑的一部分思维功能——判断、选择和计算的功能，因而被称为“电脑”。

小故事　阿尔法狗战胜人类围棋冠军

2016年3月，人类展开了一场可以写入历史的“人机大战”，这场大战持续了5天，受到了全世界的关注，比赛一方是谷歌阿尔法狗（AlphaGo），另一方是围棋世界冠军李世石，九段棋王。阿尔法狗以4：1取胜，成为第一个战胜围棋世界冠军的机器人。这是继1997年IBM“深蓝”战胜国际象棋世界冠军卡斯帕罗夫后，人类在机器智能领域取得的又一个里程碑式的胜利。此后，阿尔法狗从2016年到2017年，先后与日本、中国、韩国的顶尖高手逐一对决，连胜60局。2017年5月，在中国乌镇围棋峰会上，它与排名世界第一的中国围棋选手柯洁对战，以3：0的总比分获胜。围棋界公认阿尔法狗的棋力已经超过人类职业围棋顶尖水平。

阿尔法狗是一款围棋人工智能程序，由谷歌旗下DeepMind公司戴密斯·哈萨比斯（Demis Hassabis）领衔的团队开发，主要工作原理是“深度学习”。深度学习是指多层的人工神经网络和训练它的方法。一层神经网络会把大量矩阵数字作为输入，通过非线性激活方法取权重，再产生另一个数据集合作为输出，基本上和生物神经大脑工作原理一样。阿尔法狗用到了很多新技术，如神经网络、深度学习、蒙特卡洛树搜索法等，这些技术使其实力有了实质性飞跃。阿尔法狗是通过两个不同的神经网络大脑的合作进行下棋的，这两个大脑是多层神经网络，一个用来选择落子，一个用来评估棋局。阿尔法狗能否代表智能计算发展方向还有争议，但比较一致的观点是，它象征着计算机技术已进入人工智能的新信息技术时代（新IT时代），其特征就是大数据、大计算、大决策三位一体。

第四节　组合创造法

一、组合创造法的含义

组合创造法是一种极为常见的创造技法，就是把两种或两种以上的产品、技术、方法、原理、现象等的部分或全部，按照一定的技术原理或功能目的进行适当的叠加组合或重新安排，从而获得具有统一整体功能的新技术、新产品、新现象，实现新的创造发明。组合创造不同于从无到有的突破性创新，它是一种对现有资源的再开发、再利用，不仅大大节省了时间、降低了经济成本，而且容易被大众理解和运用。组合可以是任意的，如不同的功能、思想、意义、原理、材质、结构等都可以进行组合。

需要注意的是，组合创造不是简单地将各种已有要素堆积、拼凑在一起，而是会伴随一定创新产物的产生。组合创造大多以已有、成熟的技术为基础，通过变化组合形式实现创造，具有多样性和灵活性的特点。人们可根据研究的不同对象、需求、条件等选择不同的方式进行组合创造，可以是单一元素的组合，也可以是多种不同形式的组合同步发生。

当今世界，大多数创新成果都是采用组合创造法取得的，在进行创新时，只要组合合理、有效，就是一项成功的创新。“巧妙的组合就是创新”似有夸大其词之嫌，却道出了组合的真谛。组合绝不是各种事物的简单凑合。组合的本质是想象和创新。某些组合看起来不合理，其实这不合理中融入了创造性的想象，也许在标新立异中最终能开辟出一片新天地。在一定的目标下，把若干事物、元素等按照一定的原则组合在一起，以生成创新成果。其中，各组成事物、元素相互协调、相互作用。当然，组合创造的事物必须具有创新的特征，组合创造事物的功能应大于内部各组成事物、元素的单独功能之和。进行组合创造，找到组合对象并不难，难点在于找到组合对象后，要把它们有机地组合在一起。而要做到这一点，除要有知识和经验以外，还要有丰富的想象力。

组合创造法以组合为核心，把表面上看起来似乎不相关的事物有机地结合在一起，合多为一，从而产生意想不到、奇妙新颖的创新成果。组合创造的机会无穷无尽，组合创造的方法也多种多样。创造学研究者认为，创新的实质是信息截取和处理后的再次结合。在组合创造实践中，把聚集的信息分离开，以新的方式进行组合，就会产生新的事物。组合是对事物的创造性综合，综合的结果是创造出新思想、新概念、新技术、新产品等。参与组合的事物相辅相成、优势互补、共同发挥作用，使组合的结果不仅是量的叠加，更是质的突变。

小知识

瑞士军刀

瑞士军刀在世界军刀界赫赫有名，因功能多、用途广泛，又被称为“万能刀”。瑞士军刀被认为是迄今为止世界上最精彩的组合，其中“瑞士冠军”款式最为难得，它由大刀、小刀、拔木塞钻、螺丝锥、开瓶器、电线剥皮槽、钻孔锥、剪刀、尺子、木锯、去鳞刀、木凿子、钳子、放大镜、圆珠笔等30多种工具组合而成。携刀一把等于带了一个工具箱，但整件长只有9厘米，重只有185克，完美得令人难以置信。正因为如此，素以苛求著称的美国现代艺术博物馆也收藏了一把瑞士军刀中的极品。2009年，瑞士军刀的生产商Victorinox（维氏）在国际消费电子展上推出了一款数字版的瑞士军刀，这款军刀集成了一个32GB的U盘，可支持硬件256 bit数据加密，并整合了指纹识别认证功能。此外，它还集成了蓝牙模块，在连接计算机后，用户可利用刀身上的两个按钮来控制幻灯片的播放，并附带了一个演讲中常用的激光灯。当然，作为一把瑞士军刀，它依旧配备了主刀、指甲锉、螺丝锥、剪刀、钥匙圈等工具。

二、组合创造法的常见形式

组合创造法的常见形式主要有以下几种。

（一）功能组合

功能组合就是把不同物品的不同功能、不同用途组合到一个新的物品上，使之具有多种功能和用途。例如，按摩椅就是按摩功能和椅子功能的结合体，具有计算功能的闹钟也是一种功能组合的结果。

（二）意义组合

这种组合不会改变物品的功能，但组合之后物品被赋予了新的意义。例如，在文化衫上印上旅游景点的标志和名称，它就变成了具有纪念意义的旅游商品。同样，一本著作有了作者的亲笔签名，其意义也会不同。

（三）构造组合

把两种物品组合在一起，它便有了新的结构并带来新的实用功能。例如，房车就是房屋与汽车的组合，它不仅可以作为交通工具，还可以作为居住的场所。电脑桌也是一种构造组合的结果。

（四）成分组合

两种物品成分不相同，组合在一起后，构成一种新的物品。例如，将柠檬和红茶组合在一起，就开发出了柠檬茶。调酒师调制鸡尾酒也是利用成分组合的原理。

（五）原理组合

把原理相同的两种物品组合在一起，产生一种新的物品。例如，将几个衣架组合在一起，可构成一个多层衣架，以分别挂上衣和裤子，从而达到充分利用衣柜空间的目的。

（六）材料组合

不同材料组合在一起，不仅可以改善原物品的功能，还能带来新的经济效益。例如，现在电力工业使用的远距离电缆，其内芯用铁制造，而外层则用铜制造，由两种材料组合制成的新电缆，不仅保持了原有材料的优点（铜的导电性能好，铁硬度强不易下垂），还大大降低了输电成本。

三、组合创造法的分类

根据参与组合的对象的性质、主次及组合方式的不同，组合创造法可分为以下几种类型。

（一）同类组合法

同类组合也称同物组合，就是将若干相同的事物进行组合。同类组合的创新目的是在保持事物原有功能或原有意义的前提下，通过数量的增加来弥补功能的不足，或者获取新的功能、产生新的意义，从而产生新的价值。而这种新功能或新意义是原有事物单独存在时所缺乏的。

例如，装在一只精巧礼品盒中的两支钢笔、两块手表，便成了象征友谊与爱情的“对笔”“对表”，这是最简单的同类组合。类似地，还有双插座、双层公共汽车、情侣伞、情侣衫、双向拉链、双色笔或多色笔、子母灯、霓虹灯、双层文具盒、多级火箭等。在同类组合中，只是通过数量的变化来增加新事物的功能，参与组合的对象与组合前相比，性质、结构没有发生根本变化。

（二）异类组合法

异类组合是指将两种或两种以上不同领域无主次之分的事物、思想或观念进行组合，产生有价值的新整体。例如，维生素、糖果都是客观存在的事物，有些商家将两者组合成“维生素糖果”；将超声波灭菌法与激光灭菌法组合，利用“声-光效应”几乎能杀灭水中的全部细菌；等等。

异类组合的特点如下：① 参与组合的对象（思想或物品）来自不同的方面，一般无主次之分；② 在组合过程中，参与组合的对象在意义、原理、构造、成分、功能等任一方面或多个方面互相渗透，整体变化比较显著；③ 异类组合是异中求同，因此范围很广、创造性很强。

（三）主体附加组合法

主体附加组合也称主体添加组合，是指以某一特定的事物为主体，通过补充、置换或插入新的附属事物，得到有价值的新整体。主体附加组合是一种创造性较弱的组合，人们只要稍加动脑和动手就能实现，但只要附加物选择得当，同样可以产生巨大的效益。在商品琳琅满目的市场上，我们可以发现大量的商品是采用这一技法创造的。例如，在铅笔上安上橡皮头，在电风扇中添加香水盒，在摩托车后面的储物箱上装上电子闪烁装置，都具有美观、方便又实用的特点。

在主体附加组合中，主体事物的性能基本上保持不变，附加物只是对主体起补充、完善的作用或使主体功能得到充分利用。比如，自行车上的车铃、里程表、车篮、后视镜、挡泥板、车锁、折叠式货架等都是附加物。再如，汽车作为主体，正是不断增加了雨刮器、转向灯、后视镜、打火机、温度表、遮光板、收音机、电话机、空调器、车载导航等一系列附加物之后，才变得越来越完善。

在运用主体附加组合法时，首先要确定主体附加的目的，可以先全面分析主体的缺点，然后围绕这些缺点提出解决方案，再通过增加附加物来达到改善主体功能的目的。其次是根据主体附加的目的确定附加物。主体附加组合的创新性在很大程度上取决于对附加物的选择是否别开生面，能否使主体产生新的功能和价值，以提高其实用性，从而增强其竞争力。

（四）重组组合法

重组组合简称重组，是指在同一事物的不同层次上分解原来的事物或组合，然后再按新的目的或以新的方式将它们重新组合起来。重组组合只改变事物内部各组成部分之间的相互位置，从而优化事物的性能，它是在同一事物上施行的，一般不增加新的内容。

任何事物都可以看作由若干要素构成的整体，各组成要素之间的有序结合，是确保事物整体功能和性能实现的必要条件。如果有目的地改变事物内部结构要素的次序，并按照新的方式进行重新组合，以促使事物的功能和性能发生变革，这就是重组组合。重组组合能引起事物属性的变化，作为一种创造技法，它可以有效地挖掘和发挥现有事物的潜力。例如，传统玩具中的七巧板、积木，现在流行的拼板、变形金刚等，就是让人们通过一些固定板块、构件的重新组合，创造出千姿百态、形状各异的奇妙世界。

小故事　乐高的“娱乐式零售”

乐高集团（LEGO）创立于1932年，总部位于丹麦，是全球知名的玩具制造厂商。“LEGO”来自丹麦语“leg godt”的缩写，意为“play well”（玩得快乐），该名字一经使用便迅速成为乐高集团在比隆地区玩具工厂生产的优质玩具的代名词。乐高积木是儿童喜爱的玩具之一。这种塑料积木一头有凸粒，另一头有可嵌入凸粒的孔，形状有1 300多种，每一种形状又有红、黄、蓝、白、绿等12种不同的颜色。小朋友靠自己动脑和动手，可以拼插出变化无穷的造型，因此它也被称为“魔术塑料积木”。

娱乐式零售是将零售和娱乐融为一体，为顾客的整个购物经历增加附加价值，在店内营造愉快的氛围和开展短期的促销，以达到推动销售的效果。乐高集团也深谙此道，目前全球已经有数家乐高品牌旗舰店采用了“娱乐式零售”概念。2022年2月，中国西部首家乐高品牌旗舰店在成都远洋太古里正式开业。该门店基于乐高集团“娱乐式零售”理念，以数字化与实体玩乐的独特融合，为四川省乃至西部的儿童与家庭带来更具个性化的沉浸式门店体验。消费者可以体验诸多个性化创意，包括代表乐高集团全新“娱乐式零售”概念的成都探索之树，利用超过88万块乐高积木颗粒拼搭而成，演绎着不同阶段儿童的玩乐与成长，搭载创意十足的乐高玩乐系统；乐高个性化定制工坊可满足消费者的不同创意玩乐需求；消费者可通过乐高小人仔表情秀，与乐高小人仔进行跨屏互动；为乐高成人粉设计的交互式“故事桌”栩栩如生地讲述乐高产品背后的故事，展示乐高早期的产品设计和原型，揭秘产品开发过程，让粉丝们能够与乐高的设计师们“虚拟对话”。

（五）信息交合法

信息交合法又称要素标的发明法或信息反应场法，是我国创造学家许国泰于1983年首创的。信息交合法是一种在信息交合中进行创新的思维技巧，即把事物的总体信息分解成若干要素，然后对这一事物与人类各种实践活动相关的方面进行要素分解，把两种信息要素用坐标法连成信息标 X 轴与 Y 轴，两轴垂直相交，构成“信息反应场”，每个轴上各点的信息可以依次与另一轴上的信息交合，从而产生新的信息。

信息交合法的基本原理由两个公理、信息的增殖现象和三个定理构成。

1. 信息交合法的公理

公理一：不同信息的交合可以产生新信息。

公理二：不同联系的交合可以产生新联系。

这两个公理告诉我们，世界是相互联系的，信息是事物本质属性及相互联系的印记。在信息的相互作用中会不断产生新信息、新联系。人类认识事物，必须且只能通过信息才能实现。

2. 信息的增殖现象

一是自体增殖，即信息的复制现象，如录音、录像、复写、复印、基因复制等。

二是异体增殖，即不同质的信息交合使新信息得以产生的现象。新产生的信息被称为子信息，产生子信息的信息被称为父本信息和母本信息。例如，“钢笔”为父本信息，“望远镜”为母本信息，两者交合，即产生子信息“钢笔式望远镜”；“沙发”为父本信息，“床”为母本信息，两者交合，即产生子信息“沙发床”。

3. 信息交合法的定理

定理一：心理世界的构象，即人脑中勾勒的映象，由信息和联系组成。

定理二：新信息、新联系在相互作用中产生。

定理三：具体的信息和联系均有区域性，也就是有特定的范围和相对的区域与界限。

小故事　神奇的曲别针

在一次有许多中外学者参加的旨在开发创造力的研讨会上，日本创造力研究专家村上幸雄捧来一把曲别针，对着与会的这些创造性思维能力很强的学者说道：“请诸位朋友动一动脑筋，打破条条框框，看谁说出这些曲别针的多种用途，看谁创造性思维开发得好、多而奇特！”

片刻，来自河南、四川、贵州的一些代表踊跃回答：“曲别针可以别相片，可以用来夹稿件、讲义。”“纽扣掉了，可以用曲别针临时钩起。”……大家七嘴八舌，大约说了二十分钟，其中较奇特的想法是把曲别针磨成鱼钩，引来一阵笑声。

这时，中国的一位以“思维魔王”著称的怪才许国泰向台上递了一张纸条，人们对此十分好奇。他走上讲台，拿着一支粉笔，在黑板上写了一行字：村上幸雄曲别针用途求解。“大家讲的用途可用四个字概括，就是钩、挂、别、联。要启发思路，使思维突破这四种格局，最好的办法是借助于简单的形式思维工具——信息标与信息反应场。”

他把曲别针的总体信息分解成质量、体积、长度、截面、弹性、直线、银白色等10多个要素，再把这些要素用一根线连接起来，形成一根信息标。然后，他对与曲别针有关的人类实践活动要素进行综合分析，连成信息标，最后形成信息反应场。这时，现代思维之光射入了这枚平常的曲别针，它马上变成了孙悟空手中神奇变幻的金箍棒。

他从容地将信息反应场的坐标，不停地组切交合。通过两轴推出一系列曲别针在数学中的用途，如把曲别针分别做成1、2、3、4、5、6、7、8、9、0，再做成“+”“−”“×”“÷”符号，用来进行四则运算，运算出数量，就有1 000万、1亿……曲别针可做成英、俄、希腊等外文字母，用来进行拼读。曲别针可以与盐酸反应生成氢气，可以用曲别针做指南针，可以把曲别针串起来导电。曲别针由铁元素构成，铁元素与不同的金属元素分别化合生成的化合物则有成千上万种……实际上，曲别针的用途，几近无穷！他在台上讲着，台下一片寂静。与会的学者被思维“魔球”深深地吸引着。

{资料来源：张振祥．思维风暴［M］．北京：金盾出版社，2019：46-48. 有改动}

（六）形态分析法

形态分析法是美籍瑞士天文学家弗里茨·兹威基（Fritz Zwicky）在1942年提出的。形态分析法的原理是将发明课题分解为若干相互独立的基本因素，找出实现每个因素功能所要求的所有可能的技术手段，然后将每个因素的各个技术手段进行各种组合，从而得到各种总体方案，最后评选出最佳方案。

形态分析法的实施步骤如下：

（1）明确研究对象。主要包括研究对象的功能、性能要求，使用要求，可靠性要求，成本要求，寿命要求，尺寸要求，外观要求和产量。

（2）组成因素分析。主要确定研究对象的各种主要因素（可能是各个部分、装置、成分、过程、状态等）。在确定因素时，必须注意：① 列出全部必需的因素；② 这些因素在逻辑上是彼此独立的。

（3）形态分析。依据研究对象整体对各组成因素所提出的功能、性能等方面的要求，详细列举出能满足这些要求的方法、手段（每一种方法或手段即因素的一个形态）。要完成这一步，既要有丰富的知识和经验，又要有较强的创新思维能力。不仅要将现有的方法或手段尽可能无遗漏地列举出来，还应该发挥创造力，想象出更多有创造性的方法或手段。为了便于分析和进行下一步的形态组合，这一步一般要采取列表的形式，把各组成因素的各种可能形态列在一目了然的表中，表的一边为全部的组成因素，另一边为各种形态。

（4）形态组合。按照研究对象的各种要求，把各组成因素的各种形态进行排列组合，以获得所有可能的组合方案。

（5）方案初评。由于所得方案的数量往往很大，所以评选工作量也很大，须经几次筛选，每次评选都要有一定的评定标准，不能只凭感觉行事。

（6）选择最佳方案。对于初步评选出的较优方案，要进一步下功夫分析、评价、计算、实验，从而找出最佳方案。

形态分析法不仅能较全面地组合出各种方案，而且能出现不少有创新价值的方案。它既可用于新产品、新技术的开发和利用，又可用于社会科学研究领域，因此它的应用范围比较广。

案例分析

亚马逊的全球“创新图谱”

说起创新，往往知易行难，真正能够在创新领域取得突出成就的企业凤毛麟角。但是，有这样一家企业，自创建以来，便一直在接连不断地推出各种开创业界先河、令人眼前一亮的创新，它就是亚马逊（Amazon）。

亚马逊创立于1994年7月，创始人是杰夫·贝索斯（Jeff Bezos），现为美国最大的电子商务公司，已成为全球商品品种最多的网上零售商和全球第二大互联网企业，旗下拥有Amazon Web Services（AWS，云科技）、Kuiper Systems（卫星互联网）、Amazon Lab126（硬件设备研发）、Zoox（自动驾驶）等子公司。

亚马逊的创新历程

1995年，亚马逊开展线上书店业务，开创了“电商+图书”模式。亚马逊网站向全球消费者提供逾100万部书籍，其规模是普通线下书店的40倍，是美国最大实体书店的5倍。

2005年，亚马逊启动Prime会员制项目，Prime会员服务迅速成为全球最受消费者欢迎的会员服务之一。

2006年，亚马逊正式推出AWS，在随后的十几年里，AWS始终引领着全球云计算的创新迭代。

2007年，亚马逊发布Kindle电子书阅读器，这是对人类阅读方式与习惯的一次全面革新。

2012年，Amazon Robotics成立，引领仓储运营自动化潮流。

2013年，亚马逊公布Prime Air无人机计划，成为智能物流领域的先驱者。

2014年，亚马逊推出智能硬件产品Amazon Echo，智能语音时代正式开启。

2015年，第一家Amazon Books线下书店正式开业，实现了线上与线下零售的无缝衔接。

2016年，亚马逊首次推出线下实体店Amazon Go，用科技颠覆了传统零售运营模式。

2017年，亚马逊收购Whole Foods Market（全食超市）并整合其物流体系、零售终端和销售系统，打造高端食品零售线上线下一体化新业态。

2018年，为儿童和年轻人制订职业规划的“亚马逊未来工程师”（AFE）公益项目启动，为计算机科学领域培养创新人才，为全球产业发展储备生力军。

2019年，亚马逊携手Global Optimism发起并签署《气候宣言》，为人类可持续发展树立了又一个里程碑。

2022年，亚马逊宣布推出其首款“全自动移动机器人”，旨在为仓库搬运大型推车。该机器人被称为Proteus，亚马逊表示它可以安全地在人类员工周围导航。

客户需求驱动技术创新

作为商业创新与科技创新的引领者，亚马逊从创办至今，参与并见证了人工智能和机器学习技术在世界不同地区、不同领域、不同行业的创新应用，以及互联网技术、消费观念、商业模式的迭代与变革。在亚马逊，技术创新不是由商业利益驱动的，而是由客户需求驱动的。亚马逊 30 多年的研发成为全球人工智能发展的一个缩影：从以客户为导向构建概念，到落地应用，最终提升客户体验。

目前，亚马逊已构建起一个全球覆盖最广的智能运营网络：遍布 20 个站点的本土化运营，连接全球 400 多个运营中心，跨国配送 200 多个国家和地区，服务 2 亿 Prime 会员，触达全球数亿活跃用户。如此庞大的全球运营网络和多达数亿客户的消费数据积累，使亚马逊拥有了一个强大的全球大数据生态体系。再加上全球领先的人工智能和机器学习技术能力，亚马逊通过不断创新提升客户体验和业务运营效率。

（资料来源：亚马逊官网，有改动）

案例思考：

1. 亚马逊持续创新的动力与方法是什么？
2. 你知道的创新方法有哪些？

能力训练

能力训练一

【训练主题】 奥斯本检核表法的运用。

【训练目的】 提高学生运用奥斯本检核表法的能力。

【训练内容】 请从保温瓶、投影仪、电灯、眼镜、3D 打印机中任选一样，采用奥斯本检核表法进行提问，想一想可以做哪些改进，并将结果填入表 7-3 中。

表 7-3　奥斯本检核表法所用表格

序号	检核项目	发散设想	初选方案
1	能否他用		
2	能否借用		
3	能否改变		
4	能否扩大		
5	能否缩小		
6	能否代用		
7	能否调整		
8	能否颠倒		
9	能否组合		

能力训练二

【训练主题】5W2H 法的运用。

【训练目的】提高学生运用 5W2H 法的能力。

【训练内容】请从下列两题中任选其一，采用 5W2H 法进行提问，思考改进措施，并将结果填入表 7-4 中。

（1）运用 5W2H 法设计某咖啡店品牌传播方案。

（2）运用 5W2H 法策划在本城区开设一家茶吧。

表 7-4　5W2H 法所用表格

序号	提问项目	提问内容	情况原因	改进措施
1	能否他用			
2	能否借用			
3	能否改变			
4	能否扩大			
5	能否缩小			
6	能否代用			
7	能否调整			

能力训练三

【训练主题】和田十二法的运用。

【训练目的】提高学生运用和田十二法的能力。

【训练内容】请从自行车、手环、雨伞中任选一样或自选某一物品，运用和田十二法进行改良和创造，并将结果填入表 7-5 中。

表 7-5　和田十二法所用表格

序号	提示	研究对象	设想方案
1	加一加		
2	减一减		
3	扩一扩		
4	缩一缩		
5	变一变		
6	改一改		
7	联一联		
8	学一学		
9	代一代		
10	搬一搬		
11	反一反		
12	定一定		

能力训练四

【训练主题】希望点列举法的运用。

【训练目的】提高学生运用希望点列举法的能力。

【训练内容】请从下列两题中任选其一或选择自己感兴趣的项目，运用希望点列举法提出希望点与改进设想。

（1）请对本校微信公众号的运营提出希望点与改进设想。

（2）请对本校食堂提出希望点与改进设想。

能力训练五

【训练主题】类比联想法的运用。

【训练目的】提高学生运用类比联想法的能力。

【训练内容】请运用幻想类比法，找出 3 个神话或传说故事中的情节，并与帆船类比，提出至少 3 种新式帆船的设想。

能力训练六

【训练主题】组合创造法的运用。

【训练目的】提高学生运用组合创造法的能力。

【训练内容】当代，科技日新月异，互联网技术的迅猛发展使网络信息大爆炸，各种线上直播平台成为流量汇聚地，吸引着人们的注意力；手机等电子产品不断迭代，厂商从用户使用需求和产品艺术设计两个角度不断进行改良，使手机变得越来越智能和美观，给人们的生活带来了极大的便利。手机也成了人们不能离手的必需品，而不再只是一个通信工具。有数据显示，随着手机的功能越来越强大，人们上厕所的时间也越来越长。产品设计师们开始在马桶上做起创造发明，未来，如果有一款“马桶”能提升人们的如厕体验，并且能使人们方便地使用手机等电子产品，肯定能受到消费者的欢迎。

请以“马桶+电子产品”为研究对象，运用组合创造法进行创造发明。

自测题

1. 奥斯本检核表的检核项目包括哪九个方面？
2. 简述缺点列举法和希望点列举法的异同。
3. 简述综摄法的基本原则及其实施过程。
4. 举例说明组合创造法的分类。

延伸阅读

哈福德．塑造现代经济的 100 大发明（下）［M］．杨静娴，译．北京：中信出版社，2022.

第八章　把握创新机遇

学习目标

1. 理解创新机遇的内涵
2. 了解创新机遇的主要来源
3. 领会数字时代的创新机遇

能力目标

1. 能够通过案例分析加深对创新机遇的理解
2. 能够认识和把握数字时代的创新机遇

素质目标

1. 具备敏锐识别创新机遇的洞察力
2. 培养准确评估创新机遇价值的判断力
3. 具备将创新机遇转化为实际行动的执行力
4. 养成主动创造机遇的思维与习惯

思维导图

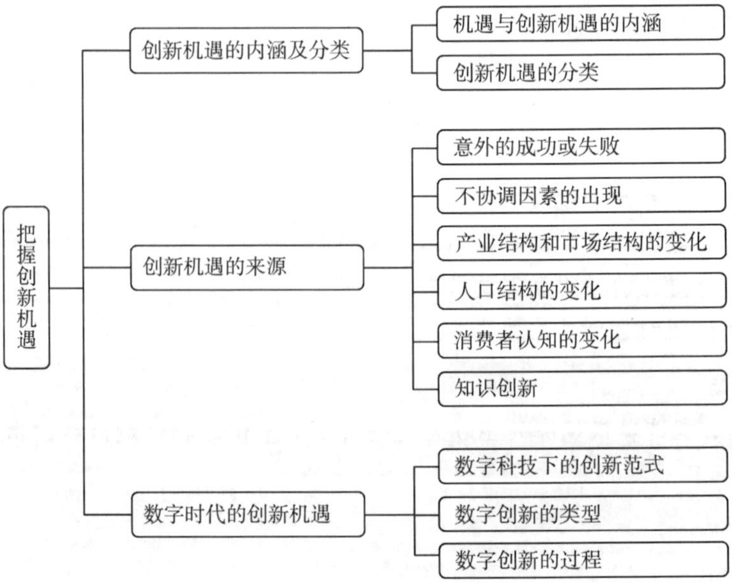

引导案例

中铁工服的数字化创新

2020年5月,《人民日报》接连刊登了两篇文章《中铁工服：跨界技术创新 快速转型升级》和《中铁工服：构建盾构工程工业互联网 提供全产业链专业服务》，报道了中铁工程服务有限公司（以下简称“中铁工服”）近年来利用互联网思维和大数据技术推动传统地下工程领域向数字化和智能化方向转型升级的优秀实践。上天有神舟，下海有蛟龙，入地有盾构，作为大国重器，盾构机是隧道掘进超大型专用设备，在地下工程建设中发挥着至关重要的作用。中铁工服之所以连续得到《人民日报》的点赞，是因为中铁工服为盾构机这个大国重器搭建了工业互联网平台，推动了传统地下空间开发领域向数字化转型、智能化升级。

一、国产盾构机问世，中铁工服开展机电安装业务

盾构机是专用于隧道挖掘工程，使用盾构法的掘进机，是集电气、机械、液压、气动、传感器于一体的大型自动化精密设备，零部件多达1万个，控制系统多达2 000多个，被称作“工程机械之王”，广泛应用于城市轨道交通建设、地下空间建设、铁路及公路隧道工程建设、引水隧洞工程建设及军事防护工程建设。盾构机的技术始于英国，发展于日本、德国，在很长一段时间内，中国都无法自主设计盾构机，只能依赖从国外进口。

对于20世纪90年代正在蓬勃发展的中国，铁路、公路、轨道交通、海底隧道、水利工程等大量基础设施的建设对盾构机的需求日渐旺盛，“洋盾构机”的水土不服激发了国内自主创新的动力。自2002年起，我国致力“造中国最好的盾构机”，科技部将盾构技术研究列入国家高技术研究发展计划（简称“863计划”），中铁隧道局集团有限公司作为首批参与科技项目攻关的企业，联合高校、科研机构开始了盾构机的自主创新之路。依托中国中铁股份有限公司隧道设计、施工技术和工业制造的集成优势，中铁隧道局集团有限公司于2008年成功研制出国内首台具有自主知识产权的复合式盾构机“中铁1号”，打破了“洋盾构机”一统天下的局面。2009年，中铁工程装备集团有限公司（以下简称“中铁装备”，前身为中铁隧道装备制造有限公司）成立，在“装备中铁、装备中国、装备世界”的三步走战略下，开始了盾构机的国产化进程。

在中铁装备“一主多元化”战略的指导下，中铁工服的前身中铁工程装备集团机电工程有限公司于2010年成立，其主营业务是盾构机的安装业务，但由于公司当时并没有安装一级资质，无法参与盾构机安装项目的投标，只能以劳务分包的形式接揽项目，而且机电安装属于劳动密集型行业，技术门槛较低且竞争激烈，这导致中铁工服业务进展困难。

二、中铁工服主营业务向盾构机租赁和施工技术服务业务转型

2012年下半年，在中铁装备工作的牟松调到中铁工服，担任总经理，承担起推动组织转型的重任。上任后，牟松和团队成员经过几次讨论达成共识，中铁工服要

围绕母公司中铁装备的主业发展上下链，既然中铁装备以盾构机、地下工程机械为主营产品，那么中铁工服的业务就要和地下工程相关，最好是中铁工服能够介入盾构机产业链中的一环。2013年年初，中铁工服基于中铁装备生产的盾构机，正式开展经营性租赁和以租代购业务。

2014年，中铁工服开始从低技术含量的机电安装业务向盾构机施工技术服务业务延伸，既包括对前期的盾构机选择提供咨询服务（盾构机选型、施工方案制订、施工方案论证、技术攻关、掘进参数调整、掘进重难点处理），也包括对盾构机施工过程提供技术支持，如盾构机组装测试、操作技术支持、现场故障处理、掘进中的维护保养、掘进参数优化指导、油水检测、机况评估等业务。

经过2013年和2014年两年的探索实践，中铁工服形成“以盾构机租赁为中心，盾构施工、机电安装为基本点，最终实现共同发展”的战略思想，推动公司走上发展的快车道。

三、借助信息技术，中铁工服向“平台型科技公司”转型

2014年5月10日，习近平总书记视察中铁装备时发表了“三个转变”的重要论述，即“推动中国制造向中国创造转变、中国速度向中国质量转变、中国产品向中国品牌转变”。“三个转变”的重要论述既是对中铁装备以往工作的肯定和认可，也是对中铁装备未来工作的期盼。作为中铁装备下属子公司，中铁工服始终坚持党的领导，把坚定的政治引领作为公司核心竞争力的重要组成部分。

2015年年底，中铁工服联合中铁三局集团桥隧工程有限公司具体施工团队对盾构行业发展机遇和存在的问题进行了全面的调研，发现当前盾构行业存在项目分散难监管、安全隐患难排查、施工效率难保障、掘进风险难把控、设备故障难定位、盾构数据难存储等诸多难题。调研后，中铁工服更加坚定了从传统技术服务企业向智能化、数字化的平台型高科技服务企业转型的决心和责任。

2016年5月，中铁工服上线自主研发的“盾构远程在线监测云平台”（以下简称“盾构云”），盾构云充分解决横跨多学科技术交互（土木技术、机械技术、信息技术）、现场管理与后台管控、设备研发设计输入与现场运行反馈、设备全寿命周期管理与多区域个性化使用等不对称、不互联、不互通、不匹配的系统性问题，实现盾构机运行数据采集和实时监控、报警管理、健康诊断、掘进进度与安全风险管控、部件维护保养、项目资料归档、安全教育、工序优化、智能掘进等应用。盾构云最突出的特点是设计了专门用于展示每台盾构机状态的插件模块——“盾构云实时监控系统”，通过自动采集数据，可实时显示每台盾构机的运行状态。

2016年，为了推动盾构资源的高效配置，中铁工服依托原有的“盾构银行”业务，搭建了线上平台“盾构租赁运营平台”，线上打通盾构机所有者和需求者的供需信息，再通过线下合同落地实现线上线下联动，以盾构机租赁为中心，辐射吊装运输、维修保养、监测评估、配件销售、改造升级等11项辅助业务，实现平台服务实体、实体支撑平台的运行模式，真正构建了盾构上下游全产业链的生态圈。

2018 年，中铁工服成立科技分公司，全力聚焦盾构行业的互联网平台建设，用信息技术解决更多的行业痛点。2018 年起，中铁工服联合京东云开发了以盾构机配件销售为主的“工服 MALL”电商平台，该电商平台以构建盾构服务产业生态链为目标，精心打造“B2B+O2O”的运营模式，提供一站式综合解决方案。

经过 10 多年的探索与实践，中铁工服坚持“为地下工程服务”的使命，从传统的机电安装公司成功转型为集装备管理及研发技术服务、施工技术服务、信息技术服务和机械制造服务于一体的互联网平台型高科技服务公司，形成了“装备技术+土木技术+信息技术”跨界技术创新格局，构建了盾构行业的工业互联网，推动着地下施工行业的数字化、智能化转型。

{资料来源：刘玉焕，王洋慧．大国重器“盾构机”的工业互联网平台：中铁工服的数字化创新之路［J］．清华管理评论，2021（11）：54-60. 有改动}

案例思考：

1. 从企业价值链的角度来看，中铁工服每个阶段的数字化创新如何影响和重塑盾构机的产业价值链？

2. 中铁工服数字化创新过程为传统企业的数字化创新与转型提供了哪些经验？

第一节 创新机遇的内涵及分类

一、机遇与创新机遇的内涵

（一）机遇的内涵

机遇是指有利于相关主体（国家、地区、企业或个人）实现其目标的环境态势、因素或事件，是对该主体实现目标有显著意义但易于消失的“事件”，是目标、能力（主观因素）和资源（客观因素）最有利的组合区间。发现机遇的基本方法是目标、能力和资源的组合分析与重点参数的趋势分析。发现机遇就是寻找目标、能力和资源的优化组合方案。机遇具有以下基本特征：① 目标对应性；② 超常增益性；③ 非均衡性；④ 不稳定性或易消失性；⑤ 伴随风险性。

企业的生存与发展形势是由需求（市场）、能力、资源和环境及其相互关系决定的。一切有利于企业生存与发展的需求、能力、资源、环境（如政策、交通、气候等）的变化均可认为是机会；而机遇存在于并表现为与社会主体目标相关的、主客观条件耦合状态较好的时空区间。因此，机会并不稀缺，而机遇则不可多得。在机遇形成的四维模型中，以企业目标为原点，分别用需求圈、能力圈、资源圈和环境圈表示与目标有关的需求、能力、资源和环境因素的集合，则机遇就是需求圈、能力圈、资源圈、环境圈相交和重叠的区域 ABCD，如图 8-1 所示。

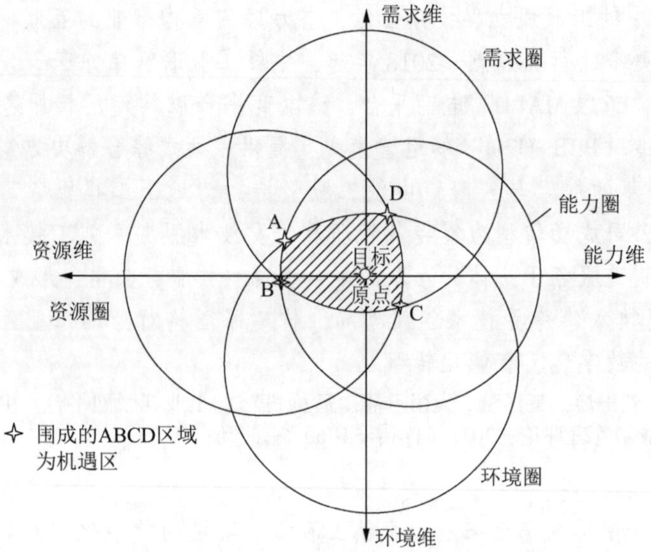

图 8-1　机遇分析四维模型

{资料来源：黄津孚．智能互联时代的企业经营环境［J］. 当代经理人，2020（4）：31. 有改动}

（二）创新机遇的内涵

创新机遇是指有利于创新者识别并以新的组合形式利用资源，从而更高效地实现经济目标的各种因素和事件。创新机遇来源于科学或技术知识库、客户偏好、经济行动者之间相互关系的变化等，它至少包括以下三个特质：① 经济价值；② 调动实现这一机会所需的资源的可能性；③ 所产生的经济价值具有专有性。

虽然在人们的印象中创新通常更多地取决于创新者的天分、禀赋和灵感，但实际上在现代经济活动中，它更是一种有目的、有组织的工作，创新技能并不是一种隐性知识或艺术，不是完全靠创新者的资质和运气获得的，而是一种有规律可循，有办法复制、传授和学习的技能。创新活动是具有组织化、系统化特点的技术经济活动，可以通过对这些活动的分析和掌握来寻找与把握各种宝贵的创新机遇。

约瑟夫·A. 熊彼特的创新理论特别注意到机遇对创新的特殊重要性，他把“能抓住眼前的机会”的“精细”或“敏锐和精力充沛”视为创新能力的核心要素。彼得·F. 德鲁克经过30余年的研究和实践，在《创新与企业家精神》一书中，首次把创新与企业家精神视为可组织（且需要加以组织）的、有目的的任务和系统化的工作，强调企业家绝不能被动地等待机会，而是要有目的、有组织地寻找机会，系统地分析机会，进而系统地创新。

二、创新机遇的分类

机遇有以下不同分类：① 按机遇出现的时间划分：随机性机遇、周期性机遇和一次性机遇；② 按机遇的共享性划分：独享性机遇、竞争性机遇和共享性机遇；③ 按机遇与社会主体目标相对应的程度划分：战略性机遇和非战略性机遇；④ 按机遇的社会属性划分：制度（政策）机遇、市场机遇、科技机遇、经济机遇、生态环境机遇等。

基于机遇的以上分类，从企业内外部环境要素、技术要素、重大项目要素、经营者要素、风险要素等方面，结合企业创新活动的特性，可把创新机遇划分为重大环境机遇、技术机遇、重大创新项目机遇、经营者人因机遇和风险性机遇五大类。

（一）重大环境机遇

重大环境机遇是指企业内外部环境发生重大变化，可能促使企业创新发展，从而带来巨大收益的机遇。政治、经济、市场、法律、生态环境等变化所带来的机遇，属于外部机遇；企业技术、管理、资产等变化所带来的机遇，属于内部机遇。

虽然个人因素被认为是企业机遇识别的关键因素，但是企业外部环境的影响在机遇识别中不容忽视，而且企业外部压力、技术、社会价值观、政治行为等因素将影响个人对企业机遇的识别。企业创新与外部合作密切相关，很少有企业可以在不利用外部参与者提供的资源和技术的情况下启动创新项目。

（二）技术机遇

技术机遇是指企业利用新的技术和手段，可能带来企业经济效益提高的机遇，主要包括模仿创新、合作创新、引进消化吸收再创新等技术革新带来的机遇。传统增长理论认为，技术创新是经济增长和社会进步的重要动力。技术机遇的存在具有客观性，技术机遇对企业创新具有积极影响。

长期以来，大多数人对模仿存在偏见，认为模仿是落后企业追赶市场领导者的一种生存策略，以致忽视了模仿的重要性，并且认为模仿的不完全性会使模仿效果大打折扣。然而，研究表明，模仿的不完全性才是创新的源泉。对于落后企业而言，不完全模仿为其提供了创新的思路，同样能为企业创造持续的竞争优势，是一条可行有效的创新捷径。

（三）重大创新项目机遇

重大创新项目机遇是指企业为数不多的重大创新项目的实施，可能带来企业经济效益显著提高的机遇，它对企业的创新战略起着重大的支撑和促进作用，属于内部机遇。创新项目既包括技术、流程和产品创新项目，也包括业务模式和组织创新项目。对于企业的创新项目而言，项目质量能否达到预期水平或能否满足项目相关方的要求，是创新项目成败的关键。谁掌握了核心技术，有能力确保创新项目达到预期质量，谁就掌握了话语权，拥有了更大的创新机遇。而创新项目无论是在最初的研发阶段还是在后来的营销阶段都需要大量资金支持，因此项目资金对创新项目的成败影响较大。此外，熟悉市场、行业及准确判断未来趋势是创新项目得以实施的一个重要因素。企业创新项目的运行涉及部门之多、工种之广毋庸置疑，这不仅要求企业拥有各类高素质人才，而且要求企业具备项目信息的获取能力和及时、顺畅的沟通能力。

（四）经营者人因机遇

经营者人因机遇是指企业经营者良好的个人素养及经营方式促使企业实现预期目标，并为企业带来收益的机遇，主要包括经营者的创新意识、道德素养、创新能力、先验知识、社会网络等因素所带来的机遇。经营者的任务之一是不断进行创新，而创新意识是每个经营者都应具备的基本素质。经营者的人格特质、先验知识、社会网络、心理健康和创业认知对成功的机会认知与开发具有显著的积极影响。研究表明，经营者更加关注他们所熟知的，与自己所拥有信息、知识相关的商机，知识积淀对机会识别的影响较大，经营者拥有的先验知识越多，就越容易识别机会。同时，经营者的警觉性和学习行动能够部分调解现有知识与机会认同之间的关系。经营者所拥有的社会网络对其识别机会相当重要，广泛的社会网络有利于经营者更好地识别机会。

（五）风险性机遇

风险性机遇是基于风险与机遇并存而出现的机遇，是创新型企业在减少和规避风险过程中可能带来企业经济效益提高的机遇，包括国家政策导向、技术革新、市场变化及国际环境变化所带来的机遇，属于外部机遇。风险存在于企业的一切管理流程之中，虽然风险主导着企业的商业环境，但机会是所有经营者都关注的内容。风险既具有积极的内涵又具有消极的内涵，即存在机会或不确定性和危害。积极的内涵有助于企业创造机会。因此，风险管理有助于企业实现目标、增加竞争优势并创造机会。

在不同的经济形势下，政府会对政策做出相应调整，政策的变化或重要举措的出台、实施虽然会引起市场波动，但存在风险的同时也蕴藏着机遇。现今技术更新换代迅速，致使企业无论是引进新技术还是自主创新都面临着较大的风险，但同时也促使企业不断实现技术突破、赶超先进技术，获得持续创新的动力及创新优势。另外，市场的无规则变化致使企业发展面临较大的风险，但不稳定、快速变化的市场同样存在新的市场需求，蕴藏着机遇。复杂、多变的国际环境往往会给企业的发展带来一定的风险，然而企业依然可以从中发现有利的发展机会。

小资料

元宇宙技术及其未来潜力

虚拟现实（Virtual Reality，VR）是过去十年技术繁荣中最迷人的贡献之一。元宇宙是现代最重要的新兴技术趋势之一，它将把这种体验提升到一个新的水平。这个概念被认为是互联网的未来迭代，将使用户能够在3D空间内见面、社交、玩游戏和与其他用户合作。

“元宇宙”（Metaverse）是由尼尔·斯蒂芬森（Neal Stephenson）在1992年出版的科幻小说《雪崩》（*Snow Crash*）中概念化的。这部小说设想，个人可以在数字化身的帮助下从现实世界逃到一个名为“元界”的虚拟世界，并充分探索这个虚拟世界。几十年后，随着增强现实（AR）、VR、人工智能（AI）、机器学习、区块链等创新技术的出现，将这个迷人的概念转化为现实成为可能。在过去的几年里，Facebook、微软、英伟达、Decentraland等已经开始探索这一领域。

从技术角度来看，具有技术意义的元宇宙包括内容系统、区块链系统、显示系统、操作系统，最终展现为超越屏幕限制的3D界面，代表了继PC时代、移动时代之后的全息平台时代。支撑元宇宙的技术集群包括六个部分：① 网络和运算技术，包括空间定位算法、虚拟场景拟合、实时网络传输、GPU服务器、边缘计算，以降低成本和网络拥塞；② 人工智能技术；③ 电子游戏技术，如支持游戏程序代码和资源（图像、声音、动画）的游戏引擎；④ 交互技术，VR、AR、ER（拟真现实）、MR（混合现实），尤其是XR（扩大现实），持续迭代升级，提供沉浸式虚拟现实体验阶梯，不断深化感知交互；⑤ 区块链技术，通过智能合约、去中心化的清算结算平台和价值交付机制，保证价值的所有权和流通，实现经济系统运行的稳定、高效、透明和确定性；⑥ 物联网技术。

元宇宙是以“硬技术”为坚实基础的，包括计算机、网络设备、集成电路、通信组件、新型显示系统、混合现实设备、精密自由曲面光学系统、高像素高清晰摄像头等。元宇宙形成的产业链包括微纳加工、高端制造、高精度地图、光学制造（如衍射波导透镜、微显示芯片制造），以及相关软件产业。最终，元宇宙的运行需要物理形式的能量。物联网将输入数据和地理空间触发的内容镜像到元宇宙中，使我们能够以新的方式理解、操纵和模拟现实世界。

未来，元宇宙有望整合所有孤立的沉浸式虚拟生态系统，并将它们合并为一个统一的整体，即一个巨大的全包式元宇宙，人们可以使用单个浏览器访问（就像提供各种网站的互联网一样）。例如，在虚拟办公室工作的用户可以使用Oculus VR头显进行混合现实会议，并且可以在完成工作后沉迷于区块链驱动的游戏。用户可以在同一元宇宙中管理他们的财务和投资组合。

元宇宙将超越社交媒体平台和虚拟游戏。由于VR眼镜和头显的使用，预计在不久的将来，元宇宙将变得更加多维。使用VR小工具，用户可以在现实的物理空间中漫步，探索3D空间。

第二节　创新机遇的来源

德鲁克认为，企业家的任务是积极地寻找机会，以实现企业创新，而不是被动地等待机会。企业家应主动地去寻找有利于企业发展的各种机会，并加以识别和把握。创新机遇的识别和把握从根本上说是对企业面临的外部环境与内部资源的动态考量，即以创新机遇形成机理为基础，对有利于企业创新发展的潜在机遇与企业各种资源耦合状态的识别，当企业外部环境所带来的潜在机遇与内部各种资源耦合良好时，便会产生有利于企业发展的创新机遇。

名人名片

“现代管理学之父”——彼得·F. 德鲁克

彼得·F. 德鲁克被称为“现代管理学之父”“管理大师中的大师”，其著作影响了数代追求创新及最佳管理实践的学者和企业家，各类商业管理课程也都深受德鲁克思想的影响。

德鲁克于1909年出生在奥地利首都维也纳，祖籍为荷兰，后移居美国。德鲁克从小生长在富裕的文化环境之中，先后在奥地利和德国受教育；1937年移居美国，曾在银行、保险公司和跨国公司任经济学家与管理顾问。德鲁克曾在贝宁顿学院任哲学教授和政治学教授，并在纽约大学研究生院担任了20多年的管理学教授。尽管被称为“现代管理学之父”，但德鲁克一直认为自己首先是一名作家和教师。1954年，德鲁克出版了《管理的实践》，提出了一个具有划时代意义的概念——目标管理，从此将管理学开创成为一门学科，从而奠定了自己管理大师的地位。1973年，他出版了巨著《管理：任务、责任、实践》，这是一本为企业经营者提供的系统化管理手册和为学习管理学的学生提供的系统化教科书，它告诉管理人员付诸实践的是管理学，而不是经济学、计量方法、行为科学，该书被誉为管理学的“圣经”。1985年，他出版的《创新与企业家精神》被认为是继《管理的实践》推出之后德鲁克最重要的著作之一，该书强调当前的经济已由“管理的经济”转变为“创新的经济”。1999年，他出版了《21世纪的管理挑战》，将“新经济”的挑战清楚地定义为：提高知识工作的生产力。

德鲁克著书和授课未曾间断，自1971年起，他一直任教于克莱蒙特研究生大学。为了纪念其在管理领域的杰出贡献，克莱蒙特研究生大学的管理学院以他的名字命名。1990年，为了提高非营利组织的绩效，由弗朗西斯·赫塞尔本（Frances Hesselbein）等人发起，以德鲁克的声望，在美国成立了“彼得·德鲁克非营利管理基金会”。德鲁克出版了超过30本书籍，被翻译成30多种文字，传播到130多个国家和地区。其中，最受推崇的是他的原则概念及发明，包括将管理学开创成为一门学科、目标管理与自我控制是管理哲学、组织的目的是创造和满足顾客、企业的基本功能是营销与创新、高层管理者在企业策略中的角色、成效比效率更重要、分权化、民营化、知识工作者的兴起、以知识和资讯为基础的社会。2002年，美国总统乔治·W. 布什（George W. Bush）宣布德鲁克成为当年“总统自由勋章”的获得者，这是美国公民所能获得的最高荣誉。

创新并不一定会给企业带来更大的发展，但是没有创新，企业肯定不会有更大的发展。有价值的创新常常与某些特定的机遇或事件相关联。虽然说机遇可遇而不可求，但机遇更垂青有准备的人，因为有准备的人总是能比没有准备的人更早、更快地意识到某些机遇中所蕴含的意义和价值。对创新具有特别价值的机遇主要有以下几种。

一、意外的成功或失败

当企业面临意料之外的内部或外部事件时，它可能成为创新的一种机会来源。意料之外意味着该事件中包含与经营者以前的认识和理解有所不同的东西。这些不同的东西可能会为创新带来启示，特别是当出乎意料的成功来临时，其背后一定有着深刻的意蕴。企业未想到而获得的意外成功，比起其他各种机会来源能够带来更多创新的可能，抓住这种机会进行创新，一般风险最小，探索的过程也较省事。问题在于，大部分经营者总是忽视这种意外成功摆在他们面前的创新机会，不懂得意外成功中必然包含自己所不知道的东西，而且常常还努力地排斥它们，最终与它们失之交臂。之所以会出现这种情况，是因为人们往往存在根深蒂固的惯性思维：凡是能持续相当长时间的事物就一定是正常的，而且还将一成不变地存在下去，因此当一些事物出现新的变化，或者原有的事物以某种新的面貌或态势出现时，由于与人们已认定的自然规律相矛盾，人们就会将其视为不可靠的、不正常的而加以忽视。

与意外的成功容易被忽视这一现象相反，意料之外的失败通常会引起决策者更多的关注，但很多人往往看到的是它们带来的挑战，少有人视之为机遇。意料之外的失败常意味着趋势发生了变化，或者经营者的认识和理解存在根本性的错误。意料之外的失败也许是因为提供的产品或服务、进行设计或制定营销策略所依据的设想或思路不再符合现实的情况；也许是因为客户改变了价值观和认知；也许是因为以前的一个市场对象或一种产品变成了两个或多个，每一个所要求的价值又都有了不同；等等。这些变化都为创新带来了机遇。无论是意外的成功还是意外的失败，都包含着某些征兆，往往需要人们突破自己的构想、知识和洞察力的局限去分析其所蕴含的价值，对其背后的深刻原因进行分析，从而为有意识的创新行为开辟道路。

二、不协调因素的出现

不协调是指事物的现实状况与人们认为它应该有或设想的状况之间不相符合的情形。显然，当人们感觉到某些不协调的时候，创新的动力就有可能产生。实际上，忧患意识、危机感之所以能成为创新的绝佳动力，原因就在于它是一种不协调因素。不协调是将要发生变化的一种重要前兆，常常意味着存在某种质变的可能。在反复接触不协调因素的人中，有些人常常当局者迷，司空见惯之后将其视为理所当然，从而放过创新的机遇。

对创新有极大价值的不协调因素常常表现为：经营目标与实际经营结果之间的不协调；各项经营指标之间的不协调；设想客户群与实际客户群之间的不协调；业务流程中的不协调；用户使用过程中的不协调；等等。现实与假设之间的不协调表现为人们基于对事实狭隘的看法而做出错误的假设，导致假设与现实之间存在不协调，企业努力的方向也会出现偏差，从而降低效率。主观认知与客观现实之间的不协调是常见的现象。在很多情况下，企业总是对顾客实际上购买的东西有误解，总是假设对自己有价值的东西对顾客也会具有同样的价值。面对此类不协调，企业除对自己的产品保持足够的信心以外，还需要多观察、多倾听，了解顾客的实际需求和价值期望。经济活动流程的不协调是指使用者在使用产品或接受服务的过程中存在困扰，这意味着原有产品或服务的某些流程存在不协调的部分，对此加以改进并提升产品或服务的品质将是一种非常有效的创新。

三、产业结构和市场结构的变化

一般情况下，产业结构和市场结构的变化是循序渐进的。但是，产业结构和市场结构实际上是非常脆弱的，有时一个小小的打击就会导致它们瓦解，而且解体速度非常快。当这种情况发生时，如果仍然延续原有的经营模式，一定会给企业带来灾难，甚至很有可能使它倒闭。因此，当产业结构和市场结构发生变化时，企业必须有所创新。

产业结构和市场结构的变化是一个重要的创新机遇。这种质变往往是量变积累的结果，尤其是随着技术进步的步伐加快，新技术和技术组合不断在生产和服务领域推广与扩散，产品结构、价格结构、消费结构等都在不断发生变化。在微观产业层次上，某个产业突然加速增长，出现“井喷”现象，事先预测到产业结构和市场结构将发生变化的企业就可以捷足先登，成为行业中创新的领先者。

四、人口结构的变化

人是一切经济活动的中心，人口统计数据可以反映包括人口数量、年龄结构、就业人数、受教育状况、收入情况等在内的各种有关人口变化的情况，对创新者判断消费变化趋势、市场容量大小等具有重要作用，是创新优势的重要来源。例如，可以利用人口统计数据预计某种产品的需求者类型和需求数量的变化。在年龄分布中，最具预测价值的是人口重心的变化，即在特定时间内人口结构中最大且增长最快的年龄人群的变化，把握住人口重心的变化，就把握住了最广大的消费群体的需求和期望。

需要注意的是，创新者不仅要对各种人口统计数据进行深入的分析，还要采用实地考察市场、调查消费者需求、聆听客户意见、洞悉客户的价值观念等方法。只有通过全面而综合的分析，才能发掘可靠而有效的创新机遇。

小资料

日本机器人产业

机器人技术源于美国，却在日本得到了产业化发展，重要原因是日本在20世纪90年代留意到了发达国家人口结构方面的变化，对该项变化给予了充分的重视，并加以利用。大约从20世纪70年代开始，发达国家出现出生率下降和教育时间延长的现象，半数以上的年轻人在高中毕业后会继续读书而不是直接进入工作阶段，因此劳动人口尤其是从事传统蓝领工作的劳动人口到20世纪90年代时已明显不足。尽管许多国家都注意到了该情况，但只有日本加紧研发和制造工业机器人，日本政府出台的一系列工业机器人鼓励扶植政策大力推动了工业机器人的应用。

1980 年被称为日本的“机器人普及元年”，这一年日本汽车生产台数位居世界第一，电气式多关节机器人被产品化。1978 年，世界上第一台 SCARA（Selective Compliance Assembly Robot Arm）工业机器人诞生，目的是高速、有效地解决自动化生产中的装配工序问题。它由日本山梨大学教授牧野洋研发，富士通株式会社根据牧野洋教授的想法制造，之后 SCARA 工业机器人确立了世界组装机器人的固定地位。在这之后，日本又开发了在物流领域使用的机器人及半导体晶片搬运用、简易工业用的小型机器人等，机器人的应用范围逐渐扩大。由此，日本成为世界第一的机器人制造和使用大国。

五、消费者认知的变化

消费者的认知对创新者的决策具有重要影响。从数量的角度来说，“杯子是半满的”与“杯子是半空的”并没有什么不同，但从认知的角度来说，两者有着重要的区别。因此，当消费者的认知发生变化时，就很可能孕育着重大的创新机遇。

所谓认知变化，是指人们改变了对同一事物的看法。因此，尽管事物本身并没有发生改变，但事物的意义发生了变化。人们对事物的认知会随着人们的经济状况、社会地位、生活水平、文化素质等方面的变化而变化。认知变化可能存在于各种领域，是创新机遇的重要来源。

需要注意的是，任何事物都是随着环境和条件的变化而不断变化的，某种潮流可能只是昙花一现，但也可能是认知发生了重大变化。如果将昙花一现的短期微波作为整个社会的趋势，大量投入进行适应性创新，将会得不偿失；但如果对认知发生的重大变化视而不见，那么会失去重大的创新机遇。因此，要利用认知变化成功地创新，就必须注意对时机的把握。同时，由于无法确定某个认知变化是一时的风尚还是永久性的改变，以及它将造成怎样的后果，因此这类创新一般总是先以一个较小的规模在特定范围内开始，并根据试验的效果做出后续的决策。

六、知识创新

知识创新往往孕育着崭新的商业机会和创新机遇。

（一）知识创新概述

在创新发展的历史中，以知识为基础的创新机遇最令人瞩目，占有极其重要的地位。柴油发动机、飞机、计算机、工业自动化生产线、青霉素、塑料等自然科学和技术产品的发明，都展现了新知识的创造在推动人类社会进步上所发挥的重要作用。但是，需要注意的是，与其他创新的来源相比，以知识为基础的创新，具有时间跨度长、损失率高、可预测性差、不稳定、变化复杂、难以管理的特点，对于创新者而言，对这类创新机遇的把握要求更高，风险往往也更大。

在所有创新中，以知识为基础的创新所需的前置时间最长。新知识的创造需要经过从发明新知识、形成应用技术到最后被产业化和市场化的完整过程。不仅从新知识的出现到它成为应用技术的时间跨度相当长，而且从新技术转变成市场上的产品或服务也需要很长的时间（表 8-1）。

表 8-1 部分技术与产品创新时间和产业化时间

技术与产品	创新时间	产业化时间	滞后期/年
日光灯	1859 年	1938 年	79
采棉机	1889 年	1942 年	53
抗菌药物	1907 年	1936 年	29
拉链	1891 年	1918 年	27
自动化技术	1951 年	1978 年	27
电视	1919 年	1941 年	22
喷气发动机	1929 年	1943 年	14
雷达	1922 年	1935 年	13
复印机	1937 年	1950 年	13
蒸汽机	1764 年	1775 年	11
尼龙	1928 年	1939 年	11
无线电报	1889 年	1897 年	8
三极真空管	1907 年	1914 年	7
圆珠笔	1938 年	1944 年	6

以知识为基础的创新需要众多要素的支撑和配合。事实上，历史上的任何重大创新几乎都不是只基于某一种要素，而是依靠多种不同科学、技术、知识的聚合才实现的。

小知识

移动支付

移动支付是指消费者通过移动终端发出数字化指令为其消费的商品或服务进行账单支付的方式。移动支付将互联网、终端设备、金融机构有效地联合起来，形成了一个新型支付体系，并且移动支付不仅能够进行货币支付，还可以缴纳话费、燃气费、水电费等生活费用。移动支付开创了新的支付方式，使电子货币开始普及。

随着移动支付的不断普及，支付宝、微信支付等支付平台的不断发展，越来越多的用户开始使用手机进行移动支付，人们将会越来越重视信息安全问题。中国银联发布的《2020 移动支付安全大调查研究报告》显示，2020 年平均每人每天使用移动支付 3 次。工信部数据显示，2012 年至 2021 年十年间，我国互联网应用全面普及，移动支付年交易规模达到 527 万亿元，新经济形态创造超过 2 000 万个灵活就业岗位，5G 行业应用案例累计超过 2 万个。

（二）如何利用知识创新的机遇

要想成功地利用知识创新的机遇，必须满足以下三个要求：

第一，创新者必须认真分析各种必备要素的配合情况（包括知识本身、社会经济因素及认知因素），否则这类创新很可能以失败告终。

第二，创新者必须有明确的战略目标，必须建立自己在本领域的领先地位。基于知识的创新很容易引起人们的关注并吸引大量竞争者进入，如果缺乏足够的优势，便会被竞争者超越。一般来说，在进行以知识为基础的创新时，创新者大多通过以下三种策略来建立自己的优势：

（1）建立一个完整的系统，以控制整个领域。例如，IBM公司早期将向客户出租计算机作为商业模式，而不是向客户出售计算机，同时还向客户提供所有软件、程序设计，向编程人员提供计算机语言指导，向客户管理人员提供计算机操作指导，以及向客户提供所需的服务。

（2）通过市场细分和区隔，为自己的产品创建市场。例如，杜邦公司发明了尼龙之后，并没有直接“销售”尼龙，而是着手建立了一个以尼龙为生产原料的女性裤袜和内衣消费市场，以及需要用到尼龙的汽车轮胎市场。然后，杜邦公司将尼龙提供给加工商，由它们生产这些杜邦公司已经创造出需求且实际上已经在出售的产品。

（3）占据一个战略位置，专注于一项关键功能。例如，辉瑞公司将自己的研发力量集中于发酵工艺的研究，并将其应用到青霉素的生产中，成为青霉素生产的早期领导者，这一成功的策略使其成为当今全球领先的生物制药公司。

第三，创新者尤其是科学家和技术专家作为创新主体时，必须学习现代管理知识，或者与具备管理才能的人合作，运用现代管理知识来对企业进行创新管理。由于基于知识的创新特别是基于高科技的创新往往都由擅长技术的发明者主导，这就造成该类企业过分注重技术的复杂性而缺少科学管理，它也是这类创新早期容易失败的重要原因。因此，基于知识的创新不仅要关注知识与技术创新，还要努力找到更好的管理和运作流程，这在本质上是不断探索新知识，从而实现各种知识与技术之间的相互协同。

严格来说，我们很难对上述创新机遇的来源画出明确的分界线。虽然每一项来源都有其与众不同的特征，都需要做个别分析，但其实它们之间还是有许多重叠的地方，也没有哪一项来源比其他来源更重要。事实上，许多重大创新既可能来自一些并不起眼的微小变化（如在产品或定价上被认为是不重要的变化却带来了意想不到的成功），也可能来自因科学突破而产生的新知识。因此，创新者只要善于把握变化，敏锐地发现机遇，在适当的时机果断地投入各种要素，就有可能把握住创新机遇，不断取得新的创新成果。

小知识

云计算

云计算（Cloud Computing）是分布式计算的一种，是指通过网络"云"将巨大的数据计算处理程序分解成无数个小程序，然后通过多部服务器组成的系统处理和分析这些小程序，得到结果并返回给用户。从狭义上讲，云计算就是一种提供资源的网络，用户可以随时获取"云"上的资源，按需求量使用，并且可以看成是无限扩展的，按使用量付费就可以了。"云"就像自来水厂一样，我们可以随时接水，并且不限量，按照自己家的用水量付费给自来水厂就可以了。从广义上讲，云计算是一种与信息技术、软件、互联网相关的服务，这种计算资源共享池叫作"云"。云计算把许多计算资源集合起来，通过软件实现自动化管理，只需要很少的人参与，就能实现资源的快速提供。也就是说，计算能力作为一种商品，可以在互联网上流通，就像水、电、煤气一样，可以方便地取用，并且价格较为低廉。

云计算不是一种全新的网络技术，而是一种全新的网络应用概念，云计算的核心概念就是以互联网为中心，在网站上提供快速且安全的云计算服务与数据存储，让每一个使用互联网的人都可以使用网络上的庞大计算资源与数据中心。通过这项技术，人们可以在很短的时间（几秒钟）内完成对数以万计的数据的处理。现阶段所说的云服务已经不单单是一种分布式计算，而是分布式计算、效用计算、负载均衡、并行计算、网络存储、热备份冗余、虚拟化等计算机技术混合演进并跃升的结果。云计算是继计算机、互联网之后信息时代的又一次革新。云计算具有很强的扩展性和需要性，可以为用户提供一种全新的体验，云计算的核心是可以将很多的计算机资源整合在一起，使用户通过网络就可以获取无限的资源，同时获取资源不受时间和空间的限制。

第三节　数字时代的创新机遇

当前，人类社会已经继农业经济时代、工业经济时代之后进入数字经济时代。技术进步驱动经济发展已经成为普遍共识，数字经济也是不可逆转的历史潮流。以网络化、信息化、智能化为代表的新兴技术风靡全球，新一轮科技革命和产业变革深入发展，全球科技创新进入密集活跃期，世界经济加速实现数字化、网络化、智能化。在数字经济浪潮中，新技术、新产业、新模式、新业态大规模涌现，深刻影响着全球科技创新版图、产业生态格局和经济社会发展。

小知识

数字经济

数字经济（Digital Economy）是继农业经济、工业经济之后的主要经济形态，是以数据资源为关键要素，以现代信息网络为主要载体，以信息通信技术融合应用、全要素数字化转型为重要推动力，促进公平与效率更加统一的新经济形态。自人类社会进入信息时代以来，数字技术的快速发展和广泛应用衍生出数字经济。与农耕时代的农业经济、工业时代的工业经济有很大的不同，数字经济是一种新的经济、新的动能、新的业态，其引发了社会和经济整体性的深刻变革。数字经济发展速度快、辐射范围广、影响程度深，正推动生产方式、生活方式和治理方式深刻变革，成为重组全球要素资源、重塑全球经济结构、改变全球竞争格局的关键力量。

数字经济是一个内涵比较宽泛的概念，凡是直接或间接利用数据来引导资源发挥作用、推动生产力发展的经济形态都可以纳入其范畴。数字经济通过不断升级的网络基础设施、智能机等信息工具，以及互联网、云计算、区块链、物联网等信息技术，不断增强人类处理数据的能力（包括数量、质量和速度），推动人类经济形态由工业经济向信息经济、知识经济、智慧经济演进，极大地降低社会交易成本，提高资源配置效率，提高产品、企业、产业附加值，推动社会生产力快速发展，同时为落后国家后来居上实现超越性发展提供技术基础。

一、数字科技下的创新范式

数字科技不仅改变了企业的生产运营模式，还改变了产品的销售流程等，为传统行业企业带来了较大的机遇与挑战。在数字化的浪潮中，许多企业需要革新创新思维，以适应数字时代的新型创新发展要求。数字科技包含大数据、云计算、人工智能、区块链等多种技术，不同的技术对企业创新产生了不同的影响。随着数字科技的发展，企业的创新范式也发生了巨大的变化。

（一）大数据驱动的创新

消费互联网的大数据分析倒逼着企业进行创新。许多企业开始使用大数据技术分析和开发新产品或新服务，并且大数据技术的使用使得企业的业绩大大增长，良好应用大数据技术的企业表现一般优于同行业的其他企业。大数据技术的使用无疑提升了企业战略决策的准确性、业务流程的合理性及产品和服务的创新性。

一方面，大数据驱动的创新体现在企业管理创新方面，在大数据技术的支持下，许多企业纷纷开始构建智慧企业。智慧企业在实现业务量化的基础上，高度融合信息技术、工业技术及管理技术，形成具备自动管理能力的新型企业组织形态，实现智慧的自动研判、自主决策和自我演进。另一方面，大数据驱动的创新还体现在业务流程的优化上，以大数据为基础，企业可以通过大数据分析优化业务流程。

（二）人工智能驱动的创新

人工智能技术的迅速发展对社会的影响主要体现在以下两个方面：一方面，人工智能技术的发展会催生与其发展相关的产业，并促进上下游企业的创新发展。近年来，我国的人工智能产业迅速发展，作为一个新兴产业，其自身的发展带动了与其密切相关的芯片产业及下游的机器人产业等的迅速发展。另一方面，不同于传统的新兴技术，人工智能技术对企业创新还有更为广泛的影响。基于人工智能的创新可能会改变企业提供的一系列产品或服务的特性，对生产、就业等产生影响。图 8-2 展示了人工智能技术驱动的产业创新生态。

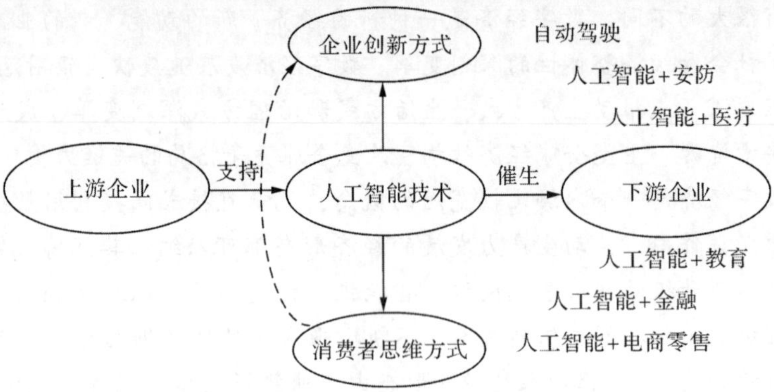

图 8-2　人工智能技术驱动的产业创新生态

{资料来源：陈劲，李佳雪．数字科技下的创新范式［J］．信息与管理研究，2020，5（Z1）：4.}

人工智能技术改变了消费者的思维方式，消费者面对的商品和服务呈现出无限的可能性，从而进一步激发了消费者的深层次需求。与此同时，企业的创新方式也发生了变化，人工智能技术可能改变创新过程本身，即创新的思维方式及规则被完全打破，传统的创新流程被重塑，企业可以利用人工智能技术对原有的创新数据进行训练，企业创新的过程也将实现自动化和流程化。这种人工智能驱动的创新所带来的挑战不容忽视，企业不能再坚持传统的内部创新模式，而应该注重促进群体间的协作创新，积极构建连接产业链上下游及用户群体的新型创新生态，缩短创新的周期，降低创新的成本，以应对人工智能技术给企业创新带来的挑战。

小知识

人工智能

人工智能（Artificial Intelligence，AI）是研究、开发用于模拟、延伸和扩展人的智能的理论、方法、技术及应用系统的一门新的技术科学。人工智能是计算机科学的一个分支，被称为 20 世纪 70 年代以来世界三大尖端技术（空间技术、能源技术、人工智能）之一，也被认为是 21 世纪三大尖端技术（基因工程、纳米科学、人工智能）之一。这是因为近 30 年来人工智能获得了迅速发展，在很多学科领域得到了广泛应用，并取得了丰硕成果，它已逐步成为一个独立的分支，无论是在理论还是在实践上都已自成体系。

人工智能是一门极富挑战性的科学，它是研究用计算机来模拟人的某些思维过程和智能行为（如学习、推理、思考、规划等）的学科，主要包括计算机实现智能的原理、制造类似于人脑智能的计算机，使计算机能实现更高层次的应用。人工智能涉及计算机科学、心理学、哲学、语言学等学科，其范围已远远超出计算机科学的范畴。人工智能与思维科学的关系是实践与理论的关系，人工智能处于思维科学的技术应用层次，是思维科学的一个应用分支。从思维观点来看，人工智能不局限于逻辑思维，还要考虑形象思维、灵感思维等，这样才能促进人工智能的突破性发展。自人工智能诞生以来，其理论和技术日益成熟，应用领域不断扩大，可以设想，未来人工智能带来的科技产品将会是人类智慧的“容器”。总的来说，人工智能研究的一个主要目标是使机器能够胜任一些通常需要人类智能才能完成的复杂工作。

（三）区块链驱动的创新

区块链技术以去中心化、开放性、自治性、安全性、可追溯性的特点，加强了创新过程中的信用保障，进一步推动了大数据驱动的创新和发展。区块链技术对开放式创新意义重大，在新型的开放式创新体系下，区块链技术的应用完美地解决了创新社区中的创新产权保护问题，缓解了“搭便车”现象，为维基式创新社区的发展提供了技术保障。海尔集团是践行开放式创新较早的中国企业，为了更好地进行开放式创新，海尔集团构建了 HOPE 平台，用以统筹规划，将用户需求与技术、创意相匹配，发展全球用户与全球资源交互、线上与线下结合的创新模式。为了促进产业链上下游的协作创新，海尔集团还构建了工业互联网平台，充分发挥区块链技术的优势，拓展与其他行业企业的合作，建立新型创新体系。区块链技术改变了企业的传统创新模式，在区块链技术的支持下，创新主体越来越分散，用户创新模式和开放式创新模式下的创新变得更具可追溯性，协作创新和社区创新成为企业创新发展的新方向。

小知识

区块链

区块链（Blockchain）起源于比特币。2008 年 11 月 1 日，中本聪（Satoshi Nakamoto）发表了《比特币：一种点对点的电子现金系统》，阐述了基于 P2P 网络技术、加密技术、时间戳技术、区块链技术等的电子现金系统的构架理念，标志着比特币的诞生。2 个月后理论步入实践，2009 年 1 月 3 日第一个序号为 0 的创世区块诞生，2009 年 1 月 9 日出现了序号为 1

的区块，并与序号为0的创世区块相连接形成了链，标志着区块链的诞生。

狭义的区块链是指按照时间顺序将数据区块以链式结构组合起来，并利用密码学方式保证其不可篡改和不可伪造的分布式账本。广义的区块链是指利用块链式数据结构验证和存储数据，利用分布式节点共识算法生成和更新数据，利用密码学方式保证数据传输和访问的安全，利用由自动化脚本代码组成的智能合约编程和操作数据的全新的分布式基础架构与计算范式。相比于传统的网络，区块链具有两大核心特点：一是数据难以篡改；二是去中心化。基于这两个特点，区块链所记录的信息更加真实可靠，可以帮助人们解决互不信任的问题。

二、数字创新的类型

数字创新是指企业以数字技术为组成部分或支撑部分，对原有决策、产品、流程、组织、商业模式等进行变革的过程。数字创新可分为数字决策创新、数字产品创新、数字流程创新、数字组织创新、数字商业模式创新等。

（一）数字决策创新

数字决策创新是指企业在战略决策过程中使用数字技术，使企业管理决策方式由传统的基于经验的决策向基于“数据+算力+算法”的决策转变，管理决策过程由“事后管控”向“事前预测”转变。大数据、物联网、云计算、人工智能等新一代信息技术的快速发展与突破给经济社会带来了颠覆性的决策革命，正在重塑国家战略决策、社会管理决策、企业管理决策等战略活动的决策主体、决策方式和决策过程，数字赋能下的企业战略决策的效率将大大提高。

（二）数字产品创新

数字产品创新是指面向特定市场创造出包含或使用数字技术的数字产品的过程。数字产品创新的产出通常包含两类：纯数字产品与智能互联产品。纯数字产品是指诸如APP、数字货币等由数字技术支持的产品，人们使用纯数字产品进行物质文化和精神文化的消费及享受。智能互联产品是指将数字技术与物理部件相结合的产品，通常包含物理部件（如传统的机械部件）、数字部件（如软件应用程序）和互联部件（如无线连接协议）三个部分，如各大家电品牌都在着力打造的智能家居就属于此类范畴。

（三）数字流程创新

数字流程创新是指数字技术的应用改善甚至再造了原有的创新流程，对企业的创意产生、产品研发、设计、试制、制造、物流、营销、服务等流程产生了颠覆性影响。例如，在产品研发过程中，数字仿真与数字孪生技术大大降低了研发成本；工业互联网使企业的生产制造实现了从标准化生产到个性化定制的转变。

（四）数字组织创新

数字组织创新是指数字技术（信息、计算、沟通和连接技术的组合）改变了组织的形式或治理结构。数据要素的出现推动时代快速地变化，传统的自上而下、层级分明的组织形式越来越难以满足企业对外部环境的需求。数字技术能够影响诸如交易处理、决策制定、办公等企业治理的方式，甚至改变企业的组织形式。

（五）数字商业模式创新

在数字经济时代，企业需要对“为谁创造价值、创造什么样的价值、如何创造价值”等问题（商业模式）进行重新思考。商业模式是指描述价值主张、价值创造和价值获取等活动如何连接的架构。数字技术的嵌入可以通过改变企业价值创造及价值获取的方式来改变企业的商业模式。数字商业模式创新是指一种基于价值主张，涵盖资源、流程等的运营模式及涉及收入、成本等的盈利模式的设计过程。数字商业模式创新的典型例证有个性化定制模式（Customer to Business，C2B）、跨界融合模式、场景营销模式等。

三、数字创新的过程

在数字经济时代，我们很难事先明确创新主体，创新过程变得模糊。因此，明确数字创新过程有助于我们更好地理解并开展数字创新活动。数字创新过程主要包括数字创新的启动、开发和应用三个阶段。

（一）启动阶段

数字创新的启动阶段，即企业识别数字创新机会，通过多种方式扫除企业内开展数字创新的阻碍，从而为数字创新做好准备的过程。由于数字创新的过程会受到来自企业文化、制度安排、企业高管三个方面的阻力，涉及组织过程、制度、基础设施的重大变化，因此数字创新的启动会变得很困难。在数字创新的启动阶段，企业可从战略、资源、能力、文化这四个方面发力，以实现资源的最佳配置、组织活动的有力协调，从而更好地启动数字创新活动。因此，数字创新的启动阶段包含制定数字创新战略、积累数字创新资源、提高数字创新能力、培育数字创新导向的文化等重要内容。

（二）开发阶段

数字创新的开发阶段，即企业通过实际的开发计划将启动阶段识别出的数字创新机会转变为数字创新产品。在数字创新的开发阶段，企业应重点关注如何设计出企业期望的数字创新产品，以及如何将创新想法与企业原有的知识基础相融合。企业在持续迭代、动态交互的数字创新开发阶段应重点关注设计逻辑、开放创新、场景创新、持续迭代等要素。

（三）应用阶段

数字创新的应用阶段是数字创新产品商业化的过程，即推动数字创新产品落地应用的过程。数字创新的应用阶段非常复杂，涉及变革价值创造方式、重构价值网络、变革组织架构三个要素。

第一，变革价值创造方式。数字技术的发展及应用改变了价值创造的方式。例如，用户可通过社交媒体向企业提出对产品设计的需求和意见，共同参与价值的创造过程。数字技术的升级完善及广泛应用使数据呈爆炸式增长，对用户使用习惯的数据、企业内部各价值链环节的数据等进行收集、分析及利用，可以快速提高企业的运营效率。企业可成立专门的数据分析部门对实时数据进行快速采集和高效分析，以寻找为用户创造价值的机会。

第二，重构价值网络。数字技术可将顾客、员工、供应商等企业的多方利益相关者更好地连接起来，降低企业内外部交流成本，发挥价值网络的重要作用。例如，百度通过搭建全球首个自动驾驶开放平台 Apollo，向汽车行业及自动驾驶领域的合作伙伴提供开放、完整、安全的软件平台，吸引了宝马等来自世界各地的研发者，共同推出有关自动驾驶的一系列解决方案。

第三，变革组织架构。企业需要通过跨部门协作将数字创新与特定的组织环境结合起来。在数字经济时代，组织架构趋于柔性化、扁平化和网络化，这有利于保障数字创新的落地应用。企业职能部门之间的协同体现为横向跨界融合及纵向业务贯通，由此可以搭建起网络化的组织架构。

案例分析

微软探索工业元宇宙

全球知名市场调研与咨询服务提供商 ARC（Acumen Research and Consulting）发布报告称，预计到 2030 年，全球元宇宙的市场规模将达到 1 803 亿美元左右；从 2022 年到 2030 年，全球元宇宙的市场规模将以每年 45.8%以上的速度增长。多位业内人士分析称，工业元宇宙将覆盖产品设计、生产制造、安全巡检、远程运维、经营管理等工业生产全链条环节，元宇宙在工业领域的应用价值或远大于消费领域。

在微软 Build 2022 开发者大会上，微软 CEO 萨提亚·纳德拉（Satya Nadella）首次详细披露了微软在元宇宙领域的最新进展：在聊天软件 Teams 和 B 端会议应用 Mesh 中的应用。值得注意的是，纳德拉还首次介绍了微软在工业元宇宙领域的探索成果。

工业元宇宙解决方案（Industrial Metaverse Solutions）是微软针对工业制造业加速数字化转型的迫切需求和多样化的应用场景，基于智能云 Azure 打造的能够提供从设备连接和管理、数字孪生建模、大数据分析和管理、机器学习和智能自动化到混合现实人机体验与业务应用整合落地的完整体验和实践的方案。纳德拉详细介绍了微软与合作伙伴在工业元宇宙领域的探索与实践。他表示，通过使用互联网、数字孪生、HoloLens 平台等技术，微软对每个业务功能和流程进行模拟与预测，帮助企业提高运营效率。

与英伟达（NVIDIA）发布的宝马工业元宇宙的视频相似，微软也通过视频详细介绍了微软的工业元宇宙如何帮助世界著名机器人公司川崎重工提质增效。川崎重工技术开发部工作人员在微软工业元宇宙项目中表示，在完整的元宇宙世界中，从开发到设计再到测试，所有过程都可以在虚拟环境中进行。在导入微软工业元宇宙系统后，通过 Microsoft Azure 和混合显示耳机 HoloLens，川崎重工的员工能够快速地发现机器人产线的故障，并远程与专家连线沟通，或者使用数字孪生技术来模拟现场排除故障。在工业元宇宙中，工厂的变化将触发其数字孪生的等效变化，不仅能同步复制、模拟产线的动态，还将实现生产力的提高。

纳德拉介绍了微软元宇宙在泛社交类软件Teams及Mesh中的具体应用。他的描述与Meta意图打造的虚拟现实社交平台Horizon Worlds的功能非常相近。纳德拉介绍说，Teams已经实现了沉浸式体验，Teams会议室引入了智能摄像头等智能硬件，当远程与会者将摄像头调至同一视线高度时，他们就好像身处同一房间开会一样。借助于AI等技术，Teams会议室可以消除远程与会者的数字和物理隔阂，身处异地的人们也可以协同操作同一个PPT文件。纳德拉还详细介绍了元宇宙如何提升B端会议应用Mesh的体验感。纳德拉预告说，微软将Mesh作为微软云服务的重要服务平台，未来几个月微软将开放这些体验。“Mesh可以通过任何设备来构建和访问，无论是HoloLens、VR头盔、手机、平板电脑还是PC。”纳德拉同时还强调了微软元宇宙的开放性，开发者可以用任意电子设备构建属于自己的沉浸式世界。

在微软Build 2022开发者大会上，微软召集了一个专家小组，讨论公司的元宇宙战略，该战略主要但并非完全以公司的团队协作平台为中心。该小组首先由公司的行业、应用程序和数据营销CVP艾莉萨·泰勒（Alysa Taylor）开始，加入主持人卡鲁安娜·加蒂穆（Karuana Gatimu）作为团队化身——这是元界互动的关键组成部分。但与微软现在开发的大多数东西一样，它也涉及Azure，特别是Azure Percept Studio，以及一些HoloLens。简言之，微软的元宇宙工作场所位于公司的在线协作平台Teams内部，特别是Mesh for Microsoft Teams。

大多数人将元宇宙与游戏、Facebook母公司Meta及其Quest VR头显联系起来，但泰勒指出，元宇宙的定义“实际上有几十个”。微软对元宇宙的看法是，它涉及“连接数字世界和物理世界的能力”。在微软看来，它对人、地点、事物和流程的数字表示必须是持久的。值得注意的是，微软对元宇宙的愿景不仅仅是在数字空间中重建物理空间：它运用人工智能来根据生成的数据获得洞察力。

{资料来源：王伟．微软探索工业元宇宙［N］．中国电子报，2022-05-31（6）．有改动}

案例思考：

1. 微软的工业元宇宙包含哪些技术？
2. 如何理解和把握创新机遇？

能力训练

【训练内容】分析数字创新案例。

【训练目的】使学生能认识和把握数字时代的创新机遇，加深学生对数字创新过程的理解。

【训练时间】学生按5—8人组成一组进行讨论，课后收集典型案例，制作PPT。每个小组汇报10分钟，小组讨论及教师提问20分钟。

【训练步骤】

步骤一：收集数字创新典型案例。

小组成员合作对当下新颖的数字创新应用进行考察并收集资料。可以通过网络平台、实地参访等渠道和手段查找数字创新的典型案例。

步骤二：整理并制作数字创新典型案例 PPT。

对收集的资料进行整理，最后以 PPT 的形式呈现出来。PPT 的内容涵盖时代背景、数字创新的过程、数字创新典型案例带来的启示与建议等。

步骤三：小组汇报并讨论。

小组代表（至少 4 人）上台汇报小组制作的数字创新典型案例 PPT。可采用小组竞赛的方式，小组代表汇报结束后，请其他小组的成员提出问题或建议，进一步加深对案例所揭示的数字创新的认识和理解。最后回答以下问题，巩固学习成果。

（1）简述收集的数字创新典型案例。

（2）通过总结案例，谈谈对数字创新的认识。

步骤四：对本次实训中实训者的表现和把握创新机遇的能力进行教师评价、小组互评和个人评价。

步骤五：以小组为单位提交本次实训的案例分析报告。

自测题

1. 如何理解创新机遇？它有哪五种类型？
2. 对创新具有特别价值的机遇主要有哪几种？
3. 数字经济时代有何特征？
4. 数字科技下的创新范式有哪些？
5. 如何理解数字创新的过程？

延伸阅读

德鲁克．创新与企业家精神［M］．蔡文燕，译．北京：机械工业出版社，2018.

第九章　构建创新型组织

学习目标

1. 了解创新型组织的构成要素及其不同形式的特点
2. 掌握构建创新型组织涉及的主要工作

能力目标

1. 能够掌握创新型组织不同形式的特点
2. 能够掌握创新管理部门的职责，并在组织中建立创新管理部门

素质目标

1. 塑造“鼓励试错，包容差异”的创新文化
2. 构建“激活个性，释放潜能”的创新机制
3. 锻造“快速迭代，响应变化”的组织韧性
4. 培育“持续学习，跨界融合”的组织土壤

思维导图

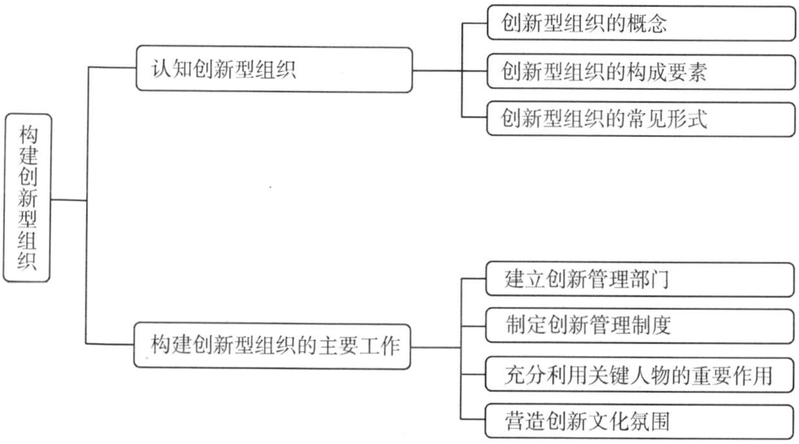

引导案例

中国铁建内部协同创新

中国铁建股份有限公司（以下简称“中国铁建”）是2007年11月在北京成立的全球最具实力、规模的特大型综合建设集团之一，2024年《财富》“世界500强

企业”排名第43位，业务涵盖工程承包、规划设计咨询、投资运营、房地产开发、工业制造、物资物流、绿色环保、产业金融及其他新兴产业，经营范围遍及全球140多个国家和地区。中国铁建已将经营领域从以施工承包为主拓展到科研、规划、勘察、设计、施工、监理、运营、维护和投融资等整个行业产业链，具备了为客户提供一站式综合服务的能力，在高原铁路、高速铁路、高速公路、桥梁、隧道和城市轨道交通工程设计及建设领域确立了行业领导地位。截至2024年年底，中国铁建累计获国家科学技术奖87项，中国土木工程詹天佑奖150项、国家优质工程奖593项、中国建设工程鲁班奖184项、省部级工法5 034项，累计拥有专利35 832项。

中铁十八局集团有限公司（以下简称“中铁十八局”）是中国铁建的旗舰企业，在国内最早引入TBM（Tunnel Boring Machine）施工技术，参与了国内60%以上海底隧道、50%以上特长隧道建设，是中国铁建唯一具有沉管隧道施工业绩的企业。中国铁建重工集团股份有限公司（以下简称“铁建重工”）隶属中国铁建，是全球唯一同时具备盾构和矿山法隧道装备研制能力的专业化大型企业。

本案例之所以选取中国铁建和铁建重工，是因为：首先，两家企业都在上海证券交易所上市，都属于传统基建行业且都拥有国资背景，具有较好的参考和对比价值；其次，中国铁建和铁建重工发展进程与其协同创新进程，对于传统基建行业的发展极具典型性；最后，铁建重工属于中国铁建的全资子公司，集团内部的资源信息共享更加充分，更多排除了商业机密泄露、不信任等原因导致的协同不完全的可能性。

中铁十八局和铁建重工是中国铁建内部各具特色的企业，为了满足日益复杂的市场需求，增强该产业链的竞争力，并取得突破性的市场空间，中国铁建就需要充分协调各成员公司所具备的要素资源，协同研发出技术创新成果。

一、中国铁建内部协同创新的过程

中国铁建围绕产业链进行四个链条之间的有机协调，并引入以大数据、人工智能为驱动的数据链对四个链条加以整合重构。通过梳理中国铁建成员公司具体协同历程（图9-1），得出中国铁建内部构建了以数字技术与实体经济深度融合为主线的“五链协同”基本路径（图9-2）。

图9-1　铁建重工和中铁十八局的协同创新历程

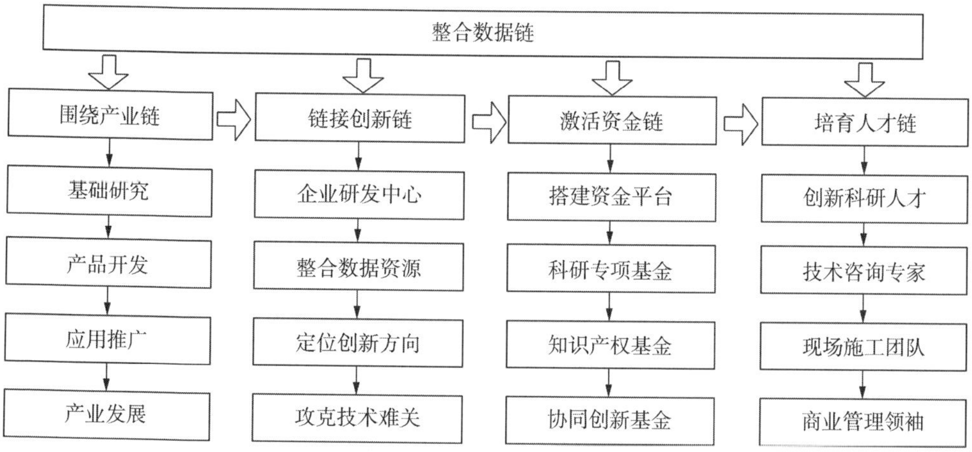

图 9-2　中国铁建内部“五链协同”基本路径

二、中国铁建内部协同创新价值创造的机理

中国铁建内部多个分布式创新主体通过契约协议联盟，依据各自资源优势，整合互补性要素资源，形成集群式创新联合体，参与到集团基础研究、技术成果化、产品商业化的过程中，在产业链、创新链、资金链、人才链方面进行多源数据信息的流通共享。创新联合体对不同协同阶段的技术研发任务进行模块化管理，并构建数字化平台对资金、技术、人才等资源共享进行系统化管理，打破创新主体之间的信息壁垒，保障信息透明化和目标一致性，从而打造“五链协同”的创新生态圈，最终实现集团价值共创、合作共赢，如图 9-3 所示。

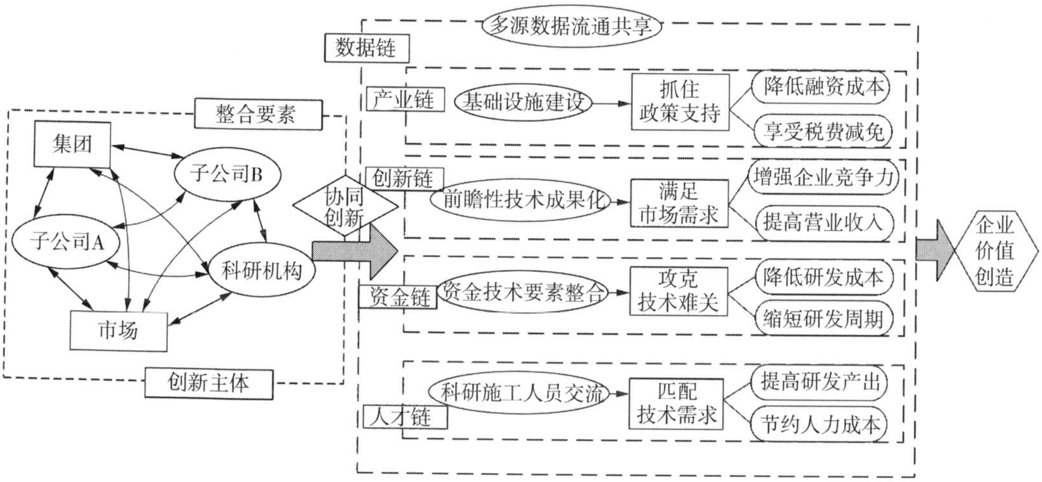

图 9-3　中国铁建协同创新对绩效的影响机理

在激烈的市场竞争环境中，集团公司间的深度协同已成为我国企业提升制造能力并逐渐形成产业链良性发展的重要途径。为了实现资源互补、技术共享、成本分摊和风险共担，中国铁建协同攻克技术难关并完成产品功能与结构的升级优化，创下现场施工最优纪录。中国铁建围绕产业链进行四个链条之间的有机协调，并引入

以大数据、人工智能为驱动的数据链对四个链条加以整合重构，形成“五链协同”的创新生态圈。中国铁建内部的协同创新为集团带来了良好的市场、财务及非财务绩效，表现为：其一，累计超额收益率在几次协同合作公告日后都有不同程度的增长或回升，协同创新事件对集团股价产生了积极影响；其二，集团内部协同完成产品功能与结构的创新升级，对集团营业收入、营业利润的持续增长贡献显著，此外集团内部协同攻克与产业相关的国家重大技术，享受了高额的税收优惠，降低了集团的融资成本与财务费用；其三，集团设立的产业基金培育了科研创造人才，为创新链提供了研发资金，有效整合了资金、技术、人才等要素，缩短了集团的研发周期，并进一步提升了铁建重工的研发产出和研发能力。

{资料来源：① 中国铁建官网；② 黄宏斌，闵倩莹，邢继波．集团内部协同创新的价值创造研究：以中铁建集团为例［J］．财会通讯，2022（14）：92-97．有改动}

案例思考：

1．中国铁建内部协同创新管理机制有何特点？

2．中国铁建内部协同创新价值创造的机理给你带来什么启示？

第一节　认知创新型组织

一、创新型组织的概念

所谓创新型组织，是指组织的创新能力和创新意识较强，能够源源不断地进行技术创新、组织创新、管理创新等一系列创新活动的组织。彼得·F．德鲁克在谈到创新型组织时说，创新型组织就是把创新精神制度化而创造出一种创新的习惯。这些创新型组织作为一个组织来创新，即把一大群人组织起来从事持续而有生产性的创新来使“变革”成为“规范”。

对于创新型组织来说，组织文化是否支持创新、组织结构是否简单灵活以匹配创新要求、对创新的投入（通常用研发经费占企业销售收入的比例、研发人员占企业员工的比例来衡量）、专利数量、新产品数量、创新产出等都可以作为判断的准则。

创新型组织具有鼓励创新的文化、促进有效沟通和加速创新的组织结构与激励机制，创新成为组织的核心价值观和关注焦点。组织通过整合包括全体员工在内的国内外创新资源，在全球范围内实现技术、战略、文化、制度、市场、流程等方面的全方位创新，从而赢得持续的竞争优势。

二、创新型组织的构成要素

企业家的创新精神是创新型组织存在的前提，鼓励创新的企业文化氛围、恰当的领导风格、有效的沟通机制、合理的激励机制及适合的组织结构是创新型组织存在的必要条件，这些要素的协同作用共同构成了创新型组织。

（一）企业家的创新精神

企业家的创新精神对创新型组织的建立具有决定性作用。约瑟夫·A．熊彼特认为，企业家进行创新的动力来源于四个方面：一是看到创新可以给企业家本人及其企业带来获利的机会；二是实现私人商业王国的愿望；三是克服困难并表明自己出类拔萃的意志力；四是创造并发挥自己才能所带来的欢乐。在上述四种力量的联合推动下，企业家时刻有战斗的冲动，存在非物质力量的鼓励，这就是企业家的创新精神。

小知识

企业家精神

“企业家”（entrepreneur）一词最早出自西方，意思是“敢于承担一切风险和责任而开创并领导一项事业的人”，含有冒险家的意思。最早正式提出“企业家精神”（entrepreneurship）的是美国著名经济学家弗兰克·H. 奈特（Frank H. Knight），其本义是企业家的才能、才华，后来人们将企业家具有的某些特征归纳为企业家精神。在英文术语使用上，企业家精神和企业家常常互换。

近年来，关于企业家精神的研究文献不断增多，企业家精神的内涵也在不断丰富与扩充，但并没有一个统一的、公认的定义。就企业家精神的内涵而言，可从个体特性和行为特性两个方面进行解读。个体特性指个体所具有的人格特征，即企业家是什么，应该具备什么样的人格特征，如创新、冒险、进取、诚信、责任、敬业、合作、坚持等。行为特性指个体在具体行动中所表现出来的共性，即企业家做什么，应该具有哪些行为。无论是创新创业，还是把握市场机会、创造价值等，都表明企业家的行动能力是企业家精神的本质。概括而言，企业家精神是指企业家这个特殊群体在企业管理活动中形成的，以企业家个性特质为基础、以创新精神为灵魂、以诚信为基石、以责任为支柱的一种综合性的精神品质。

{资料来源：魏文斌．创新、诚信和责任是企业家精神的三要素［J］．中国市场监管研究，2016（9）：60-61．有改动}

（二）鼓励创新的企业文化氛围

目前，大部分学者的研究都将创新气氛作为组织创新重要的前因变量。特雷莎·M. 阿马比尔认为，创新气氛是组织成员描述组织是否具有创新环境的主观体验。创新工作本身具有高度的复杂性和不确定性，创新的产生从某种意义上讲是随机事件，难以计划和控制，更多地表现为一个自组织过程。因此，组织应“以创新为中心”，形成鼓励和支持创新的环境与氛围，要让员工认识到，创新不仅是研发、工程或设计部门的职责，而且是企业每个员工的工作内容之一，从而使创新成为组织运作的一种“常态”。创新本质上是学习和变化，因此创新型组织要建立鼓励学习的机制及营造提倡个人学习和共同学习的组织氛围。

（三）恰当的领导风格

领导权变理论认为，某种领导风格并非在任何情境下都有效，领导者在管理过程中必须根据具体情境来选择最好的领导风格。当前，领导理论的研究热点是交易型领导风格与变革型领导风格的差异。交易型领导风格是领导者通过明确的角色和任务要求指导或激励下属向着既定的目标活动；变革型领导风格则是领导者关怀下属的日常生活和发展需要，培养下属的能力，帮助下属用新观念看待老问题，激励下属为达到群体目标而超越自身利益付出更大的努力。领导者在激励下属创新时要注意两种领导风格的不同组合。

（四）有效的沟通机制

企业的创新是一个复杂的系统工程，牵涉到各部门之间的协调与合作，因此让各部门进行良好的沟通对于创新活动的开展来说是一项比较重要的工作。沟通机制可根据组织文化和组织结构来设计，一般来说，有效的沟通机制包括创新（技术）决策委员会、联合研究规划制度、员工建议制度、高效的电子信息平台等。

（五）合理的激励机制

针对激励机制的设计，企业应建立以创新为导向的绩效考核体系。企业应分析其激励机制是否真正起到了鼓励创新的作用。

（六）适合的组织结构

常见的组织结构有扁平化和科层化两类，网络组织即为扁平化组织结构，而传统的层级制组织则属于科层化组织结构。创新主要是结合各种不同的观点来解决问题，所以创新型组织应构建适合自己的组织结构。

三、创新型组织的常见形式

创新的效率与创新型组织的形式显著相关。创新型组织的常见形式有线性组织模式、并行交叉组织模式、小组制组织模式、矩阵式组织模式和平台式组织模式。

（一）线性组织模式

线性组织模式又称串行组织模式或职能型组织模式，是早期常见的技术创新组织形式，适用于基于科学原理的产品和工艺创新。它是指企业按照纵向关系逐级安排责任和权力的组织模式，是企业组织模式中最早使用、最为简单且应用最为广泛的一种模式。它将研发活动的全过程分为若干阶段，每个阶段的工作是相对独立的，不同阶段存在着前后相连的逻辑关系。只有前一阶段的工作完成后才能开始后一阶段的工作，任何一个环节出现失误或漏洞，都有可能导致整个项目失败。因此，这种环环相扣的组织模式决定了企业需要认真对待产品创新的每一个环节，采取循序渐进的开发形式进行研发。一般来说，线性的产品创新过程可分为概念形成、研究开发、市场开发三大阶段，以及创意形成、项目筛选、产品构思、技术开发、产品开发、营销设计、市场试验、工艺完善、商品化九个环节。每个环节的运作由相应的职能部门负责。

由于产品创新活动的高风险性，企业在产品创新过程中必须始终遵循步步为营、循序渐进的开发思想，对每个阶段的每个环节都必须进行深入研究。在线性组织模式下，不同环节存在前后关联的逻辑关系，共同组成产品创新系统。任何一个环节的失败，都有可能导致整个产品创新活动失败，即产品创新活动的成功取决于产品创新过程中每个环节的成功。线性组织模式的主要优点是专业分工明确、过程简单明了。其弊端包括：第一，各部门独立工作，形成部门工作大循环，严重影响产品的上市时间、质量和成本；第二，后一阶段的工作对前一阶段的工作依赖性强，对前一阶段工作的成果要求严格；第三，需要较大数额的创新投入及以高薪吸纳高素质的创新人才；第四，循序渐进的阶段性开发，需要较长的开发周期，难以适应产品开发的新需求。

（二）并行交叉组织模式

为了克服线性组织模式的弊端，人们开始寻找新的方法。1986 年，美国国防分析研究所（Institute for Defense Analyses，IDA）提出了“并行工程”（Concurrent Engineering，CE）的概念。并行工程是对产品及其相关过程（包括制造过程和支持过程）进行并行、集成化处理的系统方法和综合技术，它要求产品开发人员从设计一开始就考虑产品整个生命周期中从概念形成到产品报废处理的所有因素，包括质量、成本、进度计划和用户要求。简单地说，并行交叉组织模式就是打破创新过程中不同环节的前后逻辑关联，使各环节可以并行作业，不同的专业人员（包括产品设计人员、工艺制造人员、售后维修人员、市场营销人员等）可以组成一个跨部门、多学科的开发小组协同工作。在现代信息通信技术的支持下，开发小组还可实现异地设计。

在并行交叉组织模式下，信息的流动是双向或多向的，从而形成一个纵横交错的网络。这样可以保证在产品设计阶段尽可能消除不必要的重复，大大缩短开发周期，提高创新效率。由于信息的多向流动，不同的专业人员可以密切合作，这有利于产生新的思想和概念。当然，并行交叉组织模式对不同环节的工作人员沟通和合作的要求也会大大提高，需要一种高度协作精神，更需要一个强有力的管理与协调机构。这个机构的管理者必须具有迅速决策和协调的能力。在实施重大产品创新项目时，甚至有必要对企业的整个结构及员工的工作方式进行系统性调整。因此，并行交叉组织模式有一定的管理难度。

（三）小组制组织模式

小组制组织模式是指企业为完成特定研发项目而组建由不同部门、不同职务的成员共同参与的工作组的组织模式，其主要特征是涉及创新相关的主要人员，如研发人员、生产人员、营销人员等在一个工作组内工作，目的是进一步加强工作沟通和增强责任感，提高产品创新速度。小组制组织模式需要一个素质良好的项目经理管理和推动整个创新过程。

小组制组织模式主要有以下几个优点：第一，项目经理全面负责项目，对工作组拥有绝对的领导权，下属可以较好地配合上司完成工作；第二，项目经理与高层管理者之间的有效沟通，有利于高层管理者及时掌握项目的进展情况，以便做出正确的决策；第三，项目团队的各成员一起工作，有利于培养工作组成员的团队精神、归属感，激发他们的责任感；第四，该模式的组织形式简单明了、灵活性强，可以加快创新的速度，以适应迅速变化的市场。小组制组织模式也有一些缺点。由于没有职能部门参与，小组制组织模式失去了职能部门作为知识仓库的支持和帮助，失去了接收原所属职能部门相关职务的专业知识的途径，在一定程度上可能会导致创新的后劲不足。

（四）矩阵式组织模式

矩阵式组织模式是指企业在直线职能制组织架构的基础上，增加一种横向的领导系统，从而建立同时具有事业部制与直线职能制组织结构特征的组织模式，如图 9-4 所示。矩阵式组织模式的突出特点是“双头领导”，即下级要同时接受项目组和职能组两个上级领导的指挥，这区别于传统的组织管理原则（单一命令）。因为要接受“双头领导”，所以工作人员要处理好与两个上级领导的关系，同时完成职能部门职务和项目任务；而项目经理、职能部门经理在做决策时要注意及时沟通，确保传达给下级的指令统一；高层管理者则应该注意平衡项目经理和职能部门经理的权力。

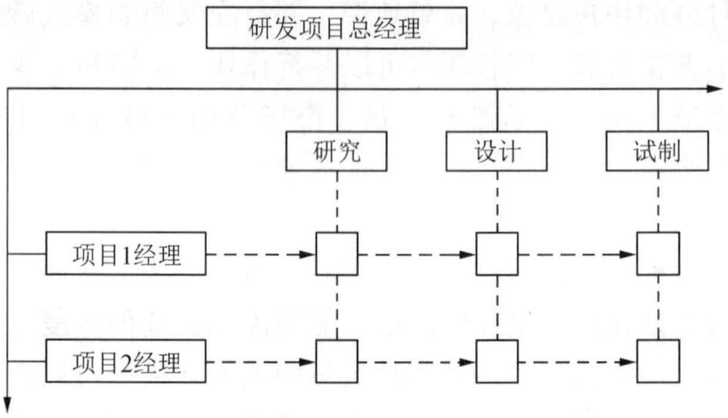

图 9-4　矩阵式组织模式

矩阵式组织模式的出现，一方面解决了项目进度的问题，另一方面则可以充分利用专业组织（职能组织）的业务优势。一个管理完善的矩阵式组织，可以是一个兼顾知识更新与项目进度的完善组织。因此，该模式在创新型企业中被广泛采用。

创新型企业应该根据自身的特点动态调整组织结构。当企业面临的竞争压力大，创新速度是获取竞争优势的关键时，企业可以考虑将矩阵式组织模式调整为以小组制组织模式为主的强矩阵管理模式。此时，项目经理的权限要大于职能部门经理的权限。当企业面临的竞争压力不大，处于较为平稳的发展期时，企业可以考虑将矩阵式组织模式适当调整为弱矩阵管理模式。此时，职能部门经理的权限要大于项目经理的权限。因此，企业究竟采用哪种组织模式才最有利于创新的产出，取决于企业自身的情况和需要。

（五）平台式组织模式

平台式组织模式是指企业将自己变成提供资源支持的平台，并通过开放的共享机制组织各类资源，形成产品、服务、解决方案，以满足用户各类个性化需求的新型组织模式。随着互联网企业的不断崛起，当前具有互联网基因的平台式组织可以分为三种类型：实验型、混合型和孵化型（图 9-5）。

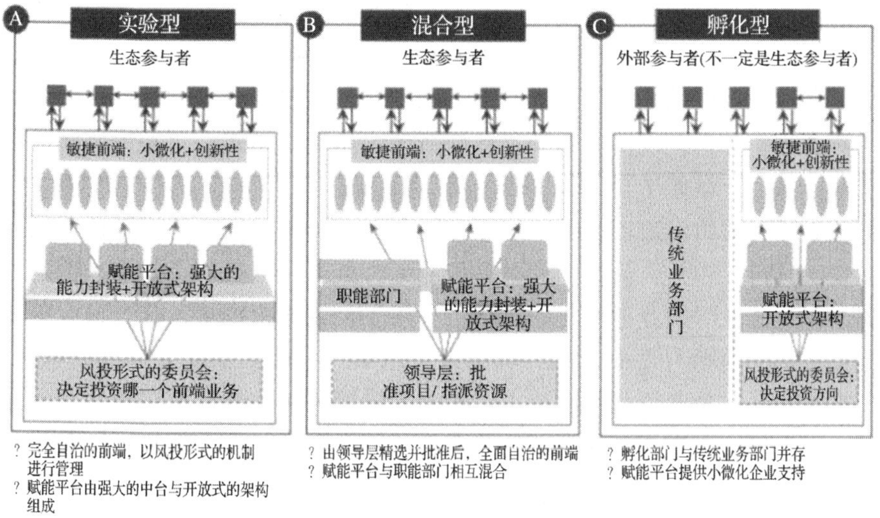

图 9-5　平台式组织的三种类型

实验型平台式组织适用于实验能大幅提升业务价值、实验成本低的市场环境和业务场景。其特点包括：第一，由于实验成本较低，会涌现大量拥有较大自主权和独立性的小前端，这些小前端试错成本低并拥有快速创新能力。大量的小前端会自主设立用于自身、拥有独立性的战略目标和针对目标的具体执行计划。每个独立的小前端对自身盈亏负有部分或全部责任。其运行的主要目的在于以客户为中心，快速做出尝试，敏锐把握客户不断产生的需求。第二，大量的小前端会自下而上从底层发起创新项目。在项目的不断尝试和推进中，组织结构中设立的风险型投资委员会发挥作用，根据前端项目的绩效、前端项目的反馈结果决定为哪个前端项目进行持续投资。通过这个机制，根据客户需求，实现资源面向大量不同前端项目的智能化有效分配。第三，大型赋能平台将传统与新兴职能模块化和标准化，对传统职能部门进行数字化改造，通过新增特征、功能为灵活的小前端提供支持和帮助；在组织内部建立自由市场，通过内部资源定价、交换等手段，为面向内部小前端的资源及服务进行定价与评估；建立整体和大型的平台，为大量小前端迅速高效扩大规模、提高效益提供可能；同时需要通过建立新的能力特征及建立共同词典以便联合共享术语，实现平台能力的综合提高。

混合型平台式组织适用于实验能大幅提升业务价值、实验成本高的市场环境和业务场景。其特点包括：第一，由于实验成本高昂，小前端只有被领导层选择并被批准之后，才能实现全面的自治，高昂的实验成本意味着较大的投资风险，领导层需要通过对全局的决策去控制风险，在各小前端中起到资源分配、战略协同的作用。第二，小前端也会从底层发起创新项目，但由领导层批准并相应地分配资源。在混合型平台式组织中，自下而上和自上而下的决策过程被整合在一起。拥有一定自主权的小前端可以通过对市场的观察及有限的尝试了解可能的发展方向，但这种自主性受到自上而下的管理和引导。创新项目的发起和资源的利用需要经过领导层的同意，然后小前端才能开始实验、开发等一系列过程，后续的投入与决策也会受到领导层的监督。中层起到协调和指导各小前端的作用，使信息、工具等在各小前端共享，同时新技术的使用降低了协调和沟通的成本。第三，大支撑平台构建模块化职能，采用大数据分析、机器深度学习、创新词典等新技术建立资源库；同时保留部分传统职能部门，赋能平台与传统职能部门相互混合。

孵化型平台式组织适用于实验能提升部分增量价值、实验成本低的市场环境和业务场景。其特点包括：第一，针对新型业务，员工自发搭建灵活的小前端以催生新思路、新业务，寻找业务优化的机会，采用平台式组织模式运作。甚至催生新思路、新业务的小前端可以由组织外部的人员组成，小前端创新业务独立核算成本。第二，在平台化的新业务组织结构中，在上层设置风险型投资委员会为各小前端分配资源，领导层不再进行事无巨细的管理。项目的价值由市场和企业内部共同决定，小前端进行实验，风险型投资委员会根据市场与企业情况选择合适的创新项目进行投资。

小资料

海尔集团链群组织

链群是当前海尔集团组织管理体系中的核心部分。根据海尔共赢增值表研究院负责人的定义，所谓链群，就是生态链形式的小微群，是由小微组成的群体，分为体验链群和创单链群，它的功能其实就是和用户交互，将用户的需求创意转化。也就是说，在商业模式整体的价值流转过程中，链群发挥了一个价值对接中心的功能，其一方面直接对接价值主张的发起点用户，另一方面又统领着各项资源生产出相应的产品和服务并将其交付用户，从而在实质意义上完成生产、传递和捕获价值的完整过程。海尔集团的诸多链群一般由管理平台统领，而管理平台一般以某一大类产品为中心成立，如家电、生物医疗等。

海尔集团的组织结构设计在打破以往科层制的基础上进行了进一步的革新，即将内部组织体系“平台化”。链群组织实际上可以视作拥有独立为用户创造价值能力的小型企业。举例来说，体验链群一般包含市场、服务、营销、方案四个小微节点，创单链群一般包含开发、采购、生产、质量四个小微节点，基本涵盖了一家小型制造企业的所有功能。在海尔集团内部高度市场化的环境中，链群可以自主发掘用户需求，自主向集团内部职能链群如财务、信息、法律等购买服务，还可以通过签订链群合约的方式与集团内部其他链群或外部资源方建立合作关系。

{资料来源：支晓强，杨志豪，王储，等．商业模式转型、组织结构创新与企业成本管理：基于海尔集团链群组织的案例研究［J］．中国软科学，2022（8）：92-102．有改动}

第二节　构建创新型组织的主要工作

在知识经济、数字经济条件下，管理者面临的挑战是如何着手建立一个让创新行为得以蓬勃发展的组织。创新型组织并不只是一种结构，它是各组成要素通过协同创造和持续完善所形成的创新发展环境，借此提升组织的创新效能。创新型组织的构建主要包括以下几个方面的工作。

一、建立创新管理部门

在传统组织中大多能找到行政部、人事部、财务部、销售部等职能部门，但专门负责创新行为管理的部门几乎没有。尽管传统组织内部的创新行为也会得到相应管理，但是这种管理职能被分配给不同的部门执行。要构建真正意义上的创新型组织，需要建立专职的创新管理部门。

创新管理部门的工作不同于其他部门，它也有其独有的职责。具体来说，创新管理部门的主要职责包括以下几个方面。

（一）收集、筛选创意并及时反馈

创新管理部门是组织收集创意的窗口，在制度保障的前提下，创新管理部门要以积极主动的姿态尽可能地通过所有的渠道收集来自组织各个层级的新点子、新想法。创新管理部门有责任为员工提供尽可能方便、快捷、可靠的创意递交渠道，包括意见箱、例会、电子邮件、口头汇报等。此外，反馈也很重要，因为每一个提出建议的员工都迫切希望得到反馈。如果建议得到肯定，那么可以进一步激励他们；即使建议没有被采纳，只要能够提出充分的、有说服力的理由，同样可以使他们从中受益。一般建议在五个工作日内给员工一个答复，包括以下几种形式：如果创新管理部门认为该创意简单易行、投资风险小且确实有效，那么可直接告知提议者“已采纳”，并给予相应的奖励；如果创新管理部门认为该创意有明显的疏漏或者已有类似的创意被提交过，那么可告知提议者“未采纳”，并简要说明原因；如果创新管理部门认为该创意并不完善或者论据不足，那么可将其退回给提议者，说明问题是什么并提出“请完善”；如果创新管理部门认为该创意具有潜在价值，但投资和风险均比较大，并且很难立即判断其可行性，那么可告知提议者“需论证”及他的提案什么时候将在会议上被讨论。

（二）对创新信息进行管理

创新管理部门的职责之一就是收集创新信息，建立创新信息库，对创新信息进行有效的管理。以前信息大多是以书面文档的形式保存的，这种形式不利于信息的保存、整理和检索。随着互联网的发展，将创新信息以电子文档的形式保存在计算机里，从而建立起开放的、易于维护的创新信息库成为可能。从员工提交创意之时起，创新管理部门就应当将其分门别类地录入创新信息库中，并且全程跟踪记录创新活动的进展情况。另外，创新管理部门还应建立知识门户，将隐性的经验知识或案例及显性知识储存起来，并且允许员工访问、输入及更新。这样，员工就

可以通过登录知识门户，查看自己的创意，以及创意的执行情况。同时，知识门户和外界也要发生交互，获取行业、技术等知识或信息，为创新的不同阶段提供知识资源。

（三）为其他职能部门提供信息

创新管理部门不同于生产部门或销售部门，它并不能直接产生经济效益，只有将创新信息传递给其他职能部门才能表现出其潜在价值。因此，创新管理部门有义务为其他职能部门提供信息检索、分析服务。例如，一家手机生产企业的研发部门就可以向创新管理部门提问："我们的产品待机时间总是很短，不能满足顾客的需求，我们目前的技术和工艺都无法解决待机时间与手机质量的矛盾，有突破性的解决办法吗？"此时，创新管理部门就应该根据研发部门提出的问题和提供的信息去检索与电池容量、发射功率、液晶屏耗电量等要素相关的创新信息，看看是否有现成的或有发展潜力的创新方案。而且，这种检索与分析不应局限在组织内部，创新管理部门的工作人员应该凭借丰富的专业知识与长期积累的经验在全国乃至全世界范围内收集相关的信息。若无法找到现成的解决方案，创新管理部门就应该以此为导向开展创意收集工作。

（四）导向、支持、管理组织创新行为

创新只有顺利完成萌发创意、发展创意、落实创新这三个阶段后才能真正为组织带来效益。在萌发创意阶段，创新管理部门应当根据组织的阶段性目标，在保证创新自由度的前提下，通过向组织成员澄清组织的需求、提供有利于创意萌发的信息与数据、组织有针对性的会议等方式为创意的形成提供一定的导向。而在某个或某些创意经过评估审定获得认可并进入发展创意阶段后，创新管理部门应当给予这个或这些创意足够的重视与关心，确保将创意转化为具体的、可操作的创新方案，以免创意沦为"一纸空文"。在落实创新阶段，创新管理部门应当负责协调好各相关职能部门的关系，统一相关人员的认识与观念，并协助各部门领导一起将创新方案落到实处。在创新方案开始执行后，创新管理部门还需要经常收集并反馈信息，听取员工的意见。

（五）对参与创新活动的人员进行考评、激励、培训与招募

组织创新是一项充分依靠众人智慧与努力的事业，所以创新管理部门与人力资源管理部门应该保持密切合作。绩效考评与激励是人力资源管理部门的重要职责之一，而目前大多数企业都没有把创新绩效纳入考评体系或作为考评的重点。这一点在创新型组织中会有根本的改变，创新成果将成为创新型组织绩效考评的重要考虑因素之一，并且将成为创新型组织常规的考评项目。而且，由于对创新行为的激励与寻常的激励有很大的区别，所以创新管理部门必须协助人力资源管理部门开展创新行为考评与激励工作。此外，在创新型组织中，人员的招募与培训也应有创新管理部门的参与。创新管理部门应当根据专业知识与组织的实际需求提出有针对性的测试方案，在招募员工时根据目标岗位对个人的创造智力与创造人格进行科学的测试。而组织内部的员工也需要经常接受创新方面的专家培训或内部培训，这些都需

要由创新管理部门与人力资源管理部门共同落实。

（六）总结、评价组织创新工作并不断寻求改进

一个组织需要有持久的自我学习和自我完善能力，创新型组织更是如此。因为创造学尤其是组织创新理论本身就是一个新兴的学科，所以很多概念与方法的正确性、有效性都需要经过实践的检验，只有在落实过程中不断地修正与改进，才能保持创新型组织理论本身的活力，每个组织都需要根据自己独有的特点对创新型组织的管理理论进行发展。同时，其他的创新管理制度也需要持续地改进。所以，创新管理部门的职责之一就是阶段性地对组织创新的开展情况与取得的成果进行回顾和总结，发现问题，吸取经验教训，并主动对不足之处进行改进。

二、制定创新管理制度

创新是一个包含概念设计、技术研发、产品开发、市场推广等多阶段的动态过程，涉及人才、资金、技术、信息等一系列管理问题。因此，企业需要建立一套科学、合理、完备的创新管理制度，以有效地管理创新资源、降低信息沟通成本、防范创新风险，从而推动企业持续创新。

创新管理制度主要是指企业在创新项目运作过程中所运用的管理思想、管理原则和运行机制，包括知识产权管理制度、科研项目管理制度、创新风险管控制度等。

知识产权管理制度是指企业为激发员工创造发明的积极性及维护知识产权所有者的合法权益而建立的制度，主要包括知识产权保密制度、知识产权检索与检验制度、知识产权激励制度、知识产权教育和培训制度、知识产权评估制度、知识产权培育制度及知识产权转化制度。知识产权管理制度在有效配置科技资源，提高研究开发起点和水平，避免人力、物力、财力的浪费方面具有重要作用。企业应配备专门的知识产权管理人员，同时完善对员工的激励制度，调动员工学习与交流的积极性。由于中小企业自身实力不足，缺乏知识产权管理的规模、资金、专业人才等，在知识产权创造、运用、管理、保护等方面缺乏优势，因此中小企业易出现知识产权管理不善问题，进而可能严重制约企业的发展。中小企业可以通过知识产权托管服务机构帮助解决知识产权管理不善的问题。除借助于专业机构的力量外，中小企业还需要关注政府的知识产权政策，并加强对核心技术和管理人员的培训，以便更好地进行知识产权管理。

科研项目管理制度是指企业为使科研项目顺利实施并达到预期目标而建立的制度。作为创新管理工作的重要组成部分，科研项目管理贯穿企业科研项目的申报、研发、评估、验收等环节，对科研项目的顺利实施和完成均会产生重要影响。为了保证科研项目的规范运行，促进企业科研资源的合理利用，企业需要制定一套规范化、结构化、可控制的科研项目管理制度，规范阐述企业科研项目调研、实施、验收、评估等问题。

创新风险管控制度是指企业为降低创新风险事件发生的可能性及减少创新风险事件发生造成的损失而建立的制度。企业的创新过程充满了不确定性与风险，牵涉到技术因素、社会因素、政治因素及其他一些难以预测的未知因素，这些因

素会导致很多创新思想不能最终转化为新技术或新产品。为了规避创新风险、更加顺利地完成创新项目，企业需要对创新风险进行识别，并针对创新风险建立相应的管控制度。企业可从事前防范、事中控制和事后评价三个维度来建立创新风险管控制度。

三、充分利用关键人物的重要作用

关键人物在企业创新活动中可以发挥多方面的作用，对创新项目的结果产生重要影响。第一个关键人物是发明者或团队领导者。他们作为关键技术知识的来源，能够理解创新背后的技术，并有能力解决很多从实验室研究到实际产品形成这个长期过程中的开发问题。当遇到技术瓶颈时，他们通常会带来灵感，充满激情地全力投入。第二个关键人物是组织发起者。他们不一定懂得创新的具体技术知识，但是他们确信创新的潜力。他们拥有权力和影响力（通常在董事会有席位），能够凝聚组织的各种力量，扫除创新道路上的各种障碍。第三个关键人物是技术把关人员。他们在组织的非正式结构中形成，将从各种渠道收集的信息传递到最可能或最有兴趣使用这些信息的相关人员手中。技术把关人员未必总是处于信息管理员的位置，却被组织的非正式社会结构连接在一起。技术把关人员的作用在一些分散的团队或虚拟团队中尤其重要，他们往往成为创新过程的核心成员。第四个关键人物是项目经理。在企业创新活动中，“重量级”项目经理参与较深，并拥有确保各种元素凝聚在一起的组织力量；而“轻量级”项目经理参与较浅。第五个关键人物是商业创新者。他们可以代表并影响更广阔的市场或更广泛的用户的观点。企业应充分利用上述关键人物的重要作用来打造创新型组织。

四、营造创新文化氛围

创新文化是在创新及创新管理活动中所创造和形成的具有企业特色的创新精神财富与创新物质形态的综合，是一种为创新而生、因创新而变又作用于创新的文化形态，是推动企业创新的根本和源泉。作为企业文化的组成部分，创新文化是一个复杂的系统，包括创新理念、创新制度规范、创新物质文化环境等。通过培育创新文化，有助于推动技术创新、管理创新和经营模式创新，从而增强企业的核心竞争力。企业要形成创新文化氛围，需要做好以下几个方面的工作：首先，企业家要率先垂范、身体力行。一个具有开放思维、创新意识、求索精神的企业家，会身体力行、率先垂范创新文化，带动形成整个企业的创新氛围。其次，建立有助于创新的体制机制。企业要建立健全创新机制，使创新融入管理各流程、各环节。具体包括：要加大投入，为创新提供经费等各种支持；要大力鼓励创造发明；要培养创新团队，打造高素质队伍；要宽容失败；等等。再次，坚持以人为本，激发全体员工的创新活力。员工的创新能力是企业持续发展的重要因素。企业要坚持以人为本，把领导者的主导作用与全体员工的主体作用紧密结合起来，把打造自由创造环境、激发员工创新活力作为管理者的重要职责，使企业自上而下、每个毛孔都充满着创新，拥有生机和活力。具体包括：要形成激励创新的价值导向；要培养员工的创新意识，提高员工的创新能力；要开展全员创新活动；等等。最后，以客户为中心，培育敏锐的市场嗅觉。企业的创新不能模式化，要根据市场的变化、客户的需求调整创新的方式和方向。具体包括：要与客户保持互动交流；要培养市场调研的习惯，了解市场供求状况、变化趋势，考察客户需求是否得到满足，注意观察竞争对手的长处与不足；要以贴近市场、贴近客户为原则，提高产品和服务的文化附加值，提升品牌价值和影响力；等等。创新文化在实践中形成，又反作用于实践，对企业和企业中的个体起着导向作用。值得注意的是，创新文化培育不能限定在某一时间段内，创新文化应该长期作用于创新型组织。

小知识

企业创新文化基因演化机制

创新文化是在长期的创新实践中逐渐积累起来的。创新个体在其对象化创新活动中，通过发挥自己的主体性、能动性和意识性，将内存的创新属性和潜力外化，展现出相应的创新行为。与此同时，时间轴将不同创新主体的自主性和创造性联结汇聚在一起，彼此之间通过相互碰撞、相互融合、相互作用，慢慢积淀成为共享的认知方式、价值观念、行为准则等，进而整合成为一种创新文化。其中，这些潜藏在创新实践中的核心遗传信息或因子（如共享价值观）通过示范效应和辐射效应，渗透到生产和生活的各个方面，通过转录和翻译，把核心精神文化通过创新行为表征出来，形成创新惯性代际遗传，最后演化成为群体共享创新文化。这种文化显示了人们有关创新的心理图像与文化品格，通过激励、渗透、导向等方式以巨大的力量规范、影响群体创新行为，塑造他们的创新性格，并在特定的社会环境、经济环境、政治架构作用下逐渐积淀或转化为一种稳定的创新文化基因。在创新目标的指导与启示下，创新能力和创新绩效也随之提升。

创新文化基因作为最小单元，它们的互动机制是一个非线性复合过程。就创新文化基因内部作用机制而言，最关键的是精神文化，而精神文化的核心是一种包含创新的共享价值观，在创新实践中对创新主体有深层的规制性导向，引导形成相应的制度文化；制度文化一方面映射精神文化，另一方面又规范和约束创新行为；行为文化进一步调节创新行为和自主性，直接影响物质文化的水平和层次；物质文化是外在表现，既是前三者作用的结果，也是推动创新实践继续发展的驱动力。可以说，创新价值观是决定基因，制度创新是助力基因，自主创新行为是动力基因，创新成果是能力基因。

企业创新文化基因演化机制如图 9-6 所示。

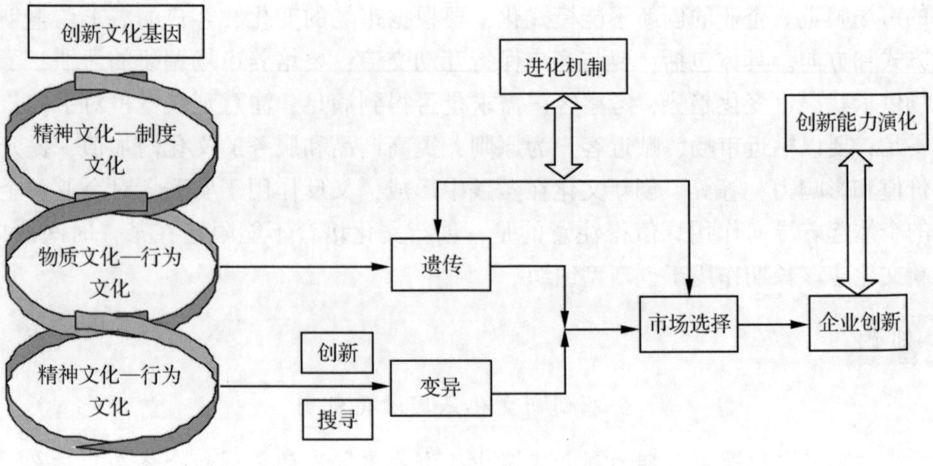

图 9-6　企业创新文化基因演化机制

{资料来源：覃世利，张洁，杨刚，等．基于“双螺旋”的企业创新文化基因模型构建［J］. 科技进步与对策，2019，36（2）：96-101. 有改动}

案例分析

谷歌的创新激励机制

谷歌（Google）成立于1998年，由拉里·佩奇（Larry Page）和谢尔盖·布林（Sergey Brin）共同创建，被公认为全球最大的搜索引擎公司。谷歌是美国的一家跨国科技企业，业务涵盖互联网搜索、云计算、广告技术等领域，开发并提供大量基于互联网的产品和服务，主要利润来自关键词广告（AdWords）等服务。近年来，谷歌不断推出诸如无人机、智能眼镜、无人驾驶汽车、阿尔法狗等“天马行空”的产品，这些创新成果与谷歌的激励机制密不可分。

一、基于技术洞见的创新方式

谷歌的战略多年来一直没变，都是“用基于技术洞见的创新方式解决重大难题，优化规模而非收入，让能影响每个人的优秀产品带动市场增长”。

事实上，谷歌所有成功的创新产品，也都是以坚实的技术洞见为基础的。例如，谷歌广告引擎 AdWords 的技术洞见是，在为广告排序时，应该将广告和用户的匹配程度，也就是广告对用户的价值作为标准，而不是看广告商提供的价格。谷歌浏览器 Chrome 的技术洞见是，在网站越来越复杂和强大的背景下，需要对浏览器提速；谷歌视频推荐系统 YouTube 的技术洞见是，与收益对等的不是视频的播放量，而是用户的观看时间，所以重点不是用用户点击量，而是用用户观看时间来衡量质量的好坏和与用户的匹配程度。

谷歌鼓励员工将技术洞见作为产品的基础，因此在衡量产品的前景时绝不仅仅以商业上的成功为标准。而想要拥有这样的技术洞见，谷歌认为，在互联网日益发达的时代，世界上的信息可以通过强大的技术能力进行计算处理和沟通，因此，如何“将这些可用的科技和数据资料集中起来，为某个行业中存在的问题寻找新的解决方案”，或者为一个具体的问题找到一个解决方案，然后对这个解决方案进行拓展，也是寻求技术洞见的一个方法。最典型的案例就是 Google X，Google X 研究过太空电梯、从海水中提取价格亲民的燃料、无人驾驶汽车、投递包裹的无人机等。

二、打破信息壁垒和实现创意共享

谷歌相信，每一个员工都能贡献自己的想法，所以谷歌鼓励员工共享想法以便碰撞出创意的火花，同时鼓励员工为公司出谋划策。相比于传统企业中管理层收集信息，然后谨慎地决定将哪些信息传递给员工，谷歌则鼓励信息分享，打破信息壁垒，让员工的眼界大开。

谷歌通过 OKR（Objectives and Key Results，目标与关键成果法）考核制度来推进员工之间的信息透明，谷歌的员工每个季度都会更新 OKR 并在公司内部网站发布，其他人如果想了解你负责的内容及你最近在做什么，他就可以登录公司内部网站查看你的 OKR，这样就能快速加深对你的了解。除员工之间的信息传递外，谷歌甚至鼓励员工让自己的创意发挥作用，参与到公司的决策中。

很多公司的信息传递方式都是自上而下的，而谷歌的员工则非常主动地进行自下而上的沟通。谷歌鼓励每一个员工进行思考，为公司发展提出建议，甚至还专门设置了一道面试题“你认为如何能改进谷歌？”。为了鼓励员工畅所欲言，谷歌每周五下午会举办 TGIF（Thank God，it's Friday）活动，在这个大会上，不仅管理者会把公司最新的方向、信息、产品、决策介绍给员工，而且员工还可以直接向最高领导发问，可以涉及公司任何问题。

三、营造创新工作环境

什么样的工作环境可以让员工工作更舒适，并且创意灵感不断？你肯定会想到那些五花八门的休闲娱乐设施，如游泳池、健身房、攀岩壁、保龄球场、篮球场、高档餐厅、咖啡机……这些谷歌确实有，因为谷歌相信只有工作和生活平衡，才能孕育出有幸福感的员工。但是，环境的豪华就一定能激发员工的创新思维吗？谷歌表示这还远远不够，好的办公环境需要适当的“拥挤”，这样才能鼓励员工相互讨论，碰撞出创意的火花。

谷歌的办公室是略显“拥挤”的，这样方便员工进行交流，你站起来就能轻松拍到同事的肩膀，然后和同事一起讨论；在餐厅吃饭时，你可能需要加入排队大军，不过谷歌会把餐厅排队时间控制在 4 分钟以内，因为如果排队时间超过 4 分钟，大多数人会选择拿出手机玩一会儿，而如果排队时间短于 4 分钟，大多数人则会倾向于相互交流。谷歌就是这样让公司的精英们能够有时间交流，最终让一个一个创意在他们的思想碰撞下产生的。谷歌认为，好的办公环境还能够在员工想要将创意付诸实践时，让员工能有最高效的工具快速发起尝试，所以谷歌会向员工提供世界上最强大的数据中心和公司的整个软件平台，提供工作中必需的资源。

四、排除创新中遇到的阻力

谷歌认为，公司大了之后，就会出现很多“河马”。职场中的“河马”，指的是“高薪人士”。在很多公司，权力和薪资往往与任职时间挂钩，而不是与个人具体能力挂钩。这些拿着高薪的决策者在公司里“一言九鼎”，而公司里创意精英们的意见往往被忽视。如何排除职场“河马”的干扰，让创意精英们能够顺利表达自己的想法呢？谷歌提倡的“质疑”文化及数据导向，就是对抗职场“河马”、让创新顺利进行的两大武器。

谷歌强调，在公司内创造一种“质疑”文化，甚至把“提出疑问”作为一种硬性规定，变成员工的一种义务，而不是“可做可不做”的事。因为谷歌认为，如果因为员工保持沉默，最终让不好的构想占据了上风，那么无论是制造这种沉默环境的“河马”，还是不愿意表达自己想法的员工，都应该为最终的结果负责。谷歌通过数据驱动，赋予个人决策权，每个人都可以将数据结果作为依据，根据整体目标做出决策。因此，谷歌的员工可以更加放心地去创新，而不用担心职场“河马”突然粗暴地要求你按照他的方法行事。谷歌的组织更像海星，海星没有头，它的智能分布在身体各处。

{资料来源：① 谢德荪．重新定义创新［M］．北京：中信出版社，2016：15-18．有改动}

案例思考：

结合案例材料，谈谈谷歌是如何激励员工创新的。

能力训练

【训练内容】参访创新型上市公司。

【训练目的】加深学生对创新型组织的理解。

【训练步骤】

步骤一：联系本地创新型上市公司。

以小组（4—6人）为单位，联系本地创新型上市公司，拟对其进行调研。可以通过网络平台、所在单位等渠道进行对接，整理该上市公司的资料，并准备调研提纲。

步骤二：参访对接的创新型上市公司。

实地调研，对收集到的资料进行整理，最后以PPT的形式呈现出来。PPT内容涵盖该创新型上市公司的创新人物、创新组织、创新绩效等带来的启示与建议。

步骤三：小组汇报并讨论。

小组代表（至少4人）上台汇报小组制作的创新型上市公司案例PPT，进一步加深对案例所揭示的创新型组织的认识和理解。最后回答以下问题，巩固学习成果。

（1）简述调研的创新型上市公司。

（2）分享调研过程和内容。

（3）通过分析案例，探讨该创新型上市公司存在的问题并提出改进建议。

步骤四：对本次实训中实训者的表现、分析问题的能力等进行教师评价、小组互评和个人评价。

步骤五：以小组为单位提交本次实训的案例分析报告。

自测题

1. 什么是创新型组织？它有哪些构成要素？
2. 创新型组织有哪些常见形式？各有何优缺点？
3. 创新管理部门的工作职责主要有哪些？
4. 创新型组织中的关键人物主要有哪些？
5. 创新型组织应从哪些方面营造创新文化氛围？

延伸阅读

加洛韦．互联网四大［M］．郝美丽，译．长沙：湖南文艺出版社，2019.

参考文献

一、著作类

[1] 艾萨克森．创新者［M］．关嘉伟，牛小婧，译．2 版．北京：中信出版社，2017.

[2] 贝赞特，蒂德．创新与创业管理［M］．牛芳，池军，田新，等译．2 版．北京：机械工业出版社，2013.

[3] 齐格纳．创新管理框架：促进和实现企业创新［M］．许雪蕾，译．北京：高等教育出版社，2020.

[4] 德鲁克．创新与企业家精神［M］．蔡文燕，译．北京：机械工业出版社，2018.

[5] 蒂德，贝赞特．创新管理［M］．陈劲，译．6 版．北京：中国人民大学出版社，2020.

[6] 谢德荪．重新定义创新［M］．北京：中信出版社，2016.

[7] 基尔迪．谷歌方法［M］．夏瑞婷，译．北京：中信出版社，2019.

[8] 加洛韦．互联网四大［M］．郝美丽，译．长沙：湖南文艺出版社，2019.

[9] 克里斯坦森．颠覆性创新［M］．崔传刚，译．北京：中信出版社，2019.

[10] 哈福德．塑造现代经济的 100 大发明（上）［M］．叶红卫，译．北京：中信出版社，2022.

[11] 圣吉．第五项修炼：学习型组织的艺术与实践［M］．张成林，译．北京：中信出版社，2021.

[12] 施泰伯．中国能超越硅谷吗：数字时代的管理创新［M］．邓洲，黄娅娜，李童，译．广州：广东经济出版社，2022.

[13] 特纳．创新从 0 到 1：激活创新的 6 项行动［M］．约翰斯顿，绘．陈劲，姜智勇，译．北京：电子工业出版社，2022.

[14] 沃格尔．创新思维法：打破思维定式，生成有效创意［M］．陶尚芸，译．北京：电子工业出版社，2016.

[15] 希特利，索尔特．关于发明的一切［M］．白云云，译．北京：北京联合出版公司，2020.

[16] 白有林，柯婷，陈莹．创新思维导引［M］．武汉：华中科技大学出版社，2021.

[17] 曹裕，陈劲．创新思维与创新管理［M］．2 版．北京：清华大学出版社，2021.

［18］陈吉明．创造学与创新实践［M］．2 版．北京：科学出版社，2016.

［19］党鹏，罗辑．手机简史［M］．北京：中国经济出版社，2020.

［20］董梦杭，张尚毅．企业创新管理［M］．武汉：华中科技大学出版社，2021.

［21］段尧清．创新理论与方法［M］．北京：科学出版社，2020.

［22］冯林．大学生创新基础［M］．2 版．北京：高等教育出版社，2022.

［23］郭凯，张项民．创新管理与创新方法［M］．北京：电子工业出版社，2018.

［24］何静．创新能力开发与应用［M］．3 版．广州：暨南大学出版社，2022.

［25］黄宗远．专业技术人员创新能力建设读本［M］．北京：中国人事出版社，2020.

［26］孔婷婷．创新思维训练［M］．北京：中国人民大学出版社，2021.

［27］金涌．科技创新启示录：创新与发明大师轶事［M］．北京：清华大学出版社，2020.

［28］李桥兴．创新方法理论与实务［M］．北京：科学出版社，2020.

［29］罗玲玲．创意思维训练［M］．4 版．北京：首都经济贸易大学出版社，2021.

［30］时东兵，时迪芬，陈忠强．创新思维与方法训练［M］．上海：同济大学出版社，2018.

［31］师建华，黄萧萧．创新思维开发与训练［M］．北京：清华大学出版社，2019.

［32］孙永伟，伊克万科．TRIZ：打开创新之门的金钥匙Ⅰ［M］．北京：科学出版社，2015.

［33］腾讯公司用户研究与体验设计部．在你身边为你设计Ⅲ：腾讯服务设计思维与实践［M］．北京：电子工业出版社，2020.

［34］王涛，顾新．创新与创业管理［M］．北京：清华大学出版社，2017.

［35］王亚东，赵亮，于海勇．创造性思维与创新方法［M］．北京：清华大学出版社，2018.

［36］文子品牌研究院．大品牌文化：30 个世界级品牌案例解读［M］．苏州：苏州大学出版社，2020.

［37］吴军．全球科技通史［M］．北京：中信出版社，2019.

［38］张振刚，李云健，周海涛．企业创新管理：理论与实操［M］．北京：机械工业出版社，2022.

［39］邹芳，赵辉．创新创业实务教程［M］．北京：现代教育出版社，2018.

二、论文类

［1］常青青，刘海兵．世界一流企业的科技创新管理机制：基于德国西门子公

司的案例研究［J］. 中国科技论坛，2022（4）：47-57.

［2］陈劲，李佳雪. 数字科技下的创新范式［J］. 信息与管理研究，2020，5（Z1）：1-9.

［3］段云龙，余义勇，张颖，等. 创新型企业持续创新过程重大机遇识别研究［J］. 管理评论，2017，29（10）：58-72.

［4］高柏. 中国高铁的集成创新为何能够成功［J］. 人民论坛·学术前沿，2016（10）：78-88.

［5］郭爱芳，韦笑笑，王正龙，等. 企业技术搜寻行为与自主创新能力共演：基于华为的探索性案例研究［J］. 科学与管理，2021，41（4）：1-11，95.

［6］洪巧英，薛泽海. 创新思维的超越性及创新能力开发［J］. 理论视野，2017（9）：84-87.

［7］黄津孚. 智能互联时代的企业经营环境［J］. 当代经理人，2020（4）：27-34.

［8］金丹，杨忠. 创新驱动发展下的领军企业技术能力提升策略研究［J］. 现代经济探讨，2020（3）：80-84.

［9］刘志迎，朱清钰. 创新认知：西方经典创新理论发展历程［J］. 科学学研究，2022，40（9）：1678-1690.

［10］邵云飞，王思梦，詹坤. TRIZ 理论集成与应用研究综述［J］. 电子科技大学学报（社科版），2019，21（4）：30-39.

［11］田友谊，李荣华. 创造力测评研究 70 年：回顾与展望［J］. 中国考试，2022（5）：81-89.

［12］魏文斌. 创新、诚信和责任是企业家精神的三要素［J］. 中国市场监管研究，2016（9）：60-62，67.

［13］许庆瑞，李杨，吴画斌. 企业创新能力提升的路径：基于海尔集团 1984—2017 年的纵向案例研究［J］. 科学学与科学技术管理，2018，39（10）：68-81.

［14］许泽浩，周甜甜，张玉磊，等. 颠覆性创新演化和实现过程：基于腾讯微信纵向单案例［J］. 科技管理研究，2022，42（9）：8-14.

［15］王满四，周翔，张延平. 从产品导向到服务导向：传统制造企业的战略更新：基于大疆创新科技有限公司的案例研究［J］. 中国软科学，2018（11）：107-121.

［16］王涛. Facebook 的创新力是怎样保持的？［J］. 中外管理，2019（11）：76-78.

［17］杨桂菊，陈思睿，王彤. 本土制造企业低端颠覆的理论与案例研究［J］. 科研管理，2020，41（3）：164-173.

［18］杨明海，魏玉婷，庄玉梅. 企业技术创新范式演化及中国情境下研究展望［J］. 山东财经大学学报，2021，33（6）：77-85.